자기주도학습 체크리스트

날짜	강의명	확인		강의명	확인
	강			강	
	강			강	
	강			강	
	강			강	
	강			강	
	강			강	
	강			강	
	강			강	
	강			강	
	강			강	
	강			강	
	강			강	
	강			강	
	강			강	
	강			강	
	강			강	
	강			강	
	강			강	
	강			강	
	강			강	
	강			강	
	강			강	

자기주도학습 체크리스트로 공부의 기쁨이 차곡차곡 쌓일 것입니다.

수학
꽉
잡아

초등 '**국가대표**' 만점왕
이제 **수학**도 꽉 잡아요!

① 연산
예비 초등~6학년

② 기본
초등1~6학년

③ 응용
초등1~6학년

④ 심화
초등4~6학년

초|등|부|터
EBS

만점왕
수학 플러스

교과서 기본과 응용 문제를
한 번에 잡는 **교과서 기본+응용**

BOOK 1
본책

6-2

구성과 특징

BOOK 1 본책

① 단원 도입

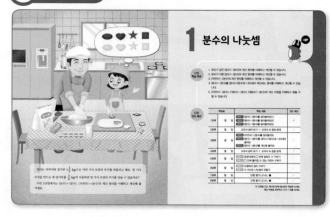

단원을 시작할 때 주어진 그림과 글을 읽으면 공부할 내용에 대해 흥미를 갖게 됩니다.

② 교과서 개념 다지기

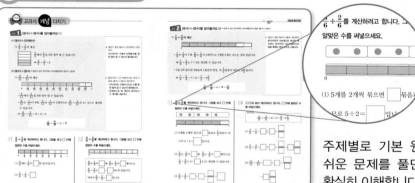

주제별로 교과서 개념을 공부하는 단계입니다.
다양한 예와 그림을 통해 핵심 개념을 쉽게 익힙니다.

주제별로 기본 원리 수준의 쉬운 문제를 풀면서 개념을 확실히 이해합니다.

③ 교과서 넘어 보기

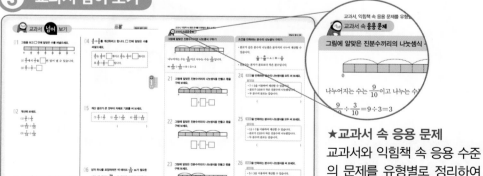

교과서와 익힘책의 기본+응용 문제를 풀면서 수학의 기본기를 다지고 문제해결력을 키웁니다.

★교과서 속 응용 문제
교과서와 익힘책 속 응용 수준의 문제를 유형별로 정리하여 풀어 봅니다.

④ 응용력 높이기

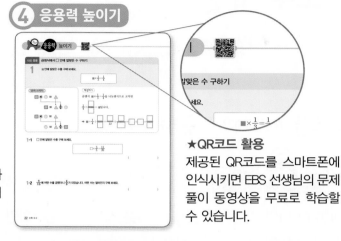

단원별 대표 응용 문제와
쌍둥이 문제를 풀어 보며
실력을 완성합니다.

★QR코드 활용
제공된 QR코드를 스마트폰에
인식시키면 EBS 선생님의 문제
풀이 동영상을 무료로 학습할
수 있습니다.

⑤ 단원 평가 LEVEL1, LEVEL2

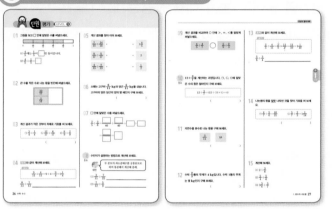

학교 단원 평가에 대비하여
단원에서 공부한 내용을 마무리
하는 문제를 풀어 봅니다. 틀린
문제, 실수했던 문제는 반드시
개념을 다시 확인합니다.

BOOK 2 복습책

❶ 기본 문제 복습 **❷ 응용 문제 복습** **❸ 서술형 수행 평가** **❹ 단원 평가**

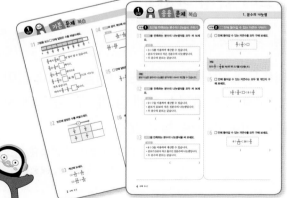

기본 문제를 통해 학습한 내용을 복습하고,
응용 문제를 통해 다양한 유형을 연습합니다.

서술형 문제를 심층적으로 연
습함으로써 강화되는 서술형
수행 평가에 대비합니다.

시험 직전에 단원 평가를 풀어
보면서 학교 시험에 철저히 대
비합니다.

만점왕 수학 플러스로
기본과 응용을 모두 잡는 공부 비법

만점왕 수학 플러스를 효과적으로 공부하려면?

교재 200% 활용하기

각 단원이 시작될 때마다 나와 있는 **단원 진도 체크**를 참고하여 공부하면 보다 효과적으로 수학 실력을 쑥쑥 올릴 수 있어요!

응용력 높이기에서 단원별 난이도 높은 대표 응용문제를 **문제 스케치**를 보면서 문제 해결의 포인트를 찾아보세요. 어려운 문제에 이미지 해법을 활용하면 문제를 훨씬 쉽게 해결할 수 있을 거예요!

교재로 혼자 공부했는데, 잘 모르는 부분이 있나요?
만점왕 수학 플러스 강의가 있으니 걱정 마세요!

QR코드 강의 또는 인터넷(TV) 강의로 공부하기

응용력 높이기 코너의 QR코드를 스마트폰에 인식시키면 EBS 선생님의 문제 풀이 동영상을 무료로 학습할 수 있어요. 만점왕 수학 플러스 전체 강의는 TV를 통해 시청하거나 EBS 초등 사이트를 통해 언제 어디서든 이용할 수 있습니다.

• 방송 시간 : EBS 홈페이지 편성표 참조
• EBS 초등 사이트 : http://primary.ebs.co.kr

BOOK 1 차례

경아는 아버지와 밀가루 $1\frac{1}{2}$ kg으로 여러 가지 모양의 쿠키를 만들려고 해요. 한 가지 모양을 만드는 데 밀가루를 $\frac{3}{8}$ kg씩 사용하면 몇 가지 모양의 쿠키를 만들 수 있을까요?

이번 1단원에서는 (분수)÷(분수), (자연수)÷(분수)의 계산 원리를 이해하고 계산해 볼 거예요.

1 분수의 나눗셈

단원 학습 목표

1. 분모가 같은 (분수)÷(분수)의 계산 원리를 이해하고 계산할 수 있습니다.
2. 분모가 다른 (분수)÷(분수)의 계산 원리를 이해하고 계산할 수 있습니다.
3. (자연수)÷(분수)의 계산 원리를 이해하고 계산할 수 있습니다.
4. (분수)÷(분수)를 (분수)×(분수)로 나타내어 계산하는 원리를 이해하고 계산할 수 있습니다.
5. (자연수)÷(분수), (가분수)÷(분수), (대분수)÷(분수)의 계산 과정을 이해하고 몫을 구할 수 있습니다.

단원 진도 체크

학습일			학습 내용	진도 체크
1일째	월	일	**개념 1** (분수)÷(분수)를 알아볼까요(1) **개념 2** (분수)÷(분수)를 알아볼까요(2) **개념 3** (분수)÷(분수)를 알아볼까요(3)	✓
2일째	월	일	교과서 넘어 보기 + 교과서 속 응용 문제	✓
3일째	월	일	**개념 4** (자연수)÷(분수)를 알아볼까요 **개념 5** (분수)÷(분수)를 (분수)×(분수)로 나타내어 볼까요 **개념 6** (분수)÷(분수)를 계산해 볼까요	✓
4일째	월	일	교과서 넘어 보기 + 교과서 속 응용 문제	✓
5일째	월	일	**응용 1** 곱셈식에서 □ 안에 알맞은 수 구하기 **응용 2** □ 안에 들어갈 수 있는 자연수 구하기	✓
6일째	월	일	**응용 3** 도형에서 길이 구하기 **응용 4** 수 카드로 나눗셈식 만들기	✓
7일째	월	일	단원 평가 LEVEL ❶	✓
8일째	월	일	단원 평가 LEVEL ❷	✓

이 단원을 진도 체크에 맞춰 8일 동안 학습해 보세요.
해당 부분을 공부하고 나서 ✓표를 하세요.

개념 **1** (분수)÷(분수)를 알아볼까요 (1)

(1) (분수)÷(단위분수)

예) $\frac{2}{5} \div \frac{1}{5}$의 계산

$\frac{2}{5}$에서 $\frac{1}{5}$을 2번 덜어 낼 수 있습니다.

➡ $\frac{2}{5} \div \frac{1}{5} = 2$

▶ 분모가 같은 (분수)÷(단위분수) 계산하기
나누어지는 수에서 단위분수를 몇 번 덜어 낼 수 있는지 알아봅니다.

(2) (분수)÷(분수) → 분모가 같고 분자끼리 나누어떨어지는 (분수)÷(분수)

예) $\frac{9}{11} \div \frac{3}{11}$의 계산

$$0 \quad \frac{1}{11} \quad \frac{2}{11} \quad \frac{3}{11} \quad \frac{4}{11} \quad \frac{5}{11} \quad \frac{6}{11} \quad \frac{7}{11} \quad \frac{8}{11} \quad \frac{9}{11} \quad \frac{10}{11} \quad 1$$

• $\frac{9}{11}$에서 $\frac{3}{11}$을 3번 덜어 낼 수 있습니다.

• $\frac{9}{11}$는 $\frac{1}{11}$이 9개, $\frac{3}{11}$은 $\frac{1}{11}$이 3개이므로 $\frac{9}{11} \div \frac{3}{11}$은 9÷3으로 계산할 수 있습니다.

➡ $\frac{9}{11} \div \frac{3}{11} = 9 \div 3 = 3$

▶ 분자끼리 나누어떨어지는 분모가 같은 (분수)÷(분수) 계산하기
• 나누어지는 수에서 나누는 수를 몇 번 덜어 낼 수 있는지 알아봅니다.
• 단위분수로 몇 개인지 알아보고 그 개수를 나눕니다.

---

01 $\frac{5}{8} \div \frac{1}{8}$을 계산하려고 합니다. 그림을 보고 □ 안에 알맞은 수를 써넣으세요.

$$0 \quad \frac{1}{8} \quad \frac{2}{8} \quad \frac{3}{8} \quad \frac{4}{8} \quad \frac{5}{8} \quad \frac{6}{8} \quad \frac{7}{8} \quad 1$$

(1) $\frac{5}{8}$에는 $\frac{1}{8}$이 □ 번 들어갑니다.

(2) $\frac{5}{8} \div \frac{1}{8} = $ □

02 $\frac{6}{9} \div \frac{2}{9}$를 계산하려고 합니다. 그림을 보고 □ 안에 알맞은 수를 써넣으세요.

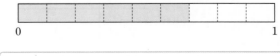

$$0 \qquad\qquad\qquad\qquad\qquad\qquad\qquad 1$$

$\frac{6}{9}$은 $\frac{1}{9}$이 □ 개, $\frac{2}{9}$는 $\frac{1}{9}$이 □ 개이므로

$\frac{6}{9} \div \frac{2}{9}$는 □ ÷ □ 와/과 같습니다.

따라서 $\frac{6}{9} \div \frac{2}{9} = $ □ 입니다.

개념 2 (분수)÷(분수)를 알아볼까요 (2) → 분모가 같고 분자끼리 나누어떨어지지 않는 (분수)÷(분수)

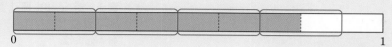

예 $\frac{7}{9} \div \frac{2}{9}$ 의 계산

▶ 분모가 같은 (분수)÷(분수) 계산하기
분자끼리의 나눗셈으로 바꾸어 계산하고 분자끼리 나누어떨어지지 않을 때에는 몫이 분수로 나옵니다.

• $\frac{7}{9}$ 은 $\frac{1}{9}$ 이 7개, $\frac{2}{9}$ 는 $\frac{1}{9}$ 이 2개이므로 7개를 2개로 나누는 것과 같습니다.

➡ $\frac{7}{9} \div \frac{2}{9}$ 는 $7 \div 2$ 로 계산할 수 있습니다.

• 7을 2씩 묶으면 3묶음과 1묶음의 반절, 즉 $\frac{1}{2}$ 묶음이 되므로 $3\frac{1}{2}$ 입니다.

➡ $\frac{7}{9} \div \frac{2}{9} = 7 \div 2 = \frac{7}{2} = 3\frac{1}{2}$

$$\frac{\blacktriangle}{\blacksquare} \div \frac{\bullet}{\blacksquare} = \blacktriangle \div \bullet = \frac{\blacktriangle}{\bullet}$$

03 $\frac{5}{6} \div \frac{2}{6}$ 를 계산하려고 합니다. 그림을 보고 □ 안에 알맞은 수를 써넣으세요.

(1) 5개를 2개씩 묶으면 □ 묶음과 $\frac{1}{2}$ 묶음이 되므로 $5 \div 2 =$ □ 입니다.

(2) $\frac{5}{6}$ 는 $\frac{1}{6}$ 이 □ 개, $\frac{2}{6}$ 는 $\frac{1}{6}$ 이 □ 개이므로 $\frac{5}{6} \div \frac{2}{6}$ 는 $5 \div$ □ (으)로 계산할 수 있습니다.

(3) $\frac{5}{6} \div \frac{2}{6} =$ □ $\div$ □ $= \frac{\square}{\square} =$ □

04 보기 와 같이 계산하려고 합니다. □ 안에 알맞은 수를 써넣으세요.

보기

$$\frac{4}{11} \div \frac{3}{11} = 4 \div 3 = \frac{4}{3} = 1\frac{1}{3}$$

(1) $\frac{3}{8} \div \frac{7}{8} =$ □ $\div$ □ $= \frac{\square}{\square}$

(2) $\frac{5}{7} \div \frac{3}{7} =$ □ $\div$ □ $= \frac{\square}{\square} = \frac{\square}{\square}$

(3) $\frac{11}{13} \div \frac{4}{13} =$ □ $\div$ □ $= \frac{\square}{\square}$ $= \frac{\square}{\square}$

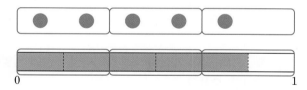

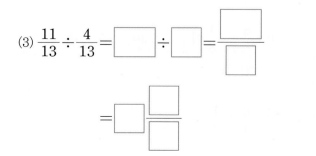

개념 3 (분수)÷(분수)를 알아볼까요 (3) →분모가 다른 (분수)÷(분수)

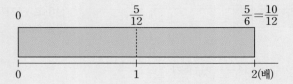

예 $\dfrac{5}{6} \div \dfrac{5}{12}$의 계산

• $\dfrac{5}{6}$는 $\dfrac{10}{12}$과 같습니다.

• $\dfrac{10}{12}$은 $\dfrac{5}{12}$가 2개이므로 $\dfrac{5}{6} \div \dfrac{5}{12} = 2$입니다.

$$\dfrac{5}{6} \div \dfrac{5}{12} = \dfrac{10}{12} \div \dfrac{5}{12} = 10 \div 5 = 2$$

➡ $\dfrac{5}{6}$는 $\dfrac{5}{12}$의 2배입니다.

예 $\dfrac{4}{5} \div \dfrac{3}{7}$의 계산

$$\dfrac{4}{5} \div \dfrac{3}{7} = \dfrac{28}{35} \div \dfrac{15}{35} = 28 \div 15 = \dfrac{28}{15} = 1\dfrac{13}{15}$$

분모가 다른 분수의 나눗셈은 통분하여 분자끼리 나누어 구할 수 있습니다.

▶ ■÷●를 구하여 ■가 ●의 몇 배인지 알 수 있습니다.
■÷●=▲
➡ ■는 ●의 ▲배입니다.

▶ 분모가 다른 분수의 나눗셈 계산하기
분수를 통분하여 분자끼리 나누어 구합니다.

▶ 분수 통분하기
두 분모의 곱 또는 두 분모의 공배수를 공통분모로 하여 통분합니다.

---

05 $\dfrac{3}{4} \div \dfrac{1}{8}$을 계산하려고 합니다. 그림을 보고 □ 안에 알맞은 수를 써넣으세요.

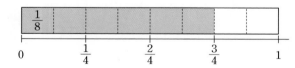

(1) $\dfrac{3}{4}$은 $\dfrac{\boxed{}}{8}$와/과 같습니다.

(2) $\dfrac{6}{8}$은 $\dfrac{1}{8}$이 $\boxed{}$개이므로 $\dfrac{3}{4}$은 $\dfrac{1}{8}$이 $\boxed{}$개 입니다.

(3) $\dfrac{3}{4} \div \dfrac{1}{8} = \dfrac{\boxed{}}{8} \div \dfrac{1}{8} = \boxed{} \div 1 = \boxed{}$

06 보기 와 같이 계산하려고 합니다. □ 안에 알맞은 수를 써넣으세요.

보기
$$\dfrac{4}{7} \div \dfrac{5}{9} = \dfrac{36}{63} \div \dfrac{35}{63} = 36 \div 35 = \dfrac{36}{35} = 1\dfrac{1}{35}$$

$$\dfrac{2}{3} \div \dfrac{3}{4} = \dfrac{\boxed{}}{12} \div \dfrac{\boxed{}}{12}$$

$$= \boxed{} \div \boxed{} = \dfrac{\boxed{}}{\boxed{}}$$

01 그림을 보고 □ 안에 알맞은 수를 써넣으세요.

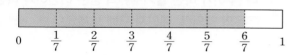

$$\begin{array}{cccccccc} 0 & \frac{1}{7} & \frac{2}{7} & \frac{3}{7} & \frac{4}{7} & \frac{5}{7} & \frac{6}{7} & 1 \end{array}$$

(1) $\frac{6}{7}$ 에서 $\frac{1}{7}$ 을 □ 번 덜어 낼 수 있습니다.

(2) $\frac{6}{7} \div \frac{1}{7} =$ □

02 계산해 보세요.

(1) $\frac{3}{5} \div \frac{1}{5}$

(2) $\frac{5}{13} \div \frac{1}{13}$

(3) $\frac{7}{16} \div \frac{1}{16}$

03 사과주스 $\frac{8}{9}$ L를 한 사람에게 $\frac{1}{9}$ L씩 나누어 주려고 합니다. 사과주스를 몇 명에게 나누어 줄 수 있는지 구해 보세요.

(   )

04 $\frac{4}{5} \div \frac{2}{5}$ 를 계산하려고 합니다. □ 안에 알맞은 수를 써넣으세요.

$\frac{4}{5}$ 는 $\frac{1}{5}$ 이 □ 개이고 $\frac{2}{5}$ 는 $\frac{1}{5}$ 이 □ 개이므로 $\frac{4}{5} \div \frac{2}{5} =$ □ 입니다.

05 계산 결과가 큰 것부터 차례로 기호를 써 보세요.

ㄱ $\frac{6}{7} \div \frac{3}{7}$ ㄴ $\frac{8}{11} \div \frac{2}{11}$ ㄷ $\frac{12}{13} \div \frac{4}{13}$

(   )

06 상자 하나를 포장하려면 색 테이프 $\frac{5}{21}$ m가 필요합니다. 색 테이프 $\frac{20}{21}$ m로 똑같은 크기의 상자를 몇 상자까지 포장할 수 있는지 구해 보세요.

식 _____

답 _____

07 그림을 보고 □ 안에 알맞은 수를 써넣으세요.

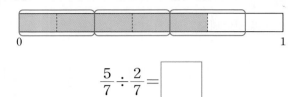

$$\frac{5}{7} \div \frac{2}{7} = \boxed{}$$

08 □ 안에 알맞은 수를 써넣으세요.

$$\frac{9}{11} \div \frac{4}{11} = \boxed{} \div \boxed{} = \frac{\boxed{}}{\boxed{}} = \boxed{}$$

09 계산해 보세요.

(1) $\dfrac{3}{16} \div \dfrac{7}{16}$

(2) $\dfrac{14}{21} \div \dfrac{5}{21}$

10 관계있는 것끼리 이어 보세요.
중요

$\boxed{\dfrac{13}{17} \div \dfrac{4}{17}}$ •   • $\boxed{13 \div 4}$ •   • $\boxed{\dfrac{3}{5}}$

$\boxed{\dfrac{7}{13} \div \dfrac{6}{13}}$ •   • $\boxed{3 \div 5}$ •   • $\boxed{1\dfrac{1}{6}}$

$\boxed{\dfrac{3}{8} \div \dfrac{5}{8}}$ •   • $\boxed{7 \div 6}$ •   • $\boxed{3\dfrac{1}{4}}$

11 딸기우유를 주이는 $\dfrac{6}{7}$ L, 아연이는 $\dfrac{5}{7}$ L 마셨습니다. 주이가 마신 딸기우유의 양은 아연이가 마신 딸기우유의 양의 몇 배인지 구해 보세요.

식 _____

답 _____

12 계산 결과가 <u>다른</u> 식을 찾아 기호를 써 보세요.

$$\boxed{\text{㉠ } \frac{9}{13} \div \frac{6}{13} \qquad \text{㉡ } \frac{3}{11} \div \frac{2}{11} \qquad \text{㉢ } \frac{8}{17} \div \frac{3}{17}}$$

(   )

13 물 $\dfrac{7}{8}$ L를 물을 $\dfrac{3}{8}$ L까지 담을 수 있는 컵에 나누어 담으려고 합니다. 물은 몇 컵만큼 채울 수 있는지 그림에 색칠하고 구해 보세요.

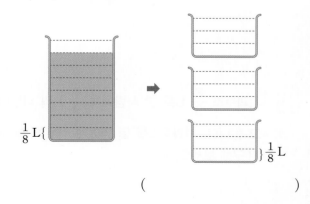

(   )

14 그림을 보고 □ 안에 알맞은 수를 써넣으세요.

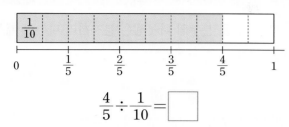

$$\frac{4}{5} \div \frac{1}{10} = \boxed{}$$

15 보기 와 같이 계산해 보세요.

보기

$$\frac{5}{6} \div \frac{2}{5} = \frac{25}{30} \div \frac{12}{30} = 25 \div 12 = \frac{25}{12} = 2\frac{1}{12}$$

$$\frac{8}{9} \div \frac{3}{4}$$ _____

16 빈칸에 알맞은 수를 써넣으세요.

중요

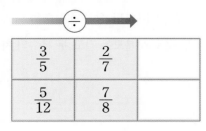

17 $\frac{9}{10}$는 $\frac{5}{6}$의 몇 배인지 구해 보세요.

(   )

18 경영이는 $\frac{5}{7}$ km를 걸어가는 데 $\frac{1}{14}$시간이 걸립니다. 경영이가 같은 빠르기로 걷는다면 1시간 동안 갈 수 있는 거리는 몇 km인지 구해 보세요.

어려운 문제

(   )

19 계산 결과가 1보다 작은 것을 찾아 기호를 써 보세요.

$$\text{㉠ } \frac{3}{4} \div \frac{7}{12} \qquad \text{㉡ } \frac{2}{3} \div \frac{5}{7} \qquad \text{㉢ } \frac{2}{5} \div \frac{3}{8}$$

(   )

20 연서와 건우는 케이크를 나누어 먹었습니다. 연서는 전체의 $\frac{1}{5}$을 먹었고, 건우는 전체의 $\frac{3}{8}$을 먹었습니다. 건우가 먹은 케이크의 양은 연서가 먹은 케이크의 양의 몇 배인지 구해 보세요.

식 _____

답 _____

그림에 알맞은 진분수끼리의 나눗셈식 구하기

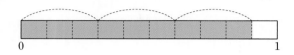

나누어지는 수는 $\frac{9}{10}$ 이고 나누는 수는 $\frac{3}{10}$ 입니다.

➡ $\frac{9}{10} \div \frac{3}{10} = 9 \div 3 = 3$

21 그림에 알맞은 진분수끼리의 나눗셈식을 만들고 몫을 구해 보세요.

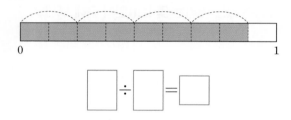

$\boxed{} \div \boxed{} = \boxed{}$

22 그림에 알맞은 진분수끼리의 나눗셈식을 만들고 몫을 구해 보세요.

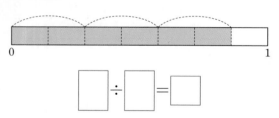

$\boxed{} \div \boxed{} = \boxed{}$

23 그림에 알맞은 진분수끼리의 나눗셈식을 만들고 몫을 구해 보세요.

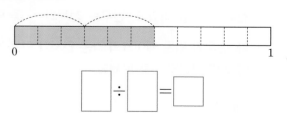

$\boxed{} \div \boxed{} = \boxed{}$

조건을 만족하는 분수의 나눗셈식 구하기

• 분모가 같은 분수의 나눗셈은 분자끼리 나누어 계산할 수 있습니다.

$$\frac{▲}{■} \div \frac{●}{■} = ▲ \div ● = \frac{▲}{●}$$

• 진분수는 분자가 분모보다 작은 분수입니다.

24 조건 을 만족하는 분수의 나눗셈식을 모두 써 보세요.

조건
• 7÷3을 이용하여 계산할 수 있습니다.
• 분모가 10보다 작은 진분수의 나눗셈입니다.
• 두 분수의 분모는 같습니다.

(   )

25 조건 을 만족하는 분수의 나눗셈식을 모두 써 보세요.

조건
• 11÷7을 이용하여 계산할 수 있습니다.
• 분모가 15보다 작은 진분수의 나눗셈입니다.
• 두 분수의 분모는 같습니다.

(   )

26 조건 을 만족하는 분수의 나눗셈식을 써 보세요.

조건
• 5÷3을 이용하여 계산할 수 있습니다.
• 분모가 11보다 작은 진분수의 나눗셈입니다.
• 두 분수의 분모는 같고 두 분수의 차는 $\frac{1}{4}$ 입니다.

(   )

개념 4 (자연수)÷(분수)를 알아볼까요

(예) 방울토마토 15 kg을 따는 데 $\frac{3}{5}$시간이 걸렸습니다. 1시간 동안 딸 수 있는 방울토마토의 무게를 알아보세요.

➡ 1시간 동안 딸 수 있는 방울토마토의 무게를 구하는 식: $15 \div \frac{3}{5}$

(1) **$15 \div \frac{3}{5}$을 그림으로 알아보기**

① $\frac{1}{5}$시간 동안 딸 수 있는 방울토마토의 무게

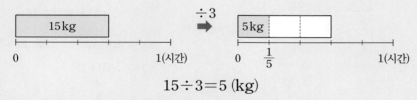

$$15 \div 3 = 5 \text{ (kg)}$$

② 1시간 동안 딸 수 있는 방울토마토의 무게

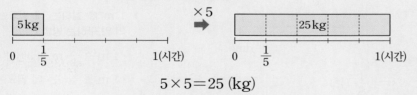

$$5 \times 5 = 25 \text{ (kg)}$$

(2) **$15 \div \frac{3}{5}$의 계산**

$$15 \div \frac{3}{5} = (15 \div 3) \times 5 = 25$$

┌ $\frac{1}{5}$시간 동안 딸 수 있는 방울토마토의 무게를 구하기 위해 15÷3을 먼저 구하고 1시간 동안 딸 수 있는 방울토마토의 무게를 구하기 위해 15÷3에 5를 곱했습니다.

자연수를 분자로 나눈 수에 분모를 곱하여 구할 수 있습니다.

▶ $\frac{1}{5}$시간 동안 딸 수 있는 방울토마토의 무게를 구하는 방법

• $\frac{1}{5}$시간은 $\frac{3}{5}$시간을 3으로 나눈 것과 같습니다.

• $\frac{1}{5}$시간 동안 딸 수 있는 방울토마토의 무게는 15 kg을 3으로 나눈 것과 같습니다.

➡ $15 \div 3 = 5 \text{ (kg)}$

▶ 1시간 동안 딸 수 있는 방울토마토의 무게를 구하는 방법

• 1시간은 $\frac{1}{5}$시간의 5배입니다.

• 1시간 동안 딸 수 있는 방울토마토의 무게는 5 kg에 5배를 한 것과 같습니다.

➡ $5 \times 5 = 25 \text{ (kg)}$

---

01 찰흙 $\frac{2}{3}$통의 무게가 8 kg입니다. 찰흙 한 통의 무게는 몇 kg인지 구하려고 합니다. 물음에 답하세요.

(1) 찰흙 한 통의 무게를 구하는 식을 써 보세요.

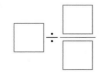

(2) □ 안에 알맞은 수를 써넣으세요.

$$8 \div \frac{2}{3} = (8 \div \boxed{}) \times \boxed{} = \boxed{}$$

(3) 찰흙 한 통의 무게는 몇 kg인가요?

(   )

개념 5 (분수)÷(분수)를 (분수)×(분수)로 나타내어 볼까요 →분수의 나눗셈을 분수의 곱셈으로 나타내어 계산하기

예 벽면 $\frac{2}{3}$ m²를 칠하는 데 $\frac{4}{5}$ L의 페인트를 사용했습니다. 벽면 1 m²를 칠하는 데 필요한 페인트의 양은 몇 L인지 알아보세요.

➡ 1 m²를 칠하는 데 필요한 페인트의 양을 구하는 식: $\frac{4}{5} \div \frac{2}{3}$

(1) $\frac{4}{5} \div \frac{2}{3}$를 그림으로 알아보기

① $\frac{1}{3}$ m²를 칠하는 데 필요한 페인트의 양

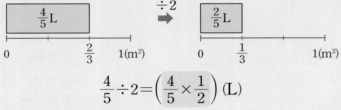

$$\frac{4}{5} \div 2 = \left(\frac{4}{5} \times \frac{1}{2}\right) \text{(L)}$$

② 1 m²를 칠하는 데 필요한 페인트의 양

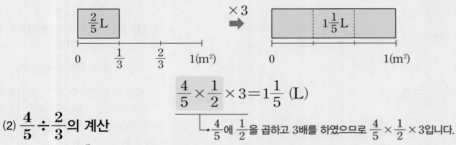

$$\frac{4}{5} \times \frac{1}{2} \times 3 = 1\frac{1}{5} \text{(L)}$$

└─ $\frac{4}{5}$에 $\frac{1}{2}$을 곱하고 3배를 하였으므로 $\frac{4}{5} \times \frac{1}{2} \times 3$입니다.

(2) $\frac{4}{5} \div \frac{2}{3}$의 계산

$$\frac{4}{5} \div \frac{2}{3} = \frac{4}{5} \times \frac{\overset{2}{3}}{\underset{1}{2}} = \frac{6}{5} = 1\frac{1}{5}$$

나눗셈을 곱셈으로 나타내고 나누는 분수의 분모와 분자를 바꾸어 계산합니다.

$$\frac{\blacktriangle}{\blacksquare} \div \frac{\bullet}{\heartsuit} = \frac{\blacktriangle}{\blacksquare} \times \frac{\heartsuit}{\bullet}$$

▶ ■ m²를 칠하는 데 ▲ L의 페인트를 사용했다면 1 m²를 칠하는 데 필요한 페인트의 양을 구하는 식은 ▲÷■입니다.

▶ $\frac{1}{3}$ m²를 칠하는 데 필요한 페인트의 양 구하는 방법
· $\frac{1}{3}$ m²는 $\frac{2}{3}$ m²를 2로 나눈 것과 같습니다.
· $\frac{1}{3}$ m²를 칠하는 데 필요한 페인트의 양은 $\frac{4}{5}$ L를 2로 나눈 것과 같습니다.
➡ $\frac{4}{5} \div 2 = \frac{4}{5} \times \frac{1}{2} = \frac{2}{5}$ (L)

▶ 1 m²를 칠하는 데 필요한 페인트의 양 구하는 방법
· 1 m²는 $\frac{1}{3}$ m²의 3배입니다.
· 1 m²를 칠하는 데 필요한 페인트의 양은 $\frac{2}{5}$ L에 3을 곱한 것과 같습니다.
➡ $\frac{2}{5} \times 3 = \frac{6}{5} = 1\frac{1}{5}$ (L)

02 □ 안에 알맞은 수를 써넣으세요.

(1) $\frac{3}{4} \div \frac{5}{7} = \frac{3}{4} \times \frac{1}{\boxed{}} \times \boxed{} = \frac{21}{\boxed{}} = \boxed{}$

(2) $\frac{5}{8} \div \frac{7}{9} = \frac{5}{8} \times \frac{\boxed{}}{\boxed{}} = \boxed{}$

03 나눗셈식을 곱셈식으로 나타내어 계산해 보세요.

(1) $\frac{2}{5} \div \frac{6}{7}$

(2) $\frac{9}{11} \div \frac{3}{4}$

개념 **6** (분수)÷(분수)를 계산해 볼까요

(1) (자연수)÷(분수)

예 $2 \div \dfrac{3}{7}$의 계산

$$2 \div \frac{3}{7} = 2 \times \frac{7}{3} = \frac{14}{3} = 4\frac{2}{3}$$ →분수의 나눗셈을 분수의 곱셈으로 나타내어 계산합니다.

(2) (가분수)÷(분수)

예 $\dfrac{4}{3} \div \dfrac{5}{6}$의 계산

방법 1 분모를 같게 하여 계산합니다.

$$\frac{4}{3} \div \frac{5}{6} = \frac{8}{6} \div \frac{5}{6} = 8 \div 5 = \frac{8}{5} = 1\frac{3}{5}$$ →통분하여 분자끼리 나누어 계산합니다.

방법 2 분수의 곱셈으로 나타내어 계산합니다.

$$\frac{4}{3} \div \frac{5}{6} = \frac{4}{3} \times \frac{\overset{2}{6}}{5} = \frac{8}{5} = 1\frac{3}{5}$$

(3) (대분수)÷(분수)

예 $2\dfrac{1}{5} \div \dfrac{2}{3}$의 계산

방법 1 분모를 같게 하여 계산합니다.

$$2\frac{1}{5} \div \frac{2}{3} = \frac{11}{5} \div \frac{2}{3} = \frac{33}{15} \div \frac{10}{15} = 33 \div 10 = \frac{33}{10} = 3\frac{3}{10}$$

방법 2 분수의 곱셈으로 나타내어 계산합니다.

$$2\frac{1}{5} \div \frac{2}{3} = \frac{11}{5} \div \frac{2}{3} = \frac{11}{5} \times \frac{3}{2} = \frac{33}{10} = 3\frac{3}{10}$$ → 대분수를 가분수로 바꾼 후 분수의 곱셈으로 나타내어 계산합니다.

▶ 2는 $\dfrac{2}{1}$와 같습니다.

➡ $2 \div \dfrac{3}{7} = 2 \times \dfrac{7}{3} = \dfrac{2}{1} \times \dfrac{7}{3}$
$= \dfrac{14}{3} = 4\dfrac{2}{3}$

▶ (분수)÷(분수) 계산하기
분수의 나눗셈은 통분하여 분자끼리 나누어 계산하거나 분수의 나눗셈을 분수의 곱셈으로 나타내어 계산할 수 있습니다.

▶ 대분수의 나눗셈
대분수를 가분수로 바꾸어 계산합니다.

---

04 $\dfrac{6}{5} \div \dfrac{2}{9}$를 두 가지 방법으로 계산하려고 합니다.

□ 안에 알맞은 수를 써넣으세요.

(1) $\dfrac{6}{5} \div \dfrac{2}{9} = \dfrac{54}{45} \div \dfrac{\boxed{}}{45} = \boxed{} \div \boxed{}$

$= \dfrac{\boxed{}}{10} = \dfrac{\boxed{}}{5} = \boxed{}$

(2) $\dfrac{6}{5} \div \dfrac{2}{9} = \dfrac{6}{5} \times \dfrac{\boxed{}}{\boxed{}} = \dfrac{\boxed{}}{5} = \boxed{}$

05 나눗셈식을 곱셈식으로 나타내어 계산해 보세요.

(1) $4 \div \dfrac{6}{11}$

(2) $\dfrac{9}{4} \div \dfrac{3}{7}$

(3) $2\dfrac{1}{2} \div \dfrac{3}{5}$

27 보기 와 같이 계산해 보세요.

보기

$$12 \div \frac{4}{5} = (12 \div 4) \times 5 = 15$$

$10 \div \frac{2}{7}$ _____

28 계산 결과를 찾아 이어 보세요.

$9 \div \frac{3}{4}$ •   • 20

$16 \div \frac{4}{5}$ •   • 14

$4 \div \frac{2}{7}$ •   • 12

29 빈칸에 알맞은 수를 써넣으세요.

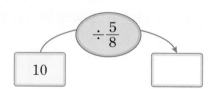

30 계산해 보세요.

(1) $4 \div \frac{2}{9}$

(2) $8 \div \frac{2}{15}$

31 계산 결과가 큰 것부터 차례로 기호를 써 보세요.

┌─────────────────────────────────────┐
│ ㉠ $14 \div \frac{7}{8}$ ㉡ $15 \div \frac{5}{7}$ ㉢ $16 \div \frac{8}{9}$ │
└─────────────────────────────────────┘

(   )

32 소정이는 길이가 6 m인 끈을 한 명에게 $\frac{3}{4}$ m씩 나누어 주려고 합니다. 모두 몇 명에게 나누어 줄 수 있는지 구해 보세요.

식 _____

답 _____

33
중요

사과 $\frac{2}{5}$ 상자에 들어 있는 사과의 무게가 8 kg입니다. 사과 한 상자에 들어 있는 사과의 무게는 몇 kg인지 구해 보세요.

(   )

[34~35] 밀가루 $\frac{4}{5}$ kg을 빈 통에 담아 보니 통의 $\frac{2}{3}$가 채워졌습니다. 한 통을 가득 채울 수 있는 밀가루의 양은 몇 kg인지 구하려고 합니다. 물음에 답하세요.

34 한 통을 가득 채울 수 있는 밀가루의 양을 구하는 과정입니다. □ 안에 알맞은 수를 써넣으세요.
중요

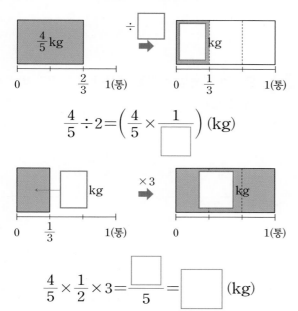

$$\frac{4}{5} \div 2 = \left(\frac{4}{5} \times \frac{1}{\Box} \right) (kg)$$

$$\frac{4}{5} \times \frac{1}{2} \times 3 = \frac{\Box}{5} = \Box \ (kg)$$

35 □ 안에 알맞은 수를 써넣으세요.

(한 통을 가득 채울 수 있는 밀가루의 양)

$$= \frac{4}{5} \div \frac{2}{3} = \frac{4}{5} \times \frac{1}{\Box} \times \Box = \frac{4}{5} \times \frac{\Box}{\Box}$$

$$= \frac{\Box}{5} = \Box \ (kg)$$

36 $\frac{6}{7} \div \frac{7}{9}$과 계산 결과가 같은 식을 찾아 기호를 써 보세요.

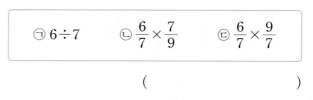

$$\bigcirc \ 6 \div 7 \qquad \bigcirc \ \frac{6}{7} \times \frac{7}{9} \qquad \bigcirc \ \frac{6}{7} \times \frac{9}{7}$$

( )

37 같은 색깔의 선을 따라 계산하여 빈칸에 알맞은 수를 써넣으세요.

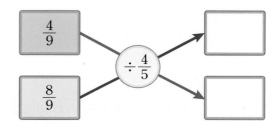

38 수박의 무게는 $\frac{10}{11}$ kg이고, 멜론의 무게는 $\frac{5}{7}$ kg입니다. 수박의 무게는 멜론의 무게의 몇 배인지 구해 보세요.

( )

39 우유 $\frac{3}{8}$ L를 빈병에 담아 보니 병의 $\frac{5}{6}$가 찼습니다. 한 병을 가득 채울 수 있는 우유의 양은 몇 L인지 구해 보세요.

( )

40 $\dfrac{5}{4} \div \dfrac{3}{8}$을 두 가지 방법으로 계산하려고 합니다.

□ 안에 알맞은 수를 써넣으세요.

(1) $\dfrac{5}{4} \div \dfrac{3}{8} = \dfrac{\boxed{}}{8} \div \dfrac{3}{8} = \boxed{} \div \boxed{}$

$= \dfrac{\boxed{}}{\boxed{}} = \boxed{}$

(2) $\dfrac{5}{4} \div \dfrac{3}{8} = \dfrac{5}{4} \times \dfrac{\boxed{}}{\boxed{}} = \dfrac{\boxed{}}{3} = \boxed{}$

41 $1\dfrac{2}{9} \div \dfrac{4}{5}$를 **40**번과 같이 두 가지 방법으로 계산해 보세요.

방법 1

_____

_____

방법 2

_____

_____

42 ㉠과 ㉡의 몫의 차를 구해 보세요.

㉠ $6\dfrac{3}{4} \div \dfrac{3}{8}$ ㉡ $\dfrac{27}{5} \div \dfrac{9}{10}$

(   )

43 □ 안에 알맞은 대분수를 써넣으세요.

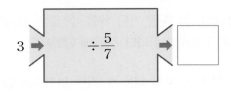

44 분수의 나눗셈을 잘못 계산한 것입니다. 바르게 계산해 보세요.

$2\dfrac{1}{4} \div \dfrac{5}{8} = 2\dfrac{1}{\underset{1}{4}} \times \dfrac{\overset{2}{8}}{5} = 2\dfrac{2}{5}$

_____

45 수제비 1인분을 만드는 데 밀가루 반죽 $\dfrac{4}{9}$ kg이 필요합니다. 밀가루 반죽 $5\dfrac{1}{3}$ kg으로 수제비를 몇 인분 만들 수 있는지 구해 보세요.

(   )

46 어려운 문제 들이가 10 L인 물통에 물이 $\dfrac{2}{3}$ L 들어 있습니다. 이 물통에 물을 가득 채우려면 들이가 $1\dfrac{2}{5}$ L인 그릇으로 물을 최소 몇 번 부어야 하는지 구해 보세요.

(   )

교과서 속 응용 문제

정답과 풀이 4쪽

물건의 가격 구하기

> 예 땅콩 $\frac{4}{5}$ kg의 가격이 8000원입니다. 땅콩 1 kg의 가격은 얼마인지 구해 보세요.

(땅콩 1 kg의 가격)
= (땅콩의 가격) ÷ (땅콩의 양)
= $8000 \div \frac{4}{5} = (8000 \div 4) \times 5 = 10000$(원)

47 딸기 $\frac{6}{7}$ kg의 가격이 6000원입니다. 딸기 1 kg의 가격은 얼마인지 구해 보세요.

( )

48 민석이가 젤리를 사려면 얼마를 내야 하는지 구해 보세요.

$\frac{2}{3}$ kg ➡ 4000원

젤리 1 kg을 사야 하는데!

민석

( )

49 돼지고기 1근은 600 g입니다. 돼지고기 1근의 가격이 12000원일 때 돼지고기 1 kg의 가격은 얼마인지 구해 보세요.

( )

갈 수 있는 거리 구하기

> 예 휘발유 $\frac{5}{7}$ L로 $6\frac{1}{4}$ km를 가는 자동차가 있습니다. 이 자동차는 휘발유 1 L로 몇 km를 갈 수 있는지 구해 보세요.

휘발유 ● L로 ■ km를 갈 수 있을 때
(휘발유 1 L로 갈 수 있는 거리) = ■ ÷ ●

➡ $6\frac{1}{4} \div \frac{5}{7} = \frac{25}{4} \div \frac{5}{7} = \overset{5}{\frac{25}{4}} \times \frac{7}{\underset{1}{5}} = \frac{35}{4} = 8\frac{3}{4}$ (km)

50 경유 $\frac{9}{14}$ L로 $2\frac{4}{7}$ km를 가는 자동차가 있습니다. 이 자동차는 경유 1 L로 몇 km를 갈 수 있는지 구해 보세요.

( )

51 가 전기자전거는 $\frac{3}{5}$ 시간 충전해서 $2\frac{2}{3}$ km를 갈 수 있고, 나 전기자전거는 $\frac{6}{7}$ 시간 충전해서 $3\frac{1}{3}$ km를 갈 수 있습니다. 1시간 동안 충전했을 때 어떤 전기자전거가 더 멀리 갈 수 있는지 구해 보세요.

( )

52 휘발유 $\frac{14}{15}$ L로 $8\frac{2}{5}$ km를 가는 자동차가 있습니다. 이 자동차는 휘발유 2 L로 몇 km를 갈 수 있는지 구해 보세요.

( )

| 대표 응용 | 곱셈식에서 □ 안에 알맞은 수 구하기 |

1 ■ 안에 알맞은 수를 구해 보세요.

$$■ \times \frac{1}{3} = \frac{1}{4}$$

문제 스케치

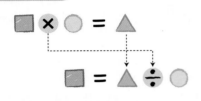

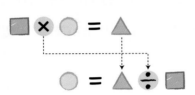

해결하기

곱셈식 $■ \times \dfrac{1}{3} = \dfrac{1}{4}$ 을 나눗셈식으로 고치면

$$\frac{1}{4} \div \frac{\boxed{}}{\boxed{}} = ■ \text{입니다.}$$

➡ $■ = \dfrac{1}{4} \div \dfrac{\boxed{}}{\boxed{}} = \dfrac{\boxed{}}{12} \div \dfrac{\boxed{}}{\boxed{}} = \boxed{} \div \boxed{} = \dfrac{\boxed{}}{\boxed{}}$

1-1 □ 안에 알맞은 수를 구해 보세요.

$$□ \times \frac{3}{5} = \frac{11}{20}$$

(   )

1-2 $\dfrac{8}{15}$ 에 어떤 수를 곱했더니 $\dfrac{4}{9}$ 가 되었습니다. 어떤 수는 얼마인지 구해 보세요.

(   )

대표 응용 □ 안에 들어갈 수 있는 자연수 구하기

2 ■ 안에 들어갈 수 있는 자연수를 모두 구해 보세요.

$$15 \div \frac{5}{7} < ■ < 20 \div \frac{10}{13}$$

문제 스케치

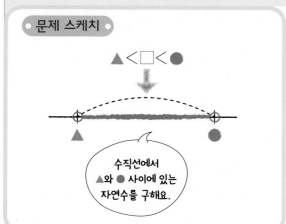

▲ < □ < ●

수직선에서
▲와 ● 사이에 있는
자연수를 구해요.

해결하기

$$15 \div \frac{5}{7} = (15 \div \boxed{}) \times \boxed{} = \boxed{}$$

$$20 \div \frac{10}{13} = (20 \div \boxed{}) \times \boxed{} = \boxed{}$$

$\boxed{} < ■ < \boxed{}$ 이므로 ■ 안에 들어갈 수 있는 자연수는

$\boxed{}$, $\boxed{}$, $\boxed{}$, $\boxed{}$ 입니다.

2-1 □ 안에 들어갈 수 있는 자연수를 모두 구해 보세요.

$$2\frac{4}{5} \div \frac{2}{7} < □ < 13$$

(   )

2-2 □ 안에 들어갈 수 있는 자연수 중에서 가장 큰 수를 구해 보세요.

$$5 \div \frac{1}{□} < 10 \div \frac{5}{9}$$

(   )

대표 응용 | **도형에서 길이 구하기**

3

넓이가 $6\frac{2}{3}$ m²인 직사각형 모양의 창문이 있습니다. 이 창문의 가로가 $5\frac{5}{6}$ m일 때 세로는 몇 m인지 구해 보세요.

문제 스케치

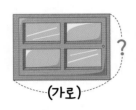

(가로)

(넓이)=(가로)×(세로)

(세로)=(넓이)÷(가로)

?

해결하기

(직사각형의 넓이)=(가로)×(세로)이므로

(세로)=(직사각형의 넓이)÷(☐)입니다.

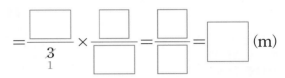

$(세로)=6\frac{2}{3}÷5\frac{5}{6}=\dfrac{\boxed{}}{3}÷\dfrac{\boxed{}}{6}$

$=\dfrac{\boxed{}}{\underset{1}{3}}×\dfrac{\boxed{}}{\boxed{}}=\dfrac{\boxed{}}{\boxed{}}=\boxed{}$ (m)

3-1 넓이가 $\frac{7}{18}$ m²인 평행사변형이 있습니다. 이 평행사변형의 높이가 $\frac{5}{9}$ m일 때 밑변의 길이는 몇 m인지 구해 보세요.

( )

3-2 사다리꼴의 넓이가 $6\frac{1}{8}$ cm²일 때 높이는 몇 cm인지 구해 보세요.

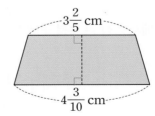

$3\frac{2}{5}$ cm

$4\frac{3}{10}$ cm

( )

대표 응용	수 카드로 나눗셈식 만들기

4 4장의 수 카드 중에서 2장을 골라 □ 안에 한 번씩만 써넣어 계산 결과가 가장 큰 나눗셈을 완성하고 계산해 보세요.

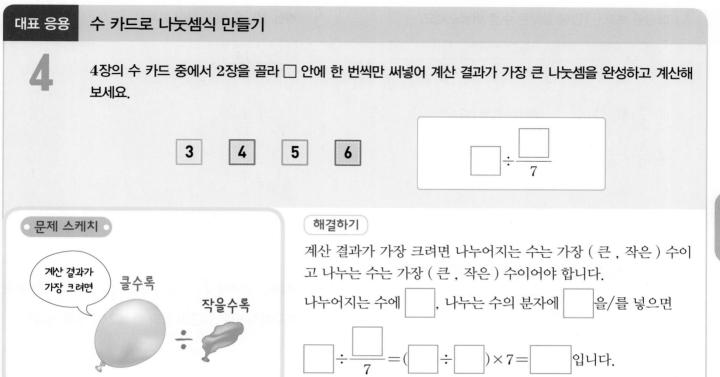

3   4   5   6

$$\boxed{} \div \dfrac{\boxed{}}{7}$$

문제 스케치

계산 결과가 가장 크려면

클수록

작을수록

🎈 ÷ 💨

해결하기

계산 결과가 가장 크려면 나누어지는 수는 가장 (큰 , 작은) 수이고 나누는 수는 가장 (큰 , 작은) 수이어야 합니다.

나누어지는 수에 □, 나누는 수의 분자에 □을/를 넣으면

$$\boxed{} \div \dfrac{\boxed{}}{7} = \left(\boxed{} \div \boxed{} \right) \times 7 = \boxed{}$$ 입니다.

4-1 4장의 수 카드 중에서 2장을 골라 □ 안에 한 번씩만 써넣어 계산 결과가 가장 큰 나눗셈을 완성하고 계산해 보세요.

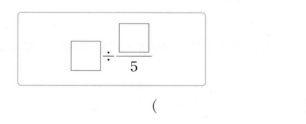

2   3   5   8

$$\boxed{} \div \dfrac{\boxed{}}{5}$$

(   )

4-2 4장의 수 카드 중에서 3장을 골라 한 번씩만 사용하여 대분수를 만들려고 합니다. 만들 수 있는 가장 큰 대분수를 가장 작은 대분수로 나눈 몫을 구해 보세요.

1   3   4   5

(   )

01 그림을 보고 □ 안에 알맞은 수를 써넣으세요.

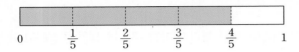

0　　$\frac{1}{5}$　　$\frac{2}{5}$　　$\frac{3}{5}$　　$\frac{4}{5}$　　1

(1) $\frac{4}{5}$에는 $\frac{1}{5}$이 □ 번 들어갑니다.

(2) $\frac{4}{5} \div \frac{1}{5} =$ □

02 큰 수를 작은 수로 나눈 몫을 빈칸에 써넣으세요.

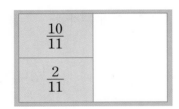

| $\frac{10}{11}$ | |
| $\frac{2}{11}$ | |

03 계산 결과가 작은 것부터 차례로 기호를 써 보세요.

ㄱ $\frac{3}{4} \div \frac{1}{4}$　　ㄴ $\frac{12}{17} \div \frac{6}{17}$　　ㄷ $\frac{8}{9} \div \frac{2}{9}$

( )

04 보기 와 같이 계산해 보세요.

보기
$$\frac{9}{11} \div \frac{4}{11} = 9 \div 4 = \frac{9}{4} = 2\frac{1}{4}$$

$\frac{8}{13} \div \frac{7}{13}$ _____

05 계산 결과를 찾아 이어 보세요.

$\frac{7}{15} \div \frac{14}{15}$ •　　• $1\frac{4}{5}$

$\frac{9}{17} \div \frac{5}{17}$ •　　• 2

$\frac{4}{13} \div \frac{2}{13}$ •　　• $\frac{1}{2}$

06 소혜는 고구마 $\frac{6}{11}$ kg과 당근 $\frac{5}{11}$ kg을 샀습니다. 고구마의 양은 당근의 양의 몇 배인지 구해 보세요.

( )

07 □ 안에 알맞은 수를 써넣으세요.

$$\frac{2}{5} \div \frac{3}{8} = \frac{\boxed{}}{40} \div \frac{\boxed{}}{40} = \boxed{} \div \boxed{}$$

$$= \frac{\boxed{}}{\boxed{}} = \boxed{}$$

08 수민이가 설명하는 방법으로 계산해 보세요.
중요

두 분모의 최소공배수를 공통분모로 하여 통분해서 계산해 볼래.

수민

(1) $\frac{3}{11} \div \frac{7}{22}$ _____

(2) $\frac{7}{12} \div \frac{5}{9}$ _____

09 계산 결과를 비교하여 ○ 안에 >, =, <를 알맞게 써넣으세요.

$$\frac{4}{5} \div \frac{4}{7} \qquad \bigcirc \qquad \frac{5}{9} \div \frac{2}{3}$$

10
중요

$12 \div \dfrac{3}{7}$을 계산하는 과정입니다. ㉠, ㉡, ㉢에 알맞은 수의 합은 얼마인지 구해 보세요.

$$12 \div \frac{3}{7} = (12 \div ㉠) \times ㉡ = ㉢$$

( )

11 자연수를 분수로 나눈 몫을 구해 보세요.

$$\frac{3}{11} \qquad 18$$

( )

12 수박 $\dfrac{2}{3}$통의 무게가 **4 kg**입니다. 수박 **1**통의 무게는 몇 **kg**인지 구해 보세요.

( )

13 보기 와 같이 계산해 보세요.

보기

$$\frac{2}{5} \div \frac{4}{11} = \frac{\overset{1}{2}}{5} \times \frac{11}{\underset{2}{4}} = \frac{11}{10} = 1\frac{1}{10}$$

$$\frac{5}{8} \div \frac{3}{4} \underline{\hspace{5cm}}$$

14 나눗셈의 몫을 잘못 나타낸 것을 찾아 기호를 써 보세요.

$$㉠ \ \frac{4}{7} \div \frac{5}{6} = \frac{10}{21} \qquad ㉡ \ \frac{5}{7} \div \frac{2}{3} = 1\frac{1}{14}$$

( )

15 계산해 보세요.

(1) $2 \div \dfrac{3}{8}$

(2) $\dfrac{5}{4} \div \dfrac{5}{6}$

(3) $3\dfrac{3}{4} \div \dfrac{3}{7}$

16 빈칸에 알맞은 수를 써넣으세요.

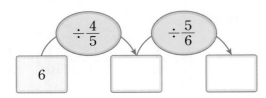

19 분수의 나눗셈을 잘못 계산한 것입니다. 계산이 잘못된 이유를 쓰고 바르게 계산해 보세요.

$$2\frac{2}{5} \div \frac{2}{3} = 2\frac{2}{5} \times \frac{\overset{1}{\cancel{3}}}{\underset{1}{\cancel{2}}} = 2\frac{3}{5}$$

이유

_____

_____

바르게 계산 _____

_____

17 넓이가 $\frac{23}{9}$ m²인 직사각형이 있습니다. 이 직사각형의 세로가 $\frac{2}{3}$ m일 때 가로는 몇 m인지 구해 보세요.

(   )

20 ㉠은 ㉡의 몇 배인지 풀이 과정을 쓰고 답을 구해 보세요.

㉠ $10 \div \frac{5}{7}$ ㉡ $\frac{4}{9} \div \frac{2}{3}$

풀이

_____

_____

_____

_____

답 _____

18 그림을 보고 보조배터리를 5칸 모두 충전했을 때 몇 시간 동안 사용할 수 있는지 구해 보세요.

어려운
문제

보조배터리의 $\frac{3}{5}$을 충전하면 $3\frac{1}{3}$시간 동안 사용할 수 있구나!

(   )

01 □ 안에 알맞은 수를 써넣으세요.

$\dfrac{6}{7}$은 $\dfrac{1}{7}$이 □ 개,

$\dfrac{2}{7}$는 $\dfrac{1}{7}$이 □ 개이므로

$\dfrac{6}{7} \div \dfrac{2}{7} = $ □ $\div$ □ $=$ □ 입니다.

02 계산 결과가 가장 작은 것을 찾아 기호를 써 보세요.

㉠ $\dfrac{3}{5} \div \dfrac{1}{5}$　　㉡ $\dfrac{15}{16} \div \dfrac{3}{16}$　　㉢ $\dfrac{10}{13} \div \dfrac{5}{13}$

(　　　　　　)

03 □ 안에 알맞은 수를 구해 보세요.

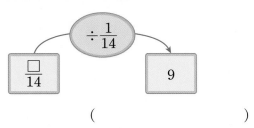

(　　　　　　)

04 빈칸에 알맞은 수를 써넣으세요.

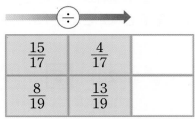

	$\div$	
$\dfrac{15}{17}$	$\dfrac{4}{17}$	
$\dfrac{8}{19}$	$\dfrac{13}{19}$	

05 $\dfrac{3}{17}$에 어떤 수를 곱했더니 $\dfrac{14}{17}$가 되었습니다. 어떤 수는 얼마인지 구해 보세요.

(　　　　　　)

06 중요 조건 을 만족하는 분수의 나눗셈식을 모두 써 보세요.

조건

• $10 \div 8$을 이용하여 계산할 수 있습니다.
• 분모가 13보다 작은 진분수의 나눗셈입니다.
• 두 분수의 분모는 같습니다.

(　　　　　　)

07 □ 안에 들어갈 수 있는 자연수를 모두 구해 보세요.

$\dfrac{7}{18} \div \dfrac{13}{18} < $ □ $< \dfrac{16}{17} \div \dfrac{5}{17}$

(　　　　　　)

08 보기 와 같이 계산해 보세요.

보기

$\dfrac{3}{4} \div \dfrac{5}{8} = \dfrac{6}{8} \div \dfrac{5}{8} = 6 \div 5 = \dfrac{6}{5} = 1\dfrac{1}{5}$

$\dfrac{4}{5} \div \dfrac{3}{4}$ _____

09 가장 큰 수를 가장 작은 수로 나눈 몫을 구해 보세요.

$$\frac{2}{5}, \quad \frac{4}{5}, \quad \frac{5}{8}, \quad \frac{3}{8}$$

(   )

10 우유를 민지는 $\frac{2}{9}$ L 마셨고, 동생은 $\frac{5}{18}$ L 마셨습니다. 동생이 마신 우유의 양은 민지가 마신 우유의 양의 몇 배인지 구해 보세요.

(   )

11 관계있는 것끼리 이어 보세요.

$10 \div \frac{5}{7}$ •	• $(18 \div 3) \times 8$ •	• 48
$18 \div \frac{3}{8}$ •	• $(10 \div 5) \times 7$ •	• 14

12 계산해 보세요.

(1) $6 \div \frac{3}{5}$

(2) $8 \div \frac{2}{9}$

13 계산 결과가 <u>다른</u> 하나를 찾아 기호를 써 보세요.

㉠ $12 \div \frac{3}{5}$ ㉡ $15 \div \frac{5}{6}$ ㉢ $16 \div \frac{4}{5}$

(   )

14 □ 안에 들어갈 수 있는 자연수는 몇 개인지 구해 보세요.

$$\frac{3}{4} \div \frac{2}{5} < \square < \frac{9}{11} \div \frac{4}{33}$$

(   )

15 3장의 수 카드 중에서 2장을 골라 한 번씩만 사용하여 진분수를 만들려고 합니다. 만들 수 있는 가장 큰 진분수를 두 번째로 큰 진분수로 나눈 몫을 구해 보세요.

2	5	6

(   )

16 휘발유 $\frac{8}{11}$ L로 6 km를 가는 자동차가 있습니다. 이 자동차는 휘발유 1 L로 몇 km를 갈 수 있는지 구해 보세요.

중요

(   )

17 식빵 한 개를 만드는 데 밀가루가 $\frac{4}{15}$ kg 필요합니다. 밀가루 $\frac{8}{3}$ kg으로 식빵을 몇 개 만들 수 있는지 구해 보세요.

(   )

18 지호는 고양이, 강아지, 염소를 한 마리씩 키우고 있습니다. 고양이의 무게는 $4\frac{1}{6}$ kg이고 강아지의 무게는 $6\frac{1}{3}$ kg입니다. 염소의 무게가 $15\frac{3}{4}$ kg일 때, 염소의 무게는 고양이 무게와 강아지 무게의 합의 몇 배인지 구해 보세요.

어려운 문제

(   )

19 넓이가 $\frac{1}{2}$ cm²인 삼각형이 있습니다. 이 삼각형의 밑변의 길이는 ㉠ cm, 높이는 $\frac{3}{8}$ cm입니다. 한 변의 길이가 ㉠ cm인 정삼각형의 둘레는 몇 cm인지 풀이 과정을 쓰고 답을 구해 보세요.

풀이

_____

_____

_____

_____

답 _____

20 어떤 수에 $1\frac{1}{4}$을 곱했더니 $4\frac{1}{6}$이 되었습니다. 어떤 수를 $1\frac{1}{9}$로 나눈 값은 얼마인지 풀이 과정을 쓰고 답을 구해 보세요.

풀이

_____

_____

_____

_____

답 _____

　　동호와 지원이가 주말에 요양원으로 봉사활동을 가기로 했어요. 할머니, 할아버지들께 선물을 드리려고 포장하고 있어요. 한 상자를 포장하는 데 리본 1.3 m가 필요하다면 리본 6.5 m로 몇 상자를 포장할 수 있을까요?

　　이번 2단원에서는 (소수)÷(소수)와 (자연수)÷(소수)를 계산하고, 몫을 반올림하여 나타 내며, 나누어 주고 남는 양을 알아볼 거예요.

2 소수의 나눗셈

단원 학습 목표

1. 소수의 나눗셈에서 나누는 수를 자연수로 바꾸어 계산하는 원리를 이해할 수 있습니다.
2. (소수)÷(소수)의 계산 원리를 알고 계산할 수 있습니다.
3. (자연수)÷(소수)의 계산 원리를 알고 계산할 수 있습니다.
4. 소수의 나눗셈에서 몫이 나누어떨어지지 않거나 복잡할 때 몫을 반올림하여 나타낼 수 있습니다.
5. 소수의 나눗셈에서 나누고 남는 양을 구할 수 있습니다.

이 단원을 진도 체크에 맞춰 8일 동안 학습해 보세요.
해당 부분을 공부하고 나서 ✓표를 하세요.

개념 **1** (소수)÷(소수)를 알아볼까요 (1) → 자연수의 나눗셈을 이용한 (소수)÷(소수)

예 **1.2÷0.4의 계산**

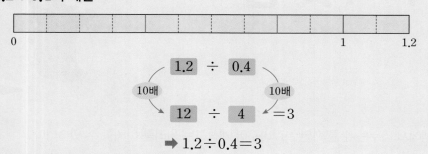

0   1   1.2

➡ 1.2÷0.4=3

예 **3.69÷0.09의 계산**

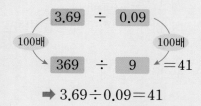

➡ 3.69÷0.09=41

- 나누어지는 수와 나누는 수에 같은 수를 곱하여도 몫이 같습니다.
- (소수)÷(소수)에서 나누어지는 수와 나누는 수를 똑같이 10배 또는 100배 하여 (자연수)÷(자연수)로 계산합니다.

▸ 뺄셈으로 나눗셈의 몫 구하기
1.2에서 0.4를 3번 빼면 0이 되므로 1.2÷0.4의 몫은 3이 됩니다.

▸ 단위 변환하여 계산하기
1 cm=10 mm
➡ 1.2 cm÷0.4 cm
　=12 mm÷4 mm
1 m=100 cm
➡ 3.69 m÷0.09 m
　=369 cm÷9 cm

---

01 24.5÷0.7을 계산하려고 합니다. □ 안에 알맞은 수를 써넣으세요.

cm를 mm로 바꾸어 계산할 수 있습니다.

24.5 cm=□ mm,

0.7 cm=□ mm입니다.

24.5 cm를 0.7 cm씩 나누는 것은
245 mm를 7 mm씩 나누는 것과 같습니다.

24.5÷0.7=□ ÷7

□ ÷7=□

24.5÷0.7=□

02 □ 안에 알맞은 수를 써넣으세요.

(1)

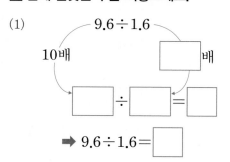

➡ 9.6÷1.6=□

(2)

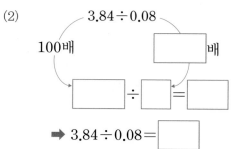

➡ 3.84÷0.08=□

개념 2 (소수)÷(소수)를 알아볼까요 (2) →자릿수가 같은 (소수)÷(소수)

예 **4.8÷0.3의 계산**

방법 1 분수의 나눗셈으로 계산하기

$$4.8 \div 0.3 = \frac{48}{10} \div \frac{3}{10} = 48 \div 3 = 16$$

방법 2 세로로 계산하기

$$0.3 \overline{)4.8} \Rightarrow 0.3 \overline{)4.8} \Rightarrow 3 \overline{)\begin{array}{r} 1\,6 \\ 4\,8 \\ 3 \\ \hline 1\,8 \\ 1\,8 \\ \hline 0 \end{array}}$$

예 **1.36÷0.17의 계산**

방법 1 분수의 나눗셈으로 계산하기

$$1.36 \div 0.17 = \frac{136}{100} \div \frac{17}{100} = 136 \div 17 = 8$$

방법 2 세로로 계산하기

$$0.1\,7 \overline{)1.3\,6} \Rightarrow 0.1\,7 \overline{)1.3\,6} \Rightarrow 1\,7 \overline{)\begin{array}{r} 8 \\ 1\,3\,6 \\ 1\,3\,6 \\ \hline 0 \end{array}}$$

자릿수가 같은 (소수)÷(소수)는 나누는 수와 나누어지는 수의 소수점을 오른쪽으로 똑같이 옮겨서 자연수의 나눗셈을 이용해 계산합니다.

▶ 소수 나눗셈의 몫 구하기
나누어지는 수와 나누는 수를 똑같이 10배 또는 100배 한 경우 나눗셈의 몫이 같습니다.

▶ 소수점을 옮길 때 주의할 점
나누어지는 수와 나누는 수를 똑같이 10배 또는 100배씩 하므로 소수점을 각각 오른쪽으로 한 자리씩 또는 두 자리씩 옮겨서 계산합니다.

▶ 몫의 소수점 위치
몫을 쓸 때 옮긴 소수점의 위치에 소수점을 찍어 주어야 합니다.

---

03 5.4÷0.9를 두 가지 방법으로 계산하려고 합니다. □ 안에 알맞은 수를 써넣으세요.

(1) $5.4 \div 0.9 = \dfrac{\boxed{}}{10} \div \dfrac{\boxed{}}{10}$

$ = \boxed{} \div \boxed{} = \boxed{}$

(2)

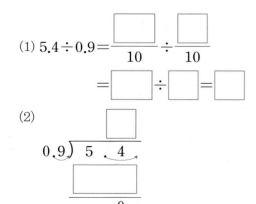

04 1.84÷0.23을 두 가지 방법으로 계산하려고 합니다. □ 안에 알맞은 수를 써넣으세요.

(1) $1.84 \div 0.23 = \dfrac{\boxed{}}{100} \div \dfrac{\boxed{}}{100}$

$ = \boxed{} \div \boxed{} = \boxed{}$

(2)

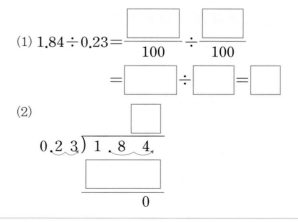

개념 **3** (소수)÷(소수)를 알아볼까요 (3) → 자릿수가 다른 (소수)÷(소수)

예 **7.56÷3.6의 계산**

방법 1 756÷360을 이용하여 계산하기

$$3.6\overline{)7.56} \Rightarrow 3.60\overline{)7.56} \Rightarrow 360\overline{)7560}$$

```
        2.1
360) 7 5 6 0
     7 2 0
       3 6 0
       3 6 0
           0
```

```
        ┌──── 100배 ────┐
7.56÷3.6=2.1        756÷360=2.1
        └──── 100배 ────┘
```

방법 2 75.6÷36을 이용하여 계산하기

$$3.6\overline{)7.56} \Rightarrow 3.6\overline{)7.56} \Rightarrow 36\overline{)75.6}$$

```
       2.1
36) 7 5.6
    7 2
      3 6
      3 6
         0
```

```
        ┌──── 10배 ────┐
7.56÷3.6=2.1        75.6÷36=2.1
        └──── 10배 ────┘
```

➡ 방법 1 과 방법 2 의 계산 결과는 같습니다.

자릿수가 다른 (소수)÷(소수)는 나누는 수와 나누어지는 수 또는 나누는 수가
자연수가 되도록 소수점을 오른쪽으로 똑같이 옮겨서 계산합니다.

▶ 3.6과 같이 소수 한 자리 수를 100
배 한 경우 가장 마지막 수의 끝에
0을 적어 나타냅니다.

$$3.6 \xrightarrow[100배]{} 360$$

▶ 소수의 나눗셈 방법 비교하기
방법 1 은 나누는 수와 나누어지는
수를 모두 자연수가 되도록 식을 바
꾸었습니다.
방법 2 는 나누는 수가 자연수가 되
도록 식을 바꾸었습니다.
두 방법의 계산 결과는 같습니다.

---

05 □ 안에 알맞은 수를 써넣으세요.

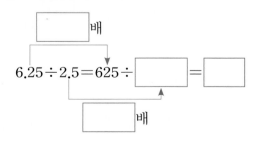

06 □ 안에 알맞은 수를 써넣으세요.

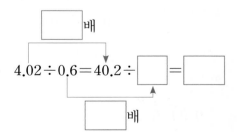

01 수직선을 0.2씩 나누어 보고 1.4에서 0.2를 몇 번 덜어 낼 수 있는지 구해 보세요.

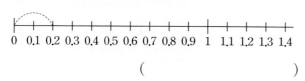

( )

[02~03] 설명을 읽고 □ 안에 알맞은 수를 써넣으세요.

02

철사 31.2 cm를 0.4 cm씩 자르려고 합니다.

31.2 cm = [ ] mm, 0.4 cm = [ ] mm

입니다. 철사 31.2 cm를 0.4 cm씩 자르는 것은

철사 [ ] mm를 [ ] mm씩 자르는 것과 같습니다.

$$31.2 \div 0.4 = \boxed{} \div 4$$

$$\boxed{} \div 4 = \boxed{}$$

$$31.2 \div 0.4 = \boxed{}$$

03 중요

리본 3.72 m를 0.04 m씩 자르려고 합니다.

3.72 m = [ ] cm, 0.04 m = [ ] cm

입니다. 리본 3.72 m를 0.04 m씩 자르는 것은

리본 [ ] cm를 [ ] cm씩 자르는 것과 같습니다.

$$3.72 \div 0.04 = \boxed{} \div 4$$

$$\boxed{} \div 4 = \boxed{}$$

$$3.72 \div 0.04 = \boxed{}$$

04 □ 안에 알맞은 수를 써넣으세요.

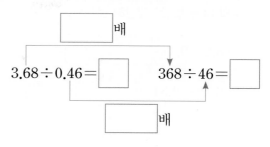

05 $153 \div 9 = 17$을 이용하여 □ 안에 알맞은 수를 써넣고 계산 방법을 써 보세요.

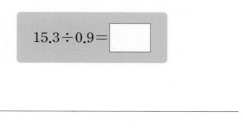

방법

_____

_____

06 $115 \div 5 = 23$과 계산 결과가 같은 나눗셈식을 모두 찾아 기호를 써 보세요.

| ㉠ $1.15 \div 0.5$ | ㉡ $1.15 \div 0.05$ |
| ㉢ $11.5 \div 0.5$ | ㉣ $11.5 \div 0.05$ |

( )

2. 소수의 나눗셈 **37**

07 나누어지는 수와 나누는 수에 같은 수를 곱하여 자연 수의 나눗셈으로 계산해 보세요.

(1) $3.6 \div 0.4 = \boxed{} \div \boxed{} = \boxed{}$

(2) $6.12 \div 0.51 = \boxed{} \div \boxed{} = \boxed{}$

08 보기 와 같이 분수의 나눗셈으로 계산해 보세요.

보기

$$2.4 \div 0.3 = \frac{24}{10} \div \frac{3}{10} = 24 \div 3 = 8$$

(1) $4.9 \div 0.7$ _____

(2) $1.17 \div 0.13$ _____

09 계산해 보세요.

(1)
$$0.6 \overline{)3.6}$$

(2)
$$0.5\,2 \overline{)4.1\,6}$$

10 □ 안에 알맞은 수를 써넣으세요.

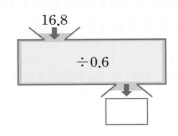

16.8

÷0.6

11 큰 수를 작은 수로 나눈 몫을 빈칸에 써넣으세요.

0.72	2.88

12 물 1.5 L를 한 컵에 0.3 L씩 나누어 담는다면 몇 컵 에 담을 수 있는지 구해 보세요.

(   )

13 집에서 공원까지의 거리는 50.32 km입니다. 자동 차를 타고 집에서 출발하여 1분에 1.48 km를 가는 빠르기로 공원까지 간다면 몇 분이 걸리는지 구해 보 세요.

중요

(   )

14 □ 안에 알맞은 수를 써넣으세요.

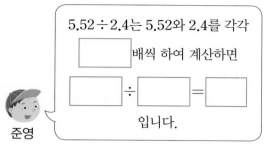

5.52 ÷ 2.4 는 5.52와 2.4를 각각

□ 배씩 하여 계산하면

□ ÷ □ = □

입니다.

준영

15 계산해 보세요.

(1)
$$0.7 \overline{)1.1\ 9}$$

(2)
$$8.3 \overline{)2\ 6.5\ 6}$$

16 잘못 계산한 곳을 찾아 바르게 계산하고, 이유를 써 보세요.

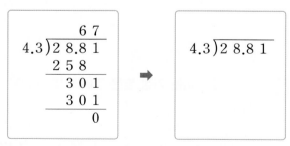

$$
4.3 \overline{)2\ 8.8\ 1} \quad\Rightarrow\quad 4.3 \overline{)2\ 8.8\ 1}
$$

이유

_____

_____

17 빈칸에 알맞은 수를 써넣으세요.

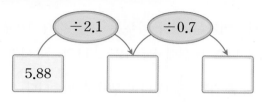

÷2.1   ÷0.7

5.88 → □ → □

18 계산 결과를 비교하여 ○ 안에 >, =, <를 알맞게 써넣으세요.

8.64÷1.2 ○ 6.75÷0.9

19 계산 결과가 같은 것을 찾아 기호를 써 보세요.

㉠ 2.94÷0.6   ㉡ 29.4÷0.06

㉢ 29.4÷6

(   )

20 일주일 동안 우유를 지윤이는 2.24 L 마셨고 민혁이는 800 mL 마셨습니다. 지윤이가 마신 우유 양은 민혁이가 마신 우유 양의 몇 배인지 구해 보세요.

어려운 문제

(   )

조건을 만족하는 나눗셈식 찾아 계산하기

예 나누어지는 수와 나누는 수를 각각 10배 한 식이 121÷11일 때 원래 식은 121÷11의 나누어지는 수와 나누는 수를 각각 $\frac{1}{10}$배 하여 구할 수 있습니다.

21 조건 을 만족하는 나눗셈식을 찾아 계산해 보세요.

> 조건
> • 936÷3을 이용하여 계산할 수 있습니다.
> • 나누어지는 수와 나누는 수를 각각 10배 한 식은 936÷3입니다.

식 _____

22 조건 을 만족하는 나눗셈식을 찾아 계산해 보세요.

> 조건
> • 182÷7을 이용하여 계산할 수 있습니다.
> • 나누어지는 수와 나누는 수를 각각 100배 한 식은 182÷7입니다.

식 _____

23 조건 을 만족하는 나눗셈식을 찾아 계산해 보세요.

> 조건
> • 126÷14를 이용하여 계산할 수 있습니다.
> • 나누어지는 수와 나누는 수를 각각 100배 한 식은 126÷14입니다.

식 _____

가장 큰 수를 가장 작은 수로 나누기

• 소수의 크기를 비교할 때는 자연수 부분을 먼저 비교하고, 자연수 부분이 같으면 소수 첫째 자리부터 차례로 비교합니다.
• 단위가 다른 경우 단위를 같게 하여 비교합니다.

24 가장 큰 수를 가장 작은 수로 나눈 몫을 구해 보세요.

| 9.68 | 9.8 | 6.6 | 4.9 |

( )

25 가장 큰 수를 가장 작은 수로 나눈 몫을 구해 보세요.

| 7.84 | 7.01 | 5.3 | 14.84 |

( )

26 가장 긴 길이는 가장 짧은 길이의 몇 배인지 구해 보세요.

| 60 cm | 0.72 m | 5.34 m | 3.42 m |

( )

교과서 **개념** 다지기

개념 **4** (자연수)÷(소수)를 알아볼까요

㉠ **14÷2.8의 계산**

방법 1 분수의 나눗셈으로 계산하기

$$14÷2.8=\frac{140}{10}÷\frac{28}{10}=140÷28=5$$

방법 2 세로로 계산하기

$$2.8\overline{)14} \Rightarrow 2.8\overline{)14.0} \Rightarrow 28\overline{)140}$$

▶ **14÷2.8을 세로로 계산하는 방법**
14÷2.8의 몫은 14와 2.8에 똑같이 10을 곱한 140÷28의 몫과 같습니다.
➡ 14÷2.8의 소수점을 오른쪽으로 한 자리씩 옮겨서 세로로 계산합니다.

㉠ **33÷1.32의 계산**

방법 1 분수의 나눗셈으로 계산하기

$$33÷1.32=\frac{3300}{100}÷\frac{132}{100}=3300÷132=25$$

방법 2 세로로 계산하기

$$1.32\overline{)33} \Rightarrow 1.32\overline{)33.00} \Rightarrow 132\overline{)3300}$$

▶ 33을 100배 하면 3300입니다.
33.00 ➡ 3300. ➡ 3300

▶ **33÷1.32를 세로로 계산하는 방법**
33÷1.32의 몫은 33과 1.32에 똑같이 100을 곱한 3300÷132의 몫과 같습니다.
➡ 33÷1.32의 소수점을 오른쪽으로 두 자리씩 옮겨서 세로로 계산합니다.

(자연수)÷(소수)는 분수의 나눗셈으로 바꾸어 계산하거나 나누는 수와 나누어지는 수의 소수점을 한 자리 또는 두 자리씩 옮겨서 세로로 계산합니다.

01 27÷0.6을 두 가지 방법으로 계산하려고 합니다.
□ 안에 알맞은 수를 써넣으세요.

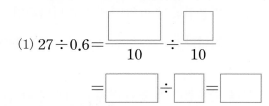

(1) $27÷0.6=\dfrac{\boxed{}}{10}÷\dfrac{\boxed{}}{10}$

$=\boxed{}÷\boxed{}=\boxed{}$

(2)

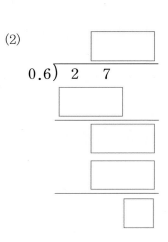

개념 5 몫을 반올림하여 나타내어 볼까요

예 **9.3÷7의 몫을 반올림하여 나타내기**

나눗셈의 몫이 간단한 소수로 구해지지 않을 경우 몫을 반올림하여 나타냅니다.

① 9.3÷7의 계산

```
        1. 3 2 8
    7 ) 9. 3 0 0
        7
        2 3
        2 1
          2 0
          1 4
            6 0
            5 6
              4   → 나누어떨어지지 않으므로 계속 나누어집니다.
```

소수점 아래에 0을 계속 쓰면서 나누어 봐!

② 9.3÷7의 몫을 반올림하여 나타내기

• 9.3÷7의 몫을 반올림하여 일의 자리까지 나타내기

$9.3 \div 7 = 1.3 \cdots$ ➡ 1 → 소수 첫째 자리 숫자가 3이므로 버림하면 1입니다.

• 9.3÷7의 몫을 반올림하여 소수 첫째 자리까지 나타내기

$9.3 \div 7 = 1.32 \cdots$ ➡ 1.3 → 소수 둘째 자리 숫자가 2이므로 버림하면 1.3입니다.

• 9.3÷7의 몫을 반올림하여 소수 둘째 자리까지 나타내기

$9.3 \div 7 = 1.328 \cdots$ ➡ 1.33 → 소수 셋째 자리 숫자가 8이므로 올림하면 1.33입니다.

▶ **반올림하는 방법**
반올림하여 나타내는 자리의 바로 아래 자리 숫자가 0, 1, 2, 3, 4이면 버림하고, 5, 6, 7, 8, 9이면 올림합니다.

▶ **소수를 반올림하여 나타내기**
몫을 반올림하여
일의 자리까지 나타내려면
소수 첫째 자리에서 반올림하고,
소수 첫째 자리까지 나타내려면
소수 둘째 자리에서 반올림하고,
소수 둘째 자리까지 나타내려면
소수 셋째 자리에서 반올림합니다.

---

02 **21.7÷6을 계산한 것입니다. 물음에 답하세요.**

$$21.7 \div 6 = 3.616 \cdots$$

(1) 몫을 반올림하여 소수 첫째 자리까지 나타내어 보세요.

( )

(2) 몫을 반올림하여 소수 둘째 자리까지 나타내어 보세요.

( )

03 **1.4÷0.3의 몫을 반올림하여 나타내려고 합니다. □ 안에 알맞은 수를 써넣으세요.**

(1) 몫을 소수 둘째 자리까지 계산하면 ☐ 입니다.

(2) 몫을 반올림하여 일의 자리까지 나타내면 ☐ 입니다.

(3) 몫을 반올림하여 소수 첫째 자리까지 나타내면 ☐ 입니다.

개념 **6** 나누어 주고 남는 양을 알아볼까요

예 리본 22.4 m를 한 사람에게 4 m씩 나누어 줄 때 나누어 줄 수 있는 사람 수와 남는 리본의 길이를 구해 보세요.

방법 1 22.4 m에서 4 m씩 덜어 내기

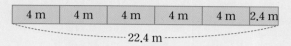

$22.4-4-4-4-4-4=2.4$

22.4에서 4를 5번 빼면 2.4가 남습니다.

➡ 나누어 줄 수 있는 사람 수: 5명, 남는 리본의 길이: 2.4 m

방법 2 세로로 알아보기

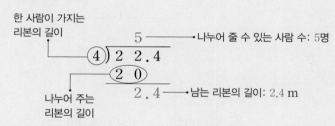

➡ 나누어 줄 수 있는 사람 수: 5명, 남는 리본의 길이: 2.4 m

▶ **잘못된 계산 방법**

위와 같이 계산하면 나누어 준 리본의 길이와 남는 리본의 길이의 합이
$4 m \times 5명 + 0.6 m = 20.6 m$
가 됩니다.
또한 사람 수는 5.6명 같이 소수로 나타낼 수 없습니다.
➡ 몫을 자연수까지 구해야 합니다.

---

04 4.3÷2를 계산하려고 합니다. □ 안에 알맞은 수를 써넣으세요.

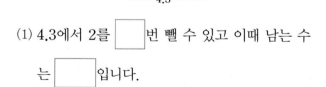

(1) 4.3에서 2를 □ 번 뺄 수 있고 이때 남는 수는 □ 입니다.

(2) 몫을 자연수까지 구해 보세요.

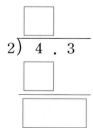

05 우유 13.5 L를 한 사람에게 3 L씩 나누어 주려고 합니다. 나누어 줄 수 있는 사람 수와 남는 우유의 양을 구해 보세요.

(1) □ 안에 알맞은 수를 써넣으세요.

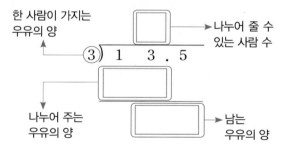

(2) 나누어 줄 수 있는 사람은 몇 명이고 남는 우유는 몇 L인가요?

나누어 줄 수 있는 사람 수 (　　　　　　)

남는 우유의 양 (　　　　　　)

27 □ 안에 알맞은 수를 써넣으세요.

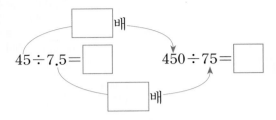

28 보기 와 같이 계산해 보세요.

> 보기
>
> $$33 \div 1.1 = \frac{330}{10} \div \frac{11}{10} = 330 \div 11 = 30$$

(1) $32 \div 0.8$ _____

(2) $12 \div 0.16$ _____

29 몫이 가장 큰 식을 찾아 기호를 써 보세요.

> ㉠ $36 \div 0.4$ ㉡ $36 \div 1.5$
> ㉢ $36 \div 3.6$ ㉣ $36 \div 7.2$

(   )

30 계산해 보세요.

$$1.2\,8\,\overline{)\,3\,2}$$

31 잘못 계산한 곳을 찾아 바르게 계산하고 이유를 써 보세요.

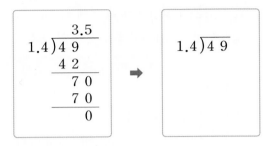

이유

_____

_____

32 □ 안에 알맞은 수를 써넣으세요.
중요

(1)
> $84 \div 7 = $ ☐
>
> $84 \div 0.7 = $ ☐
>
> $84 \div 0.07 = $ ☐

(2)
> $2.72 \div 0.08 = $ ☐
>
> $27.2 \div 0.08 = $ ☐
>
> $272 \div 0.08 = $ ☐

33 리본 27 m를 2.25 m씩 잘라 꽃다발을 묶으려고 합니다. 꽃다발을 몇 개 묶을 수 있는지 구해 보세요.

(   )

[34~35] 16÷7의 몫을 반올림하여 나타내려고 합니다. 물음에 답하세요.

34 16÷7의 몫을 소수 셋째 자리까지 계산해 보세요.

$$7 \overline{)\smash{16}}$$

35 16÷7의 몫을 반올림하여 나타내어 보세요.

(1) 16÷7의 몫을 반올림하여 일의 자리까지 나타내어 보세요.

(   )

(2) 16÷7의 몫을 반올림하여 소수 첫째 자리까지 나타내어 보세요.

(   )

(3) 16÷7의 몫을 반올림하여 소수 둘째 자리까지 나타내어 보세요.

(   )

36 몫을 반올림하여 소수 첫째 자리까지 나타내어 보세요.

12.8÷6

(   )

37 몫을 반올림하여 소수 둘째 자리까지 나타내어 보세요.

37.5÷9

(   )

38 수박의 무게가 6.8 kg이고 멜론의 무게가 2.2 kg입니다. 수박의 무게는 멜론의 무게의 몇 배인지 반올림하여 소수 둘째 자리까지 나타내어 보세요.

(   )

39 어려운 문제 계산 결과를 비교하여 ○ 안에 >, =, <를 알맞게 써넣으세요.

22÷6의 몫을 반올림하여 소수 첫째 자리까지 나타낸 수	○	22÷6

[40~41] 리본 15.3 m를 한 사람에게 4 m씩 나누어 주려고 합니다. 물음에 답하세요.

40 나누어 줄 수 있는 사람 수와 남는 리본의 길이를 알아보려고 다음과 같이 계산했습니다. □ 안에 알맞은 수를 써넣으세요.

$$15.3 - 4 - \boxed{} - \boxed{} = \boxed{}$$

41 40번의 계산식을 보고 나누어 줄 수 있는 사람 수와 남는 리본의 길이를 구해 보세요.

리본을 나누어 줄 수 있는 사람은 □ 명이고

남는 리본의 길이는 □ m입니다.

42 쌀 18.1 kg을 한 봉지에 2 kg씩 나누어 담으려고 합니다. □ 안에 알맞은 수를 써넣으세요.

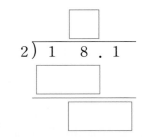

나누어 담을 수 있는 봉지 수: □ 봉지

나누어 담는 쌀의 양: □ kg

남는 쌀의 양: □ kg

43 중요 귤을 상자에 담으려고 합니다. 나누어 담을 수 있는 상자 수와 남는 귤은 몇 kg인지 차례로 구해 보세요.

귤을 한 상자에 3 kg씩 담으려고 해! 오늘 딴 귤 14.5 kg을 상자에 나누어 담아 볼까?

(   ), (   )

44 모래 76.8 g을 한 사람에게 12 g씩 나누어 줄 때 나누어 줄 수 있는 사람 수와 남는 모래는 몇 g인지 알기 위해 다음과 같이 계산했습니다. 잘못 계산한 곳을 찾아 바르게 계산해 보세요.

$$\begin{array}{r} 6.4 \\ 12\overline{)76.8} \\ 72 \\ \hline 48 \\ 48 \\ \hline 0 \end{array}$$

나누어 줄 수 있는 사람 수: 6명
남는 모래의 양: 0.4 g

$$12\overline{)76.8}$$

나누어 줄 수 있는 사람 수: □ 명

남는 모래의 양: □ g

45 고구마 31.2 kg을 한 상자에 6 kg씩 나누어 담으려고 합니다. 나누어 담을 수 있는 상자 수와 남는 고구마의 양은 몇 kg인지 두 가지 방법으로 구해 보세요.

방법 1

방법 2

나누어 담을 수 있는 상자 수 (   )

남는 고구마의 양 (   )

교과서 속 응용 문제

정답과 풀이 11쪽

몫을 반올림하여 나타낸 수의 차 구하기

> 예 $14 \div 3$의 몫을 반올림하여 일의 자리까지 나타낸 수와 반올림하여 소수 첫째 자리까지 나타낸 수의 차를 구해 보세요.

$14 \div 3 = 4.66 \cdots$이므로

몫을 반올림하여 일의 자리까지 나타내면 5,

몫을 반올림하여 소수 첫째 자리까지 나타내면 4.7입니다.

➡ $5 - 4.7 = 0.3$

46 $68 \div 9$의 몫을 반올림하여 일의 자리까지 나타낸 수와 반올림하여 소수 첫째 자리까지 나타낸 수의 차를 구해 보세요.

( )

47 $49.3 \div 23$의 몫을 반올림하여 소수 첫째 자리까지 나타낸 수와 반올림하여 소수 둘째 자리까지 나타낸 수의 차를 구해 보세요.

( )

48 몫을 반올림하여 소수 첫째 자리까지 나타낸 수와 몫을 반올림하여 소수 둘째 자리까지 나타낸 수의 차를 구해 보세요.

$$1.1 \div 0.7$$

( )

최소 몇 개가 필요한지 구하기

> 예 밀가루 32.8 kg을 한 봉지에 5 kg씩 나누어 담으려고 합니다. 밀가루를 남김없이 모두 나누어 담으려면 봉지는 최소 몇 개 필요한지 구해 보세요.

$$\begin{array}{r} 6 \\ 5\overline{)3\,2.8} \\ 3\,0 \\ \hline 2.8 \end{array}$$

밀가루를 5 kg씩 6개의 봉지에 담고 남는 밀가루 2.8 kg을 한 봉지에 담아야 하므로 필요한 봉지는 최소 $6 + 1 = 7$(개)입니다.

49 66.4 kg의 보리쌀을 한 자루에 8 kg씩 나누어 담으려고 합니다. 보리쌀을 남김없이 모두 담으려면 자루는 최소 몇 개 필요한지 구해 보세요.

( )

50 주스 4.2 L를 한 컵에 0.4 L씩 나누어 담으려고 합니다. 주스를 남김없이 모두 담으려면 컵은 최소 몇 개 필요한지 구해 보세요.

( )

51 페인트가 한 통에 7 L씩 들어 있습니다. 벽면 1 m²를 칠하는 데 페인트 0.416 L가 필요합니다. 벽면 100 m²를 칠하려면 페인트는 최소 몇 통 필요한지 구해 보세요.

( )

대표 응용 조건에 맞는 자연수 구하기

1 1부터 9까지의 자연수 중에서 나눗셈의 몫보다 작은 자연수를 모두 구해 보세요.

$$29.76 \div 6.2$$

문제 스케치

수직선에서 △보다 왼쪽에 있어요.

□ < △

해결하기

$29.76 \div 6.2$의 몫을 구하면 [ ] 입니다.

1부터 9까지의 자연수 중에서 [ ] 보다 작은 자연수를 모두 구

하면 [ ], [ ], [ ], [ ] 입니다.

1-1 1부터 9까지의 자연수 중에서 나눗셈의 몫보다 작은 자연수를 모두 구해 보세요.

$$5.18 \div 1.4$$

( )

1-2 1부터 9까지의 자연수 중에서 ㉠의 몫보다 크고 ㉡의 몫보다 작은 자연수를 모두 구해 보세요.

㉠ $5.98 \div 1.3$ ㉡ $4.14 \div 0.46$

( )

대표 응용 도형에서 길이 구하기

2 넓이가 49.8 cm²인 직사각형이 있습니다. 이 직사각형의 가로가 8.3 cm일 때 세로는 몇 cm인지 구해 보세요.

문제 스케치

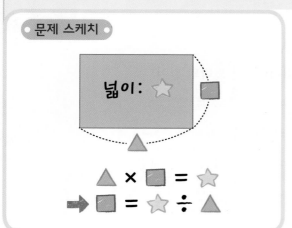

넓이: ☆

△ × □ = ☆

➡ □ = ☆ ÷ △

해결하기

(직사각형의 넓이)＝(가로)×(세로)이므로

(세로)＝(직사각형의 [　　]) ÷ ([　　])입니다.

➡ (세로)＝[　　] ÷ [　　] ＝ [　　] (cm)

2-1 넓이가 26 cm²인 평행사변형이 있습니다. 이 평행사변형의 밑변의 길이가 6.5 cm일 때 높이는 몇 cm인지 구해 보세요.

(　　　　　　　　)

2-2 두 삼각형 가와 나의 넓이는 같습니다. 삼각형 나의 밑변의 길이가 4.2 cm일 때 높이는 몇 cm인지 구해 보세요.

가

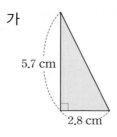

5.7 cm

2.8 cm

나

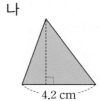

4.2 cm

(　　　　　　　　)

대표 응용	자르는 횟수 구하기

3 길이가 42 cm인 테이프를 한 도막에 3.5 cm씩 자르려고 합니다. 모두 몇 번 잘라야 하는지 구해 보세요.

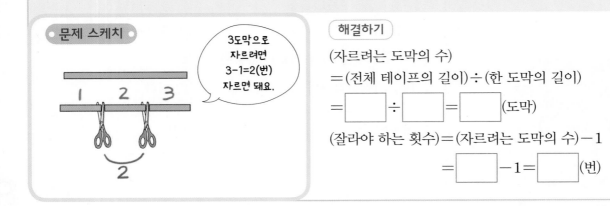

문제 스케치

3도막으로
자르려면
3-1=2(번)
자르면 돼요.

해결하기

(자르려는 도막의 수)
= (전체 테이프의 길이) ÷ (한 도막의 길이)
= ☐ ÷ ☐ = ☐ (도막)

(잘라야 하는 횟수) = (자르려는 도막의 수) - 1
= ☐ - 1 = ☐ (번)

3-1 길이가 96 cm인 노끈을 한 도막에 6.4 cm씩 자르려고 합니다. 모두 몇 번 잘라야 하는지 구해 보세요.

( )

3-2 길이가 1.95 m인 철사 중에서 0.2 m를 사용하고 남은 철사를 한 도막에 0.35 m씩 자르려고 합니다. 모두 몇 번 잘라야 하는지 구해 보세요.

( )

대표 응용 몫의 소수 □째 자리 숫자 구하기

4 몫의 소수 20째 자리 숫자를 구해 보세요.

$$7.5 \div 3.3$$

문제 스케치

```
        2.272···
  3.3)7.5.
      6 6
        9 0
        6 6
        2 4 0   반복
        2 3 1
          9 0
```

해결하기

$7.5 \div 3.3 = 2.$ ⬚ ⋯로

몫의 소수점 아래 자릿수가 홀수이면 ⬚ 이고,

소수점 아래 자릿수가 짝수이면 ⬚ 인 규칙이 있습니다.

따라서 20은 (홀수 , 짝수)이므로 몫의 소수 20째 자리 숫자는

⬚ 입니다.

2 단원

4-1 몫의 소수 15째 자리 숫자를 구해 보세요.

$$42.3 \div 5.4$$

(   )

4-2 몫의 소수 30째 자리 숫자와 소수 31째 자리 숫자의 합을 구해 보세요.

$$0.2 \div 1.1$$

(   )

01 눈금실린더에 담긴 알코올 1.2 L를 0.3 L씩 비커에 나누어 담으려고 합니다. 그림을 0.3 L씩 나누어 본 후 비커가 몇 개 필요한지 구해 보세요.

( )

02 조건 을 만족하는 나눗셈식을 찾아 계산해 보세요.

조건

• 364÷7을 이용하여 계산할 수 있습니다.
• 나누어지는 수와 나누는 수를 각각 100배 한 식은 364÷7입니다.

식 _____

03 보기 와 같이 분수의 나눗셈으로 계산해 보세요.

보기

$$7.82 \div 0.34 = \frac{782}{100} \div \frac{34}{100} = 782 \div 34 = 23$$

9.66÷0.21

04 계산해 보세요.

(1)
$$0.73 \overline{)2.92}$$

(2)
$$1.3 \overline{)19.5}$$

05 올해 준서네 집에서 수확한 곡식의 양입니다. 쌀 수확량은 보리쌀 수확량의 몇 배인지 구해 보세요.

종류	수확량(kg)
쌀	342.88
보리쌀	85.72

( )

06 계산 결과가 큰 것부터 차례로 기호를 써 보세요.

㉠ 10.2÷0.6   ㉡ 6.08÷0.08   ㉢ 67.8÷0.2

( )

07 8.84÷3.4를 계산하려고 합니다. □ 안에 알맞은 수를 써넣으세요.

8.84와 3.4를 각각 [ ] 배씩 해서 계산합니다.

[ ]배

8.84÷3.4= [ ]   884÷340= [ ]

[ ]배

08 큰 수를 작은 수로 나눈 몫을 빈칸에 써넣으세요.

5.46	1.4

09 주황색 끈의 길이는 **30.08 cm**이고 초록색 끈의 길이는 **9.4 cm**입니다. 주황색 끈의 길이는 초록색 끈의 길이의 몇 배인지 구해 보세요.

중요

(   )

10 계산해 보세요.

(1)
$$0.8\,)\overline{1\,2}$$

(2)
$$1.3\,6\,)\overline{3\,4}$$

11 계산 결과를 비교하여 ○ 안에 >, =, <를 알맞게 써넣으세요.

중요

$8 \div 0.25$	○	$39 \div 2.6$

12 포도주스의 가격은 **1.2 L**에 **2100원**입니다. 포도주스 **1 L**의 가격은 얼마인지 구해 보세요.

(   )

13 몫을 반올림하여 소수 첫째 자리까지 나타내어 보세요.

$$4.3\,)\overline{6.4}$$

(   )

14 몫을 반올림하여 소수 둘째 자리까지 나타내어 보세요.

$6 \div 11$

(   )

15 몫의 소수 20째 자리 숫자를 구해 보세요.

$21.3 \div 18$

(   )

16 나눗셈의 몫을 자연수 부분까지 구하고 남는 수를 써 보세요.

$$15.4 \div 5$$

몫 (   )

남는 수 (   )

17 밀가루 22.5 kg을 한 사람에게 3 kg씩 나누어 주려고 합니다. 나누어 줄 수 있는 사람 수와 남는 밀가루는 몇 kg인지 구해 보세요.

나누어 줄 수 있는 사람 수 (   )

남는 밀가루의 양 (   )

18 어려운 문제 물이 78.3 L 들어 있는 큰 물통이 있습니다. 이 큰 물통에 들어 있는 물을 들이가 7 L인 작은 물통에 모두 나누어 담으려고 합니다. 작은 물통은 최소 몇 개 필요한지 구해 보세요.

(   )

19 몫을 반올림하여 소수 첫째 자리까지 나타낸 수와 몫을 반올림하여 소수 둘째 자리까지 나타낸 수의 차는 얼마인지 풀이 과정을 쓰고 답을 구해 보세요.

$$8.5 \div 11$$

풀이

_____

_____

_____

_____

답 _____

20 끈 70.2 cm를 한 사람에게 9 cm씩 나누어 줄 때 나누어 줄 수 있는 사람 수와 남는 끈은 몇 cm인지 알기 위해 다음과 같이 계산했습니다. 잘못 계산한 곳을 찾아 바르게 계산하고 이유를 써 보세요.

```
        7.8
   9)7 0.2
     6 3
     ───
       7 2
       7 2
     ─────
         0
```
나누어 줄 수 있는 사람 수: 7명
남는 끈의 길이: 0.8 cm

```
   9)7 0.2
```
나누어 줄 수 있는 사람 수: ☐ 명

남는 끈의 길이: ☐ cm

이유

_____

_____

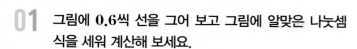
01 그림에 **0.6**씩 선을 그어 보고 그림에 알맞은 나눗셈 식을 세워 계산해 보세요.

0   1   1.8

$$\boxed{} \div \boxed{} = \boxed{}$$

02 테이프 **2.38 m**를 **0.07 m**씩 자르려고 합니다. □ 안에 알맞은 수를 써넣으세요.

$2.38 \text{ m} = \boxed{} \text{ cm}, \ 0.07 \text{ m} = \boxed{} \text{ cm}$

테이프 2.38 m를 0.07 m씩 자르는 것은

$\boxed{}$ cm를 $\boxed{}$ cm씩 자르는 것과 같습니다.

$$2.38 \div 0.07 = \boxed{} \div 7$$

$$\boxed{} \div 7 = \boxed{}$$

$$2.38 \div 0.07 = \boxed{}$$

03 **112÷16**과 몫이 같은 것을 모두 찾아 기호를 써 보세요.

㉠ 11.2÷16   ㉡ 11.2÷1.6
㉢ 1.12÷0.16   ㉣ 1.12÷1.6

(   )

04 계산 결과를 비교하여 ○ 안에 >, =, <를 알맞게 써넣으세요.

$18.4 \div 2.3$ ○ $0.96 \div 0.08$

05 몫이 큰 것부터 차례로 기호를 써 보세요.

㉠ 8.5÷0.5   ㉡ 7.5÷0.3
㉢ 41.4÷2.3   ㉣ 153.6÷4.8

(   )

2 단원

06 □ 안에 알맞은 수를 써넣으세요.

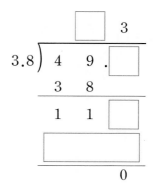

07 큰 수를 작은 수로 나눈 몫을 구해 보세요.

4.2   11.76

(   )

08 몫이 다른 것을 찾아 기호를 써 보세요.

> ㉠ $8.25 \div 1.5$ ㉡ $\dfrac{825}{100} \div \dfrac{150}{100}$
>
> ㉢ $825 \div 15$ ㉣ $82.5 \div 15$

( )

09 집에서 도서관까지의 거리는 $2.1 \ km$이고, 집에서 공원까지의 거리는 $3.78 \ km$입니다. 집에서 공원까지의 거리는 집에서 도서관까지의 거리의 몇 배인지 구해 보세요.

( )

10 잘못 계산된 곳을 찾아 바르게 계산해 보세요.
중요

$$\begin{array}{r} 1.2 \\ 3.5\overline{)4\ 2} \\ 3\ 5 \\ \hline 7\ 0 \\ 7\ 0 \\ \hline 0 \end{array} \quad\Rightarrow\quad 3.5\overline{)4\ 2}$$

11 □ 안에 알맞은 수를 써넣으세요.

$112 \div 5 = \boxed{}$

$112 \div 0.5 = \boxed{}$

$112 \div 0.05 = \boxed{}$

12 □ 안에 들어갈 수 있는 자연수는 모두 몇 개인지 구해 보세요.

> $\square < 76 \div 3.8$

( )

13 나눗셈의 몫을 반올림하여 나타내려고 합니다. 물음에 답하세요.

> $8.6 \div 0.7$

(1) 몫을 반올림하여 일의 자리까지 나타내어 보세요.

( )

(2) 몫을 반올림하여 소수 첫째 자리까지 나타내어 보세요.

( )

14 계산 결과가 더 큰 것의 기호를 써 보세요.

> ㉠ $5 \div 3$의 몫을 반올림하여 소수 둘째 자리까지 나타낸 수
> ㉡ $5 \div 3$

( )

15 어느 가게에서 파는 아이스크림은 $0.7 \ kg$에 6000원 입니다. 이 아이스크림 $1 \ kg$의 가격은 얼마인지 반올림하여 일의 자리까지 나타내어 보세요.
어려운 문제

( )

16 감자 31.5 kg을 한 사람에게 7 kg씩 나누어 주려고 합니다. 나누어 줄 수 있는 사람 수와 남는 감자는 몇 kg인지 □ 안에 알맞은 수를 써넣고 답을 구해 보세요.

$$31.5 - \boxed{} - \boxed{} - \boxed{} - \boxed{} = \boxed{}$$

나누어 줄 수 있는 사람 수 (   )

남는 감자의 양 (   )

17 중요 한 상자를 포장하는 데 색 테이프 3 m가 필요합니다. 색 테이프 17.3 m로 포장할 수 있는 상자 수와 남는 색 테이프는 몇 m인지 구해 보세요.

포장할 수 있는 상자 수 (   )

남는 색 테이프의 길이 (   )

18 들이가 49.8 L인 욕조에 물을 가득 채우려면 들이가 6 L인 물통으로 최소 몇 번 부어야 하는지 구해 보세요.

(   )

19 어떤 수를 1.9로 나누어야 할 것을 잘못하여 곱했더니 4.18이 되었습니다. 바르게 계산했을 때의 몫을 반올림하여 소수 첫째 자리까지 나타내면 얼마인지 풀이 과정을 쓰고 답을 구해 보세요.

풀이

답 _____

2 단원

20 직사각형과 마름모의 넓이는 같습니다. 마름모의 한 대각선의 길이가 2.4 cm일 때 다른 대각선의 길이는 몇 cm인지 풀이 과정을 쓰고 답을 구해 보세요.

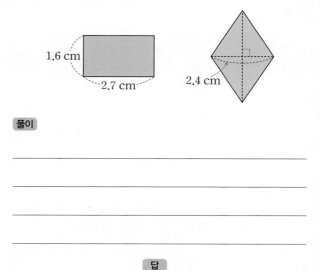

풀이

답 _____

예나와 정욱이가 산책하면서 사진을 찍고 있어요. 정욱이는 예나가 찍은 사진과 똑같은 사진을 찍으려고 해요. 어느 방향으로 찍으면 될까요?

이번 3단원에서는 물체를 여러 방향에서 보고, 쌓기나무로 쌓은 모양과 쌓기나무의 개수를 알아볼 거예요.

3 공간과 입체

이 단원을 진도 체크에 맞춰 8일 동안 학습해 보세요.
해당 부분을 공부하고 나서 ✓표를 하세요.

개념 **1** 어느 방향에서 보았을까요

(1) 건물 사진을 보고 어느 방향에서 찍었는지 알아보기

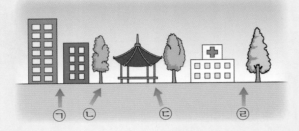

ㄱ   ㄴ   ㄷ   ㄹ

▶ 건물 사진을 보고 어느 방향에서 찍었는지 알아보기
특정 건물을 기준으로 하여 오른쪽과 왼쪽에 무엇이 있는지 살펴보면 어느 위치에서 찍은 것인지 알 수 있습니다.

(2) 물체를 여러 방향에서 본 모양 알아보기

은재
서연
준규
민우

준규   민우   은재   서연(드론)

▶ 서연이가 본 모양은 드론을 이용하여 위에서 본 것입니다.

[01~02] 놀이터에서 놀이기구의 사진을 여러 방향에서 찍었습니다. 물음에 답하세요.

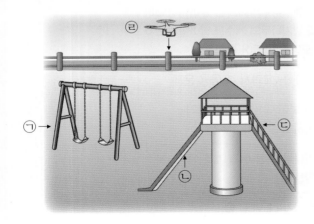

01 ㄴ에서 찍은 사진을 찾아 ○표 하세요.

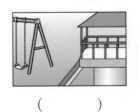 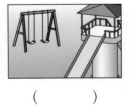
(   )   (   )

02 어느 위치에서 찍은 것인지 기호를 써 보세요.

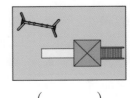 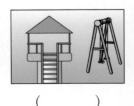
(   )   (   )

개념 2 쌓은 모양과 쌓기나무의 개수를 알아볼까요 (1) → 쌓기나무로 쌓은 모양과 위에서 본 모양

(1) 뒤에 숨은 쌓기나무가 없는 쌓기나무 모양

→ 위에서 본 모양에서 1층에 쌓은 쌓기나무가 5개임을 알 수 있습니다.

위에서 본 모양

┌1층: 5개, 2층: 4개, 3층: 1개

➡ 똑같은 모양으로 쌓는 데 필요한 쌓기나무는 10개입니다.

(2) 뒤에 숨은 쌓기나무가 있는 쌓기나무 모양

위에서 본 모양

• 보이지 않는 부분에 숨겨진 쌓기나무가 1개인지 2개인지 알 수 없기 때문에 쌓기나무의 개수가 여러 가지입니다.

• 뒤에서 본 쌓기나무의 모양이 될 수 있는 모양: 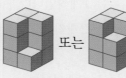 또는

➡ 똑같은 모양으로 쌓는 데 필요한 쌓기나무는 11개 또는 12개입니다.

▶ **쌓기나무의 개수 알아보기**

① 위에서 본 모양으로 1층에 쌓은 모양을 알 수 있습니다.
  ➡ 1층의 쌓기나무의 개수를 구합니다.
② 2층, 3층, ...에 쌓인 쌓기나무의 개수를 구합니다.
③ 똑같이 쌓는 데 필요한 쌓기나무의 개수를 구합니다.

▶ 쌓기나무로 쌓은 모양의 뒷부분이 보이지 않는 경우에는 뒤에 숨은 쌓기나무가 있을 수 있기 때문에 쌓은 모양과 쌓기나무의 개수가 여러 가지일 수 있습니다.

3 단원

---

03 주어진 모양과 똑같이 쌓는 데 필요한 쌓기나무의 개수를 알아보세요.

위에서 본 모양

1층에 쌓은 쌓기나무는 ☐ 개입니다.

➡ 똑같은 모양으로 쌓는 데 필요한 쌓기나무는 ☐ 개입니다.

04 주어진 모양과 똑같이 쌓는 데 필요한 쌓기나무의 개수를 모두 알아보세요.

위에서 본 모양

보이지 않는 쌓기나무가 ☐ 개 또는 ☐ 개 있을 수 있습니다.

➡ 똑같은 모양으로 쌓는 데 필요한 쌓기나무는 ☐ 개 또는 ☐ 개입니다.

개념 3 쌓은 모양과 쌓기나무의 개수를 알아볼까요 (2) → 위, 앞, 옆에서 본 모양

(1) 쌓은 모양을 보고 위, 앞, 옆에서 본 모양 그리기

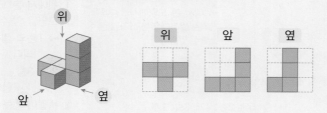

- 위에서 본 모양은 1층에 쌓은 모양과 같습니다.
- 앞과 옆에서 본 모양은 각 줄별로 가장 높은 층의 모양과 같습니다.

(2) 위, 앞, 옆에서 본 모양을 보고 쌓은 모양을 추측하고 쌓기나무의 개수 구하기

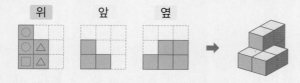

- 위에서 본 모양을 보면 1층의 쌓기나무는 5개입니다.
- 앞에서 본 모양을 보면 △에 쌓인 쌓기나무는 1개씩입니다.
- 옆에서 본 모양을 보면 ○에 쌓인 쌓기나무는 2개씩, □에 쌓인 쌓기나무는 1개 입니다.
- ➡ 똑같은 모양으로 쌓는 데 필요한 쌓기나무는 7개입니다. ┌ $2+2+1+1+1=7$

▶ 쌓기나무로 쌓은 모양에서 위와 아래, 앞과 뒤, 오른쪽과 왼쪽의 모양은 서로 대칭이기 때문에 위, 앞, 옆에서 본 모양으로 나타냅니다.

▶ 옆에서 본 모양은 오른쪽에서 본 모양으로 약속합니다.

▶ 위, 앞, 옆에서 본 모양을 보고 가능한 쌓기나무의 모양 알아보기

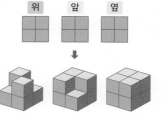

위, 앞, 옆에서 본 모양이 같아도 쌓기나무의 모양은 여러 가지가 있을 수 있습니다.

[05~07] 쌓기나무로 쌓은 모양과 위에서 본 모양입니다. 물음에 답하세요.

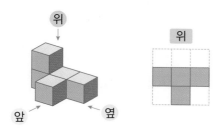

05 알맞은 말에 ○표 하세요.
- 뒤에 숨겨진 쌓기나무가 (있습니다 , 없습니다).
- 위에서 본 모양에서 1층에 쌓은 쌓기나무는 (1 , 4 , 5)개입니다.

06 앞, 옆에서 본 모양을 그려 보세요.

07 똑같은 모양으로 쌓는 데 필요한 쌓기나무는 몇 개인 가요?

(   )

[01~03] 배를 타고 여러 방향에서 사진을 찍었습니다. 각 사진은 어느 배에서 찍은 것인지 찾아 기호를 써 보세요.

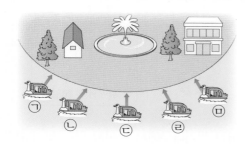

01

( )

02

( )

03

( )

04 보기 와 같이 상자를 놓았을 때 찍을 수 없는 사진을 찾아 기호를 써 보세요.

( )

[05~06] 여러 방향에서 집 사진을 찍었습니다. 물음에 답하세요.

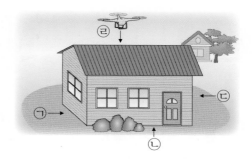

05 ㄹ에서 찍은 사진에 ○표 하세요.

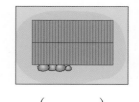 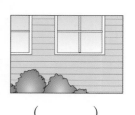

( ) ( )

06 오른쪽 사진은 어느 방향에서 찍은 것인지 기호를 써 보세요.

( )

3단원

07 쌓기나무를 보기 와 같이 쌓았습니다. 돌렸을 때 보기 와 같은 모양을 만들 수 없는 경우를 찾아 ○표 하세요.

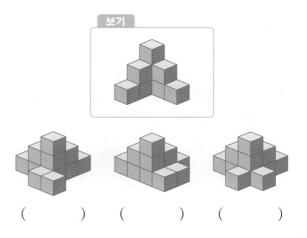

( ) ( ) ( )

08
중요
쌓기나무로 쌓은 모양을 보고 위에서 본 모양을 그렸습니다. 관계있는 것끼리 이어 보세요.

09 주어진 모양과 똑같이 쌓는 데 필요한 쌓기나무의 개수를 구해 보세요.

위에서 본 모양

( )

10 주어진 모양과 똑같이 쌓는 데 필요한 쌓기나무는 적어도 몇 개인지 구해 보세요.

( )

[11~12] 쌓기나무로 쌓은 모양과 위에서 본 모양입니다. 물음에 답하세요.

위에서 본 모양

11 주어진 쌓기나무에서 보이지 않는 쌓기나무는 몇 개인가요?

( ) 또는 ( )

12 주어진 모양과 똑같이 쌓는 데 필요한 쌓기나무는 몇 개인가요?

( ) 또는 ( )

13 주어진 모양과 똑같이 쌓는 데 필요한 쌓기나무의 개수가 많은 것부터 차례로 기호를 써 보세요.

가
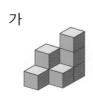

위에서 본 모양

나

위에서 본 모양

다

위에서 본 모양

( )

[14~16] 쌓기나무로 쌓은 모양과 위에서 본 모양입니다. 물음에 답하세요.

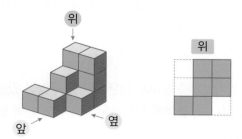

14 1층에 쌓인 쌓기나무는 몇 개인가요?

( )

15 앞과 옆에서 본 모양을 그려 보세요.

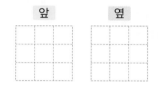

16 똑같은 모양으로 쌓는 데 필요한 쌓기나무는 몇 개인가요?

( )

17 쌓기나무 7개로 쌓은 모양입니다. 앞에서 본 모양이 다른 하나를 찾아 기호를 써 보세요.
중요

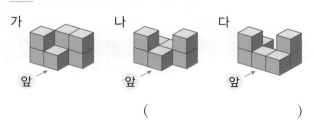

( )

18 쌓기나무로 쌓은 모양을 위, 앞, 옆에서 본 모양입니다. 똑같은 모양으로 쌓는 데 필요한 쌓기나무의 개수를 구해 보세요.

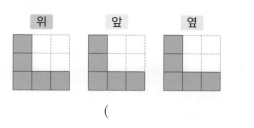

( )

19 쌓기나무 11개로 쌓은 모양을 위, 앞, 옆에서 본 모양입니다. 가능하지 않은 모양을 찾아 기호를 써 보세요.

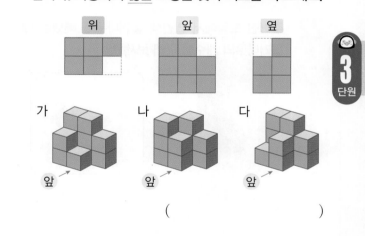

( )

20 쌓기나무 9개로 쌓은 모양을 위와 앞에서 본 모양입니다. 옆에서 본 모양을 그려 보세요.
어려운
문제

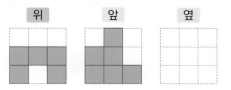

쌓기나무를 빼냈을 때 남는 쌓기나무의 개수 구하기

(남는 쌓기나무의 개수)
=(처음 쌓기나무의 개수)-(빼낸 쌓기나무의 개수)

21 쌓기나무 **10**개를 사용하여 쌓은 모양입니다. 이 모양에서 빨간색 쌓기나무를 빼냈을 때 남는 쌓기나무의 개수를 구해 보세요.

( )

22 주어진 모양에서 빨간색 쌓기나무를 빼냈을 때 남는 쌓기나무의 개수를 구해 보세요.

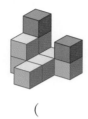

위에서 본 모양

( )

23 왼쪽 정육면체 모양에서 쌓기나무 몇 개를 빼냈더니 오른쪽과 같은 모양이 되었습니다. 빼낸 쌓기나무의 개수를 구해 보세요.

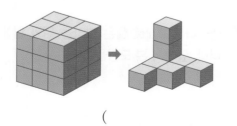

( )

쌓기나무 모양을 구멍이 있는 상자에 넣기

쌓기나무를 붙여서 만든 모양을 뒤집거나 돌려서 주어진 구멍이 있는 상자에 넣을 수 있는지 살펴봅니다.

[24~26] 쌓기나무를 붙여서 만든 모양을 구멍이 있는 상자에 넣으려고 합니다. 물음에 답하세요. (단, 뒤에 숨어 있는 쌓기나무는 없습니다.)

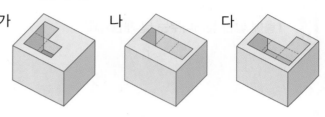

가   나   다

24 가 상자 안에 넣을 수 있는 모양을 찾아 ○표 하세요.

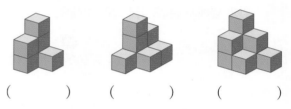

( )   ( )   ( )

25 나 상자 안에 넣을 수 <u>없는</u> 모양을 찾아 ○표 하세요.

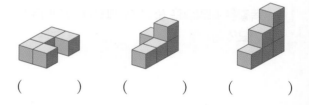

( )   ( )   ( )

26 다 상자 안에 넣을 수 <u>없는</u> 모양을 찾아 ○표 하세요.

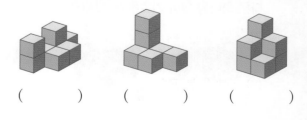

( )   ( )   ( )

개념 4 쌓은 모양과 쌓기나무의 개수를 알아볼까요 (3) → 위에서 본 모양에 수 쓰기

(1) 쌓기나무로 쌓은 모양을 위에서 본 모양에 수를 쓰는 방법으로 표현하기

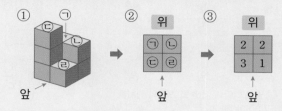

① 쌓은 모양의 각 자리에 기호를 붙입니다.

② 위에서 본 모양의 각 자리에 기호를 붙입니다.

③ 위에서 본 모양의 각 자리에 쌓기나무가 몇 개 쌓여 있는지 나타냅니다.

(2) **위에서 본 모양에 쓴 수를 보고 쌓은 모양과 쌓기나무의 개수 알아보기**

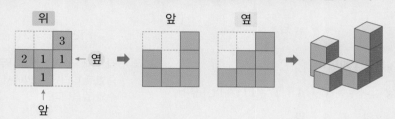

➡ 똑같은 모양으로 쌓는 데 필요한 쌓기나무는

3+2+1+1+1=8(개)입니다.
└→ 위에서 본 모양의 각 자리에 쓰인 수를 모두 더합니다.

▶ 위에서 본 모양에 수를 쓰는 방법의 좋은 점
뒤에 숨겨진 부분의 쌓기나무 개수까지 알 수 있기 때문에 쌓은 모양을 한 가지 경우로 정확하게 알 수 있습니다.

▶ 앞과 옆에서 본 모양을 그릴 때에는 각 방향에서 각 줄의 가장 큰 수만큼 쌓은 모양을 그립니다.

3 단원

---

01 쌓기나무로 쌓은 모양을 보고 물음에 답하세요.

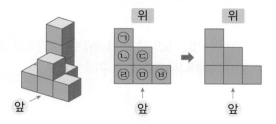

(1) 쌓기나무가 ㉠에는 3개, ㉡에는 1개,

㉢에는 1개, ㉣에는 ☐개, ㉤에는 ☐개,

㉥에는 ☐개 쌓여 있습니다.

(2) 위에서 본 모양에 수를 써 보세요.

02 쌓기나무로 쌓은 모양을 보고 위에서 본 모양에 수를 썼습니다. 쌓기나무로 쌓은 모양에 ○표 하세요.

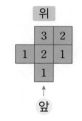

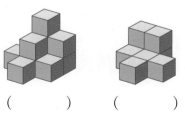

(   )   (   )

개념 5 쌓은 모양과 쌓기나무의 개수를 알아볼까요 (4) → 층별로 나타낸 모양

(1) 쌓기나무로 쌓은 모양을 층별로 나타낸 모양 그리기

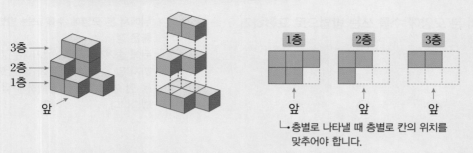

└→ 층별로 나타낼 때 층별로 칸의 위치를 맞추어야 합니다.

▶ 층별로 칸의 위치를 맞출 때 주의점

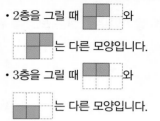

(2) 층별로 쌓은 모양을 보고 쌓은 모양과 쌓기나무의 개수 알아보기

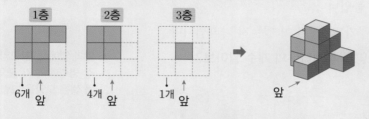

· 쌓기나무가 1층에 6개, 2층에 4개, 3층에 1개입니다.

➡ 똑같은 모양으로 쌓는 데 필요한 쌓기나무는 6+4+1=11(개)입니다.

· 위, 앞, 옆에서 본 모양:

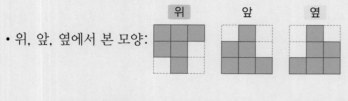

· 쌓은 모양을 위에서 본 모양에 수를 쓰는 방법으로 나타내기:

▶ 각 층에 사용된 쌓기나무의 개수는 층별로 나타낸 모양에서 색칠한 칸 수와 같습니다.

▶ 위에서 본 모양과 1층의 모양은 서로 같습니다.

---

03 쌓기나무로 1층 위에 2층을 쌓으려고 합니다. 1층 모양을 보고 2층 모양으로 알맞은 것의 기호를 써 보세요.

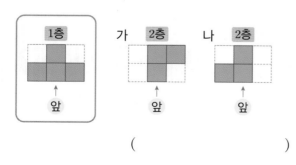

(   )

04 층별로 쌓은 모양을 보고 똑같은 모양으로 쌓는 데 필요한 쌓기나무의 개수를 구해 보세요.

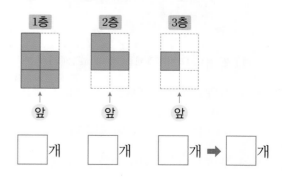

□ 개 □ 개 □ 개 ➡ □ 개

개념 **6** 여러 가지 모양을 만들어 볼까요

(1) 쌓기나무 4개로 만들 수 있는 모양 찾기

① 모양에 쌓기나무 1개를 더 붙여서 만들 수 있는 모양

: 3가지

② 모양에 쌓기나무 1개를 더 붙여서 만들 수 있는 모양

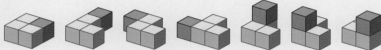

: 7가지

➡ 와 , 와 는 같은 모양이므로

쌓기나무 4개로 만들 수 있는 서로 다른 모양은 모두 **8가지**입니다.
└•3+7−2=8

(2) 두 가지 모양을 사용하여 여러 가지 모양 만들기

  ➡

▶ 쌓기나무 3개로 만든 모양

▶ 쌓기나무 4개로 만든 모양
쌓기나무 3개로 만든 모양에 쌓기나무 1개를 더 붙여 가면서 찾아봅니다.

▶ 뒤집거나 돌려서 같은 것은 같은 모양입니다.

3
·단원

---

05 모양에 쌓기나무 1개를 붙여서 만들 수 있는 모양을 모두 찾아 ○표 하세요.

( )

( )

( )

( )

06 두 가지 모양을 사용하여 만들 수 있는 모양에 ○표 하세요.

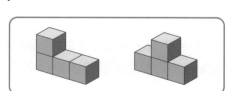

( )

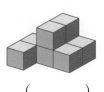

( )

27 쌓기나무로 쌓은 모양을 보고 위에서 본 모양에 수를 써 보세요.

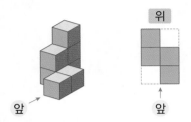

28 쌓기나무로 쌓은 모양을 보고 위에서 본 모양에 수를 썼습니다. 앞에서 본 모양을 그려 보세요.

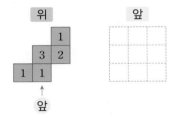

29 쌓기나무로 쌓은 모양을 보고 위에서 본 모양에 수를 썼습니다. 관계있는 것끼리 이어 보세요.

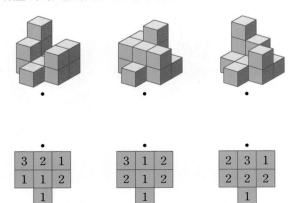

[30~31] 쌓기나무로 쌓은 모양을 위, 앞, 옆에서 본 모양입니다. 물음에 답하세요.

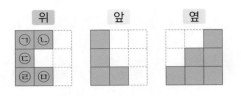

30 각 자리에 쌓인 쌓기나무는 몇 개인가요?

ㄱ (   )

ㄴ (   )

ㄷ (   )

ㄹ (   )

ㅁ (   )

31 똑같은 모양으로 쌓는 데 필요한 쌓기나무는 몇 개인가요?

(   )

32 쌓기나무로 쌓은 모양을 보고 위에서 본 모양에 수를 썼습니다. 앞과 옆에서 본 모양을 각각 그려 보세요.

중요

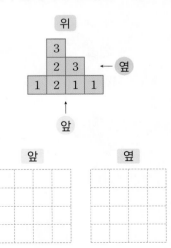

[33~34] 쌓기나무로 쌓은 모양입니다. 물음에 답하세요.

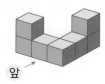

33 1층과 2층 모양을 각각 그려 보세요.

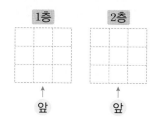

34 똑같은 모양으로 쌓는 데 필요한 쌓기나무는 몇 개인 가요?

( )

35 쌓기나무로 쌓은 모양을 층별로 나타낸 모양을 보고 쌓은 모양을 찾아 ○표 하세요.

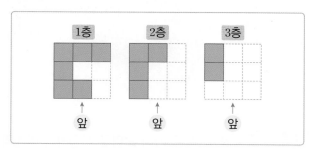

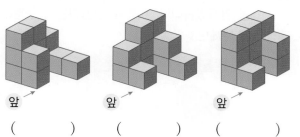

( ) ( ) ( )

36 중요 쌓기나무로 쌓은 모양과 1층 모양을 보고 2층과 3층 모양을 각각 그려 보세요.

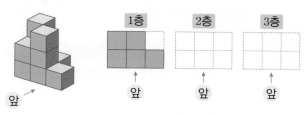

37 쌓기나무로 1층 위에 서로 다른 모양으로 2층과 3층을 쌓으려고 합니다. 1층 모양을 보고 2층과 3층으로 쌓을 수 있는 알맞은 모양을 찾아 기호를 써 보세요. (단, 2층과 3층은 서로 다른 모양입니다.)

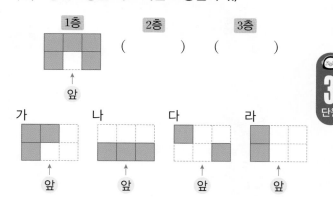

2층 ( ) 3층 ( )

38 어려운 문제 쌓기나무로 쌓은 모양을 층별로 나타낸 모양입니다. 앞에서 본 모양을 그려 보고, 똑같은 모양으로 쌓는 데 필요한 쌓기나무의 개수를 구해 보세요.

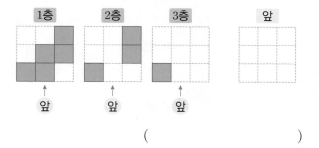

( )

39 다음 중 옳게 말한 사람을 찾아 이름을 써 보세요.

> 정은: 쌓기나무 3개로 만들 수 있는 모양은 모두 4가지야.
>
> 희찬: 쌓기나무로 쌓은 모양을 위에서 본 모양과 1층의 모양은 서로 같아.
>
> 지민: 쌓기나무를 돌리거나 뒤집었을 때 모양이 같아도 놓인 방향이 다르면 다른 모양이야.

(   )

40 뒤집거나 돌렸을 때 같은 모양끼리 이어 보세요.

 ·   ·

 ·   ·

 ·   ·

41 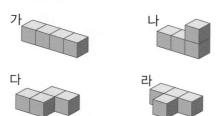 모양에 쌓기나무 1개를 붙여서 만들 수 있는 모양이 <u>아닌</u> 것을 찾아 기호를 써 보세요.

(   )

42 가, 나, 다 모양 중에서 두 가지를 사용하여 새로운 모양 2개를 만들었습니다. 두 가지 모양을 찾아 기호를 써 보세요.

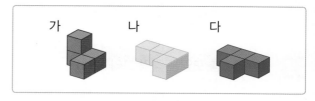

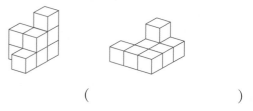

(   )

43 보기 와 같은 두 가지 모양을 사용하여 만들 수 있는 모양에 ○표 하세요.

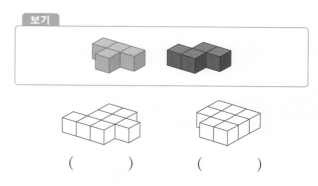

(   )   (   )

44 보기 와 같은 두 가지 모양을 사용하여 아래의 모양을 만들었습니다. 어떻게 만들었는지 구분하여 색칠해 보세요.

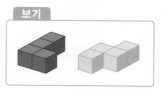

교과서 속 응용 문제

정답과 풀이 19쪽

앞과 옆에서 본 모양이 같은 쌓기나무 모양

앞과 옆에서 보았을 때 각 줄에서 가장 높이 쌓은 층수는 위에서 본 모양의 각 자리에 쓴 수 중 가장 큰 수입니다.

45 쌓기나무로 쌓은 모양을 위에서 본 모양에 수를 썼습니다. 앞과 옆에서 본 모양이 같은 것의 기호를 써 보세요.

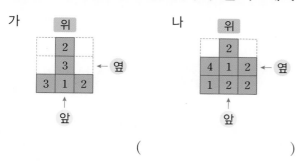

(   )

46 쌓기나무로 쌓은 모양을 위에서 본 모양에 수를 썼습니다. 앞과 옆에서 본 모양이 같은 것의 기호를 써 보세요.

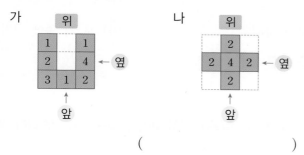

(   )

47 한 모서리의 길이가 1 cm인 쌓기나무로 쌓은 모양을 위에서 본 모양에 수를 썼습니다. 앞과 옆에서 본 모양이 같은 것의 기호를 쓰고, 앞에서 본 모양의 넓이를 구해 보세요.

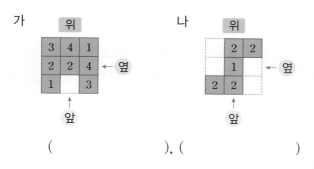

(   ), (   )

□층에 쌓인 쌓기나무의 수 구하기

쌓기나무로 쌓은 모양을 층별로 나타낸 모양에서 각 칸에 쓰여 있는 수가 ■ 이상이면 ■층에 쌓기나무가 쌓인 것입니다.

48 쌓기나무로 쌓은 모양을 보고 위에서 본 모양에 수를 썼습니다. 2층에 쌓은 쌓기나무는 몇 개인지 구해 보세요.

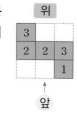

(   )

49 쌓기나무로 쌓은 모양을 보고 위에서 본 모양에 수를 썼습니다. 3층에 쌓은 쌓기나무는 몇 개인지 구해 보세요.

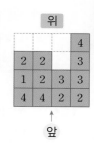

(   )

50 쌓기나무로 쌓은 모양을 보고 위에서 본 모양에 수를 썼습니다. 2층과 3층에 쌓은 쌓기나무의 개수의 합은 몇 개인지 구해 보세요.

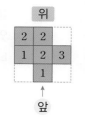

(   )

3

단원

응용력 높이기

대표 응용   얼룩이 져서 보이지 않는 수 구하기

1 쌓기나무 12개로 쌓은 모양을 보고 위에서 본 모양에 수를 썼는데 얼룩이 져서 보이지 않는 수가 있습니다. 쌓은 모양을 앞과 옆에서 본 모양을 각각 그려 보세요.

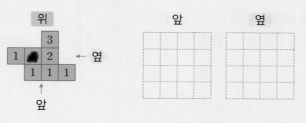

문제 스케치

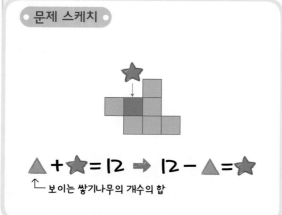

▲ + ★ = 12 ➡ 12 − ▲ = ★
↑ 보이는 쌓기나무의 개수의 합

해결하기

(얼룩이 묻은 부분에 쌓인 쌓기나무의 개수)

= 12 − (☐ + ☐ + ☐ + ☐ + ☐ + ☐) = ☐ (개)

앞에서 보았을 때 각 줄의 가장 큰 수를 왼쪽부터 차례로 쓰면

☐ , ☐ , ☐ , ☐ 이고, 옆에서 보았을 때 각 줄의 가장 큰

수는 왼쪽부터 차례로 ☐ , ☐ , ☐ 이므로 각 줄에 가장 큰

수만큼 칸을 그립니다.

1-1 쌓기나무 10개로 쌓은 모양을 보고 위에서 본 모양에 수를 썼는데 얼룩이 져서 보이지 않는 수가 있습니다. 쌓은 모양을 앞과 옆에서 본 모양을 각각 그려 보세요.

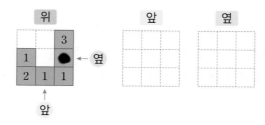

1-2 쌓기나무 11개로 쌓은 모양을 보고 위에서 본 모양에 수를 썼는데 얼룩이 져서 보이지 않는 수가 있습니다. 쌓은 모양을 앞과 옆에서 본 모양은 서로 같습니다. 초록색과 빨간색 얼룩에 놓인 쌓기나무는 각각 몇 개인지 구해 보세요.

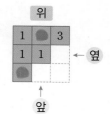

● (   ), ● (   )

조건을 만족하도록 쌓기나무 쌓기

2

쌓기나무 6개를 사용하여 조건 을 만족하도록 쌓은
모양을 위에서 본 모양에 수를 쓰는 방법으로 나타내
어 보세요.

조건

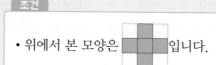

• 위에서 본 모양은 ⬚ 입니다.

• 앞에서 본 모양과 옆에서 본 모양이 같습니다.

문제 스케치

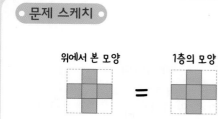

해결하기

1층에 쌓기나무 ☐ 개를 놓고, 2층에 나머지 쌓기나무 ☐ 개를
놓습니다.
따라서 앞에서 본 모양과 옆에서 본 모양이 같도록 위에서 본 모양에

수를 쓰는 방법으로 나타내면 ⬚ 입니다.

3
단원

2-1 쌓기나무 5개를 사용하여 조건 을 만족하도록 쌓은 모양을 찾아 기호를 써 보세요.

조건

• 쌓기나무로 쌓은 모양은 2층입니다.
• 위에서 본 모양은 정사각형입니다.

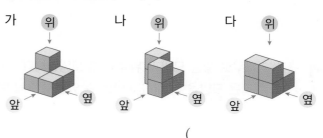

(   )

2-2 쌓기나무를 7개씩 사용하여 조건 을 만족하도록 쌓은 모양을 위에서 본 모양에 수를 쓰는 방법으로 나타내어 보세요.

조건

• 가와 나의 모양은 서로 다릅니다.
• 가와 나는 위, 앞, 오른쪽 옆에서 본 모양이 서로 같습니다.

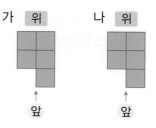

| 대표 응용 | 똑같은 쌓기나무 모양 여러 개 만들기 |

3 쌓기나무로 쌓은 모양과 위에서 본 모양입니다. 쌓기나무 45개로 주어진 모양과 똑같은 모양을 몇 개까지 만들 수 있는지 구해 보세요.

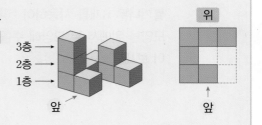

문제 스케치

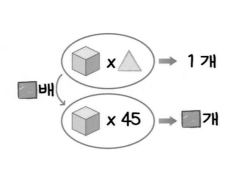

해결하기

각 층에 필요한 쌓기나무는

1층: ☐ 개, 2층: ☐ 개, 3층: ☐ 개입니다.

➡ 똑같은 모양으로 쌓는 데 필요한 쌓기나무는 ☐ 개입니다.

(쌓기나무 전체 개수)

÷(모양 1개를 만드는 데 필요한 쌓기나무의 개수)

$= 45 ÷ ☐ = ☐$

주어진 모양과 똑같은 모양을 ☐ 개까지 만들 수 있습니다.

3-1 쌓기나무로 쌓은 모양과 위에서 본 모양입니다. 쌓기나무 56개로 주어진 모양과 똑같은 모양을 몇 개까지 만들 수 있는지 구해 보세요.

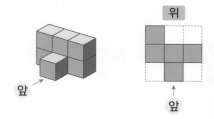

(   )

3-2 쌓기나무로 쌓은 모양을 층별로 나타낸 모양입니다. 쌓기나무 100개로 주어진 모양과 똑같은 모양을 몇 개까지 만들 수 있는지 구해 보세요.

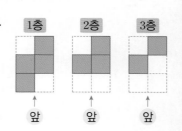

(   )

대표 응용	정육면체 만들기

4 쌓기나무로 쌓은 모양과 위에서 본 모양이 오른쪽과 같을 때 쌓기나무를 더 쌓아 가장 작은 정육면체 모양을 만들려고 합니다. 더 필요한 쌓기나무는 몇 개인지 구해 보세요.

문제 스케치

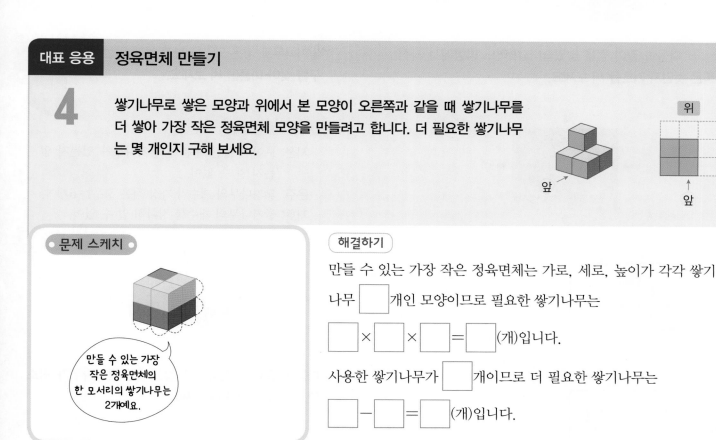

> 만들 수 있는 가장 작은 정육면체의 한 모서리의 쌓기나무는 2개예요.

해결하기

만들 수 있는 가장 작은 정육면체는 가로, 세로, 높이가 각각 쌓기나무 ☐ 개인 모양이므로 필요한 쌓기나무는

☐ × ☐ × ☐ = ☐ (개)입니다.

사용한 쌓기나무가 ☐ 개이므로 더 필요한 쌓기나무는

☐ − ☐ = ☐ (개)입니다.

3 단원

4-1 쌓기나무로 쌓은 모양과 위에서 본 모양이 오른쪽과 같을 때 쌓기나무를 더 쌓아 가장 작은 정육면체 모양을 만들려고 합니다. 더 필요한 쌓기나무는 몇 개인지 구해 보세요.

(   )

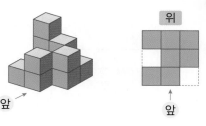

4-2 쌓기나무로 쌓은 모양을 위, 앞, 옆에서 본 모양이 다음과 같을 때 쌓기나무를 더 쌓아 가장 작은 정육면체 모양을 만들려고 합니다. 더 필요한 쌓기나무는 몇 개인지 구해 보세요.

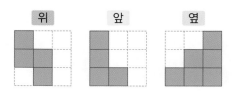

(   )

[01~03] 다음과 같이 컵을 놓았습니다. 어느 방향에서 사진을 찍은 것인지 기호를 써 보세요.

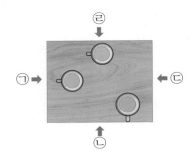

01
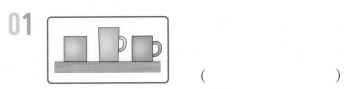
( )

02
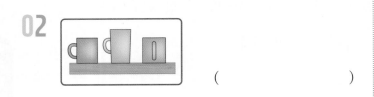
( )

03
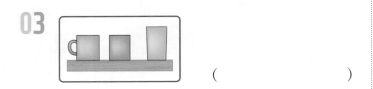
( )

04 중요 주어진 모양과 똑같이 쌓는 데 필요한 쌓기나무의 개수를 찾아 ○표 하세요.

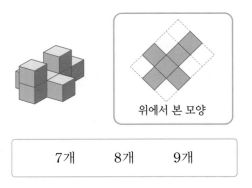

위에서 본 모양

| 7개 | 8개 | 9개 |

05 쌓기나무로 쌓은 모양을 보고 옳게 말한 친구를 찾아 이름을 써 보세요.

지선: 보이지 않는 부분에 쌓기나무가 있는지 없는지 알 수 없어.
은주: 쌓기나무의 개수가 가장 적은 경우는 6개야.
지호: 쌓기나무의 개수를 정확히 알 수 있어.

( )

06 다음과 같이 쌓기나무로 쌓으려면 쌓기나무가 최소 몇 개 필요한지 구해 보세요.

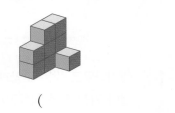

( )

07 쌓기나무 7개로 쌓은 모양입니다. 위, 앞, 옆에서 본 모양을 그려 보세요.

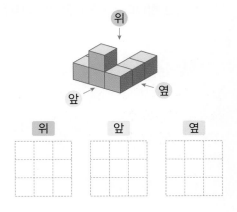

| 위 | 앞 | 옆 |

08 쌓기나무로 쌓은 모양을 위, 앞, 옆에서 본 모양입니다. 똑같은 모양으로 쌓는 데 필요한 쌓기나무의 개수를 구해 보세요.

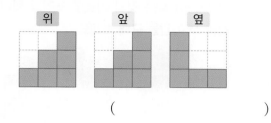

(   )

09 쌓기나무를 붙여서 만든 모양을 구멍이 있는 상자에 넣으려고 합니다. 상자 안에 넣을 수 있는 모양에 ○표 하세요. (단, 뒤에 숨어 있는 쌓기나무는 없습니다.)

(   )   (   )

10 쌓기나무를 보고 위에서 본 모양에 수를 써넣으세요.

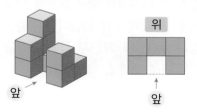

11 쌓기나무로 쌓은 모양을 보고 위에서 본 모양에 수를 쓴 것입니다. 옆에서 보면 쌓기나무 몇 개가 보일지 구해 보세요.

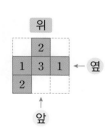

(   )

12 쌓기나무 7개를 사용하여 조건 을 만족하도록 쌓으려고 합니다. 위에서 본 모양에 서로 다른 두 가지 방법으로 수를 써서 나타내어 보세요.

조건

- 위에서 본 모양은 입니다.
- 앞에서 본 모양과 옆에서 본 모양이 같습니다.

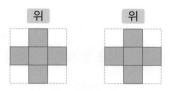

[13~14] 쌓기나무로 쌓은 모양을 층별로 나타낸 모양입니다. 물음에 답하세요.

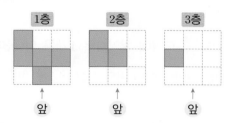

13 위에서 본 모양에 수를 쓰는 방법으로 나타내고, 똑같은 모양으로 쌓는 데 필요한 쌓기나무의 개수를 구해 보세요.

(   )

14 앞에서 본 모양을 그려 보세요.

3. 공간과 입체 **79**

15 쌓기나무 7개로 쌓은 모양을 보고 1층과 2층의 모양을 각각 그려 보세요.

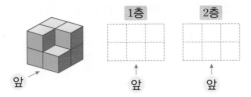

1층	2층
↑ 앞	↑ 앞

16 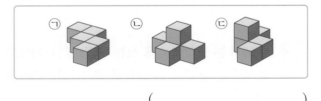 모양에 쌓기나무 1개를 더 붙여서 만들 수 있는 서로 다른 모양은 몇 가지인지 구해 보세요.

( )

17 모양에 쌓기나무 1개를 더 붙여서 만들 수 있는 모양이 아닌 것을 찾아 기호를 써 보세요.

ㄱ ㄴ ㄷ

( )

18 와 모양을 붙여서 만든 새로운 모양입니다. 두 모양을 어떻게 붙여 만들었는지 구분하여 색칠해 보세요.

서술형 문제

19 쌓기나무로 쌓은 모양을 보고 위에서 본 모양에 수를 썼습니다. 가와 나 중에서 앞에서 본 모양과 옆에서 본 모양이 같은 것의 기호를 쓰려고 합니다. 풀이 과정을 쓰고 답을 구해 보세요.

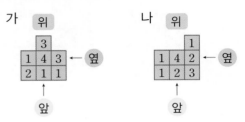

풀이 가와 나를 앞과 옆에서 본 모양을 각각 그립니다.

가	앞	옆

나	앞	옆

답 _____

20 쌓기나무 19개로 쌓은 모양을 보고 위에서 본 모양에 수를 썼습니다. 3층에 쌓인 쌓기나무는 몇 개인지 풀이 과정을 쓰고 답을 구해 보세요.

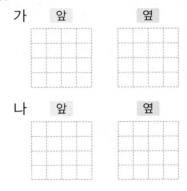

풀이

_____
_____
_____
_____

답 _____

01 배를 여러 방향에서 찍은 사진입니다. ㉰ 위치에서 찍은 사진을 찾아 기호를 써 보세요.

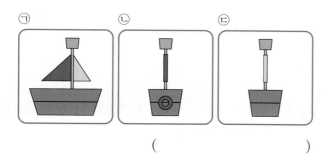

( )

02 세린이가 공원에 갔습니다. 오른쪽에 건물이 보이고, 왼쪽에 나무가 보입니다. 세린이가 있는 위치를 찾아 기호를 써 보세요.

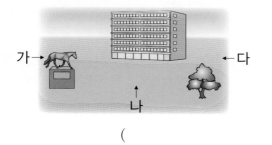

( )

03 오른쪽 모양을 위에서 내려다보면 어떤 모양인지 찾아 ○표 하세요.

( )   ( )

04 주어진 모양과 똑같이 쌓는 데 필요한 쌓기나무의 개수를 구해 보세요.

위에서 본 모양

( )

05 쌓기나무 4개를 가지고 있습니다. 주어진 모양과 똑같이 쌓기나무를 쌓으려고 할 때 쌓기나무가 몇 개 더 필요한지 구해 보세요.

위에서 본 모양

( )

06 쌓기나무로 9개로 쌓은 모양입니다. 위에서 보면 쌓기나무 몇 개로 보일까요?

( )

07 쌓기나무 6개로 쌓은 모양을 위와 옆에서 본 모양입니다. 앞에서 본 모양을 그려 보세요.

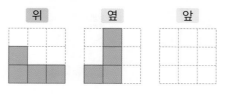

위   옆   앞

08 쌓기나무 9개로 쌓은 모양입니다. 쌓기나무 1개를 빼냈을 때 앞과 옆에서 본 모양이 달라지지 않았습니다. 빼낸 쌓기나무가 될 수 있는 것을 찾아 기호를 써 보세요.

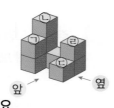

( )

09 한 모서리의 길이가 2 cm인 쌓기나무로 쌓은 모양과 위에서 본 모양입니다. 쌓은 모양의 겉넓이는 몇 cm^2인지 구해 보세요.

어려운 문제

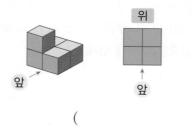

( )

10 쌓기나무를 쌓은 모양을 보고 ㉠과 ㉡ 자리에 쌓인 쌓기나무 개수의 합을 구해 보세요.

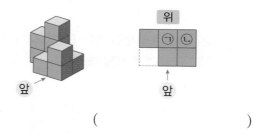

( )

11 쌓기나무로 쌓은 모양을 보고 위에서 본 모양에 수를 썼습니다. 쌓기나무로 쌓은 모양이 될 수 있는 것에 ○표 하세요.

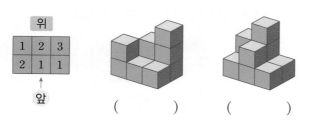

( ) ( )

12 쌓기나무로 쌓은 모양을 위, 앞, 옆에서 본 모양입니다. 똑같은 모양으로 쌓을 때 2층에 쌓인 쌓기나무의 개수를 구해 보세요.

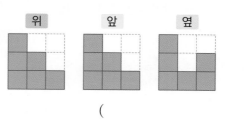

( )

13 쌓기나무로 쌓은 모양을 층별로 나타낸 모양입니다. 물음에 답하세요.

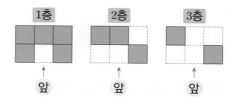

(1) 1층, 2층, 3층에 쌓인 쌓기나무는 몇 개인가요?

1층	2층	3층

(2) 똑같은 모양으로 쌓는 데 필요한 쌓기나무는 몇 개인가요?

( )

14 쌓기나무를 쌓은 모양과 1층의 모양을 보고 2층과 3층의 모양을 각각 그려 보세요.

중요

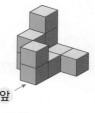

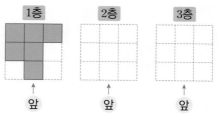

15 쌓기나무로 쌓은 모양을 층별로 나타낸 모양입니다. 옆에서 본 모양을 그려 보세요.

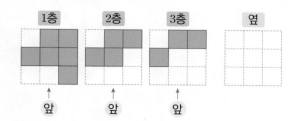

19 쌓기나무로 쌓은 모양과 이것을 위에서 본 모양입니다. 쌓기나무 40개로 주어진 모양과 똑같은 모양을 몇 개까지 만들 수 있는지 풀이 과정을 쓰고 답을 구해 보세요.

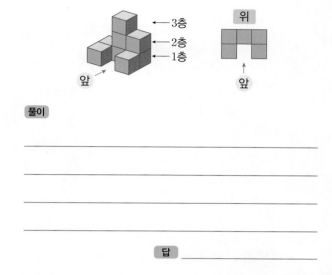

풀이

_____

_____

_____

_____

답 _____

16 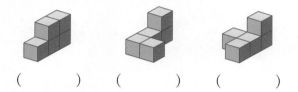 모양에 쌓기나무 1개를 더 붙여서 만들 수 있는 모양이 <u>아닌</u> 것에 ×표 하세요.

( )   ( )   ( )

17 오른쪽은 가, 나, 다, 라 모양 중에서 두 가지 모양을 사용하여 만든 것입니다. 사용한 두 가지 모양을 찾아 기호를 써 보세요.

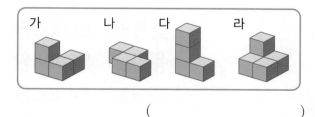

( )

20 쌓기나무 11개로 쌓은 모양을 위에서 본 모양에 수를 쓴 것입니다. 얼룩이 져서 2개 자리의 수가 보이지 않습니다. 쌓은 모양을 옆에서 보았을 때 가능한 모양은 무엇인지 풀이 과정을 쓰고 그려 보세요.

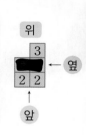

풀이

_____

_____

_____

_____

답   옆   옆

18 보기 의 모양은 쌓기나무를 4개씩 붙여서 만든 모양입니다. 이 두 가지 모양을 사용하여 오른쪽 모양을 만들었습니다. 어떻게 만들었는지 구분하여 색칠해 보세요.

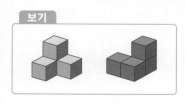

고통비:	20000원
음식값:	56000원
캠핑장 대여료:	64000원
합계:	140000원

진우네 가족 3명과 유미네 가족 4명이 함께 여행을 왔어요. 여행 경비 140000원을 가족 수의 비로 나누어 내려고 해요. 진우네 가족 수와 유미네 가족 수가 다른데 140000원을 어떻게 나누어 내면 좋을까요?

이번 4단원에서는 비를 간단한 자연수의 비로 나타내고, 비례식을 알아볼 거예요. 또 비례배분을 하는 방법을 배울 거예요.

4 비례식과 비례배분

개념 1 비의 성질을 알아볼까요

(1) **전항과 후항 알아보기**

비 2 : 3에서 기호 ' : ' 앞에 있는 2를 전항, 뒤에 있는 3을 후항
이라고 합니다.

$$2 \ : \ 3$$
전항 　 후항

(2) **비의 성질 알아보기**

| 비의 성질 ① | 비의 전항과 후항에 0이 아닌 같은 수를 곱하여도 비율은 같습니다. |

└→0을 곱할 경우 0 : 0이 되므로
0을 곱할 수 없습니다.

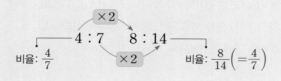

비율: $\dfrac{4}{7}$ 　 4 : 7 　 8 : 14 　 비율: $\dfrac{8}{14}\left(=\dfrac{4}{7}\right)$

| 비의 성질 ② | 비의 전항과 후항을 0이 아닌 같은 수로 나누어도 비율은 같습니다. |

└→0으로 나눌 수 없습니다.

$\div 6$

비율: $\dfrac{30}{24}\left(=\dfrac{5}{4}\right)$ 　 30 : 24 　 5 : 4 　 비율: $\dfrac{5}{4}$

$\div 6$

▶ **비와 비율**

· 비 ▲ : ♥ ➡ 비율 $\dfrac{▲}{♥}$

· 비율은 분수나 소수로 나타냅니다.

▶ 4 : 7, 8 : 14, 12 : 21의 비율은

$4 : 7 ➡ \dfrac{4}{7}$

$8 : 14 ➡ \dfrac{8}{14}\left(=\dfrac{4}{7}\right)$

$12 : 21 ➡ \dfrac{12}{21}\left(=\dfrac{4}{7}\right)$

이므로 비율이 모두 같습니다.

▶ 30 : 24, 15 : 12, 5 : 4의 비율은

$30 : 24 ➡ \dfrac{30}{24}\left(=\dfrac{5}{4}\right)$

$15 : 12 ➡ \dfrac{15}{12}\left(=\dfrac{5}{4}\right)$

$5 : 4 ➡ \dfrac{5}{4}$

이므로 비율이 모두 같습니다.

01 □ 안에 알맞은 수를 써넣으세요.

비 7 : 5에서 전항은 □ , 후항은 □ 입니다.

02 비의 성질로 옳은 것에 ○표 하세요.

(1) 비의 전항과 후항에 0이 아닌 같은 수를 더하여도 비율은 같습니다. (　)

(2) 비의 전항과 후항에서 0이 아닌 같은 수를 빼도 비율은 같습니다. (　)

(3) 비의 전항과 후항에 0이 아닌 같은 수를 곱하여도 비율은 같습니다. (　)

(4) 비의 전항과 후항을 0이 아닌 같은 수로 나누어도 비율은 같습니다. (　)

[03~04] 비의 성질을 이용하여 □ 안에 알맞은 수를 써넣으세요.

03

$\times$ □

2 : 6 　 10 : □

$\times 5$

04

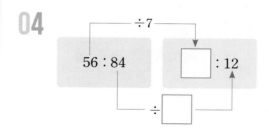

$\div 7$

56 : 84 　 □ : 12

$\div$ □

개념 2 간단한 자연수의 비로 나타내어 볼까요

(1) 소수의 비를 간단한 자연수의 비로 나타내기

비의 전항과 후항에 **10, 100, 1000, …**을 곱하여 자연수의 비로 나타냅니다.

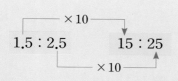

자연수의 비의 전항과 후항을 두 수의 공약수로 나눕니다.

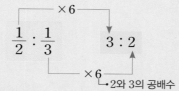

▶ 자연수의 비를 간단한 자연수의 비로 나타내기
전항과 후항을 두 수의 공약수로 각각 나눕니다.

(2) 분수의 비를 간단한 자연수의 비로 나타내기

비의 전항과 후항에 두 분모의 공배수를 곱합니다.

$$\frac{1}{2} : \frac{1}{3} \xrightarrow{\times 6} 3 : 2$$

2와 3의 공배수

(3) 소수와 분수의 비를 간단한 자연수의 비로 나타내기

비의 전항과 후항이 모두 **소수 또는 분수**가 되도록 고쳐서 간단한 자연수의 비로 나타냅니다.

방법 1 분수를 소수로 바꾸어 간단한 자연수의 비로 나타내기

$$0.9 : \frac{1}{5} \Rightarrow 0.9 : 0.2 \xrightarrow{\times 10} 9 : 2$$
$$\frac{1}{5} = \frac{2}{10} = 0.2$$

방법 2 소수를 분수로 바꾸어 간단한 자연수의 비로 나타내기

$$0.9 : \frac{1}{5} \Rightarrow \frac{9}{10} : \frac{1}{5} \xrightarrow{\times 10} 9 : 2$$

▶ 소수를 분수로 나타낼 때에는 먼저 소수를 분모가 10, 100, …인 분수로 나타냅니다. 소수 한 자리 수는 분모가 10인 분수로 나타낼 수 있습니다.

4 단원

[05~07] 간단한 자연수의 비로 나타내어 보세요.

05

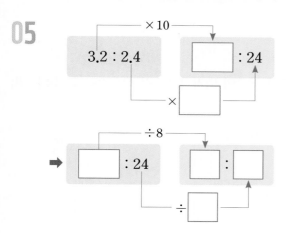

06

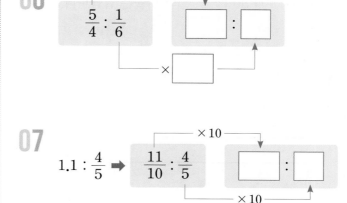

07 $1.1 : \dfrac{4}{5} \Rightarrow \dfrac{11}{10} : \dfrac{4}{5} \xrightarrow{\times 10} \boxed{} : \boxed{}$

01 전항에 ○표, 후항에 △표 하세요.

| 10 : 7 | 8 : 15 |

| 21 : 36 | 9 : 2 |

02 비에서 전항과 후항을 찾아 써 보세요.

14 : 31

전항 (   )

후항 (   )

[03~04] 수직선을 이용하여 비의 성질을 알아보려고 합니다. □ 안에 알맞은 수를 써넣으세요.

03

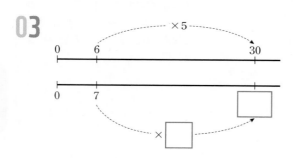

➡ 6 : 7과 30 : □의 비율은 같습니다.

04

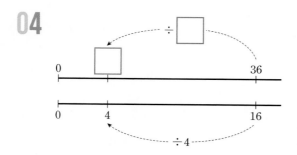

➡ 36 : 16과 □ : 4의 비율은 같습니다.

05 비의 성질을 이용하여 30 : 70과 비율이 같은 비를 2개 써 보세요.

(,   )

06 36 : 24와 비율이 같은 비를 모두 찾아 기호를 써 보세요.

| ㉠ 4 : 3   ㉡ 9 : 6   ㉢ 72 : 48 |

(   )

07 6 : 10과 비율이 같은 비를 쓰려고 합니다. ㉠과 ㉡의 합을 구해 보세요.

6 : 10 ➡ 3 : ㉠

6 : 10 ➡ 48 : ㉡

(   )

08 가로와 세로의 비가 1 : 3인 직사각형의 기호를 써 보세요.

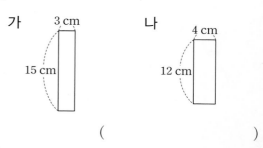

가   3 cm
15 cm

나   4 cm
12 cm

(   )

09
_{중요} 두 정사각형을 보고 <u>잘못</u> 말한 사람의 이름을 쓰고 바르게 고쳐 보세요.

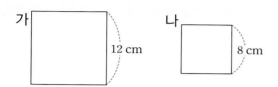

> 효빈: 가 정사각형과 나 정사각형의 한 변의 길이의 비는 12 : 8이야.
> 민혁: 가 정사각형과 나 정사각형의 한 변의 길이의 비는 2 : 3으로 나타낼 수 있어.

잘못 말한 사람 _____

바르게 고치기 _____

_____

10 가로와 세로의 비가 3 : 2와 비율이 같은 액자를 모두 찾아 기호를 써 보세요.

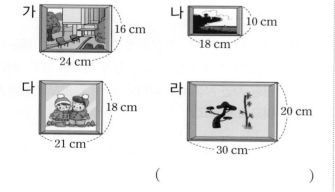

( )

11 □ 안에 알맞은 수를 써넣어 간단한 자연수의 비로 나타내어 보세요.

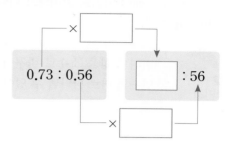

12 간단한 자연수의 비로 나타내어 보세요.

(1) | 5.7 : 4.8 | ➡ ( )

(2) | $\frac{9}{4}$: $\frac{2}{5}$ | ➡ ( )

13 간단한 자연수의 비로 나타낸 것을 찾아 이어 보세요.

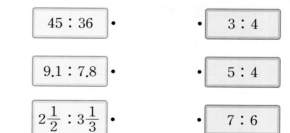

14 $4.2 : 3\frac{1}{5}$ 을 간단한 자연수의 비로 나타내어 보세요.

( )

15
중요

$1.5 : 1\dfrac{3}{5}$을 간단한 자연수의 비로 나타내려고 합니다. 두 사람의 해결 방법을 살펴보고 각각의 방법으로 나타내어 보세요.

민경

> 비의 후항을 소수로 바꾸어 간단한 자연수의 비로 나타낼 수 있어.

민호

> 비의 전항을 분수로 바꾸어 간단한 자연수의 비로 나타낼 수 있어.

16 간단한 자연수의 비로 나타냈을 때 나머지와 다른 하나는 어느 것인가요? (   )

① 2.8 : 1.4   ② 2 : 1   ③ 1 : 0.5

④ $\dfrac{1}{2}$: 1   ⑤ 8.4 : 4.2

17 도윤이는 하늘색 페인트를 만들기 위해 흰색 페인트 $1\dfrac{3}{4}$ L와 파란색 페인트 $\dfrac{1}{6}$ L를 섞었습니다. 흰색과 파란색 페인트 양의 비를 간단한 자연수의 비로 나타내어 보세요.

(   )

18 지우의 한 뼘 길이는 18.3 cm이고 솔이의 한 뼘 길이는 15.6 cm입니다. 지우와 솔이의 한 뼘 길이의 비를 간단한 자연수의 비로 나타내어 보세요.

(   )

19 우유 한 병이 있습니다. 규민이는 어제 전체의 $\dfrac{1}{5}$을 마셨고, 오늘은 전체의 0.32를 마셨습니다. 규민이가 어제와 오늘 마신 우유 양의 비를 간단한 자연수의 비로 나타내어 보세요.

(   )

20
어려운
문제

서현이와 민주는 레몬차를 만들었습니다. 레몬차를 만들 때 각각 사용한 물의 양과 레몬청 양의 비를 간단한 자연수의 비로 나타내고, 두 레몬차의 진하기를 비교해 보세요.

> 서현: 물 280 g과 레몬청 120 g
>
> 민주: 물 $\dfrac{7}{10}$컵과 레몬청 0.3컵

서현 ➡ ☐ : ☐ , 민주 ➡ ☐ : ☐

비교 _____

_____

비율이 정해진 비 찾기

예) 비율이 $\frac{1}{3}$인 비를 찾아보세요.

$$3:1 \qquad 3:6 \qquad 4:10 \qquad 5:15$$

비율이 $\frac{1}{3}$일 때
비는 1 : 3입니다. ➡ 1 : 3   5 : 15

(×5, ×5)

21 비율이 $\frac{3}{5}$인 비를 찾아보세요.

$$25:15 \qquad 30:45 \qquad 15:25 \qquad 20:30$$

(   )

22 비율이 0.25인 비를 찾아 후항을 써 보세요.

$$3:16 \qquad 5:20 \qquad 10:35 \qquad 24:98$$

(   )

23 후항이 8인 비가 있습니다. 비율이 $2\frac{3}{4}$일 때 전항은 얼마인지 구해 보세요.

$$\boxed{} : 8$$

(   )

도형에서 길이를 간단한 자연수의 비로 나타내기

예) 삼각형의 밑변의 길이와 높이의 비를 간단한 자연수의 비로 나타내어 보세요.

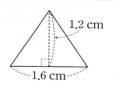

(밑변의 길이) : (높이) ➡ 1.6 : 1.2   16 : 12   4 : 3

(×10, ×10, ÷4, ÷4)

24 삼각형의 높이와 밑변의 길이의 비를 간단한 자연수의 비로 나타내어 보세요.

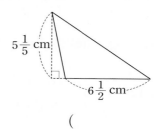

(   )

25 가로가 $8\frac{1}{2}$ cm, 세로가 5.1 cm인 직사각형이 있습니다. 직사각형의 가로와 세로의 비를 간단한 자연수의 비로 나타내어 보세요.

(   )

26 두 직사각형 가와 나의 넓이의 비를 간단한 자연수의 비로 나타내어 보세요.

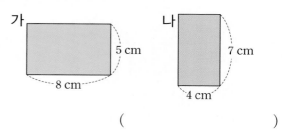

(   )

개념 3 비례식을 알아볼까요

(1) 비례식 알아보기

- 비율이 같은 두 비를 기호 '='를 사용하여
3 : 2＝9 : 6과 같이 나타낼 수 있습니다.
이와 같은 식을 비례식이라고 합니다.

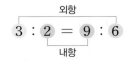

- 비례식 3 : 2＝9 : 6에서 바깥쪽에 있는 3과 6을 외항, 안쪽에 있는 2와 9를
내항이라고 합니다.

▶ ▲ : ♥는 비,
▲ : ♥＝● : ★은 비례식입니다.

(2) 비의 성질을 이용하여 비례식 만들기

① 전항과 후항에 0이 아닌 같은 수를 곱하여 비례식을 만들 수 있습니다.

$$\overset{\times 2}{4 : 9 = 8 : 18}_{\times 2}$$

4 : 9는 전항과 후항에 각각 2를 곱한 8 : 18과 그 비율이
같습니다.

② 전항과 후항을 0이 아닌 같은 수로 나누어 비례식을 만들 수 있습니다.

$$\overset{\div 4}{28 : 12 = 7 : 3}_{\div 4}$$

28 : 12는 전항과 후항을 각각 4로 나눈 7 : 3과 그 비율
이 같습니다.

▶ 비례식이 아닌 경우
예 1 : 3＝3 : 2
1 : 3의 비율은 $\frac{1}{3}$이고,
3 : 2의 비율은 $\frac{3}{2}$입니다.
두 비의 비율이 다르므로
1 : 3＝3 : 2는 비례식이 아닙니다.

---

01 □ 안에 알맞은 수를 써넣으세요.

비례식 5 : 4＝10 : 8에서 외항은 5와 □이
고, 내항은 □와/과 10입니다.

[02~03] 비례식을 이용하여 비의 성질을 나타내려고 합니다.
□ 안에 알맞은 수를 써넣으세요.

02
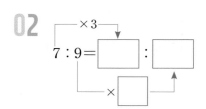

03
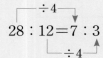

04 비율이 같은 두 비를 찾아 비례식을 세우려고 합니다.
□ 안에 알맞은 수를 써넣으세요.

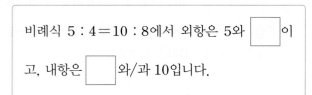

36 : 18   20 : 10   45 : 30

3 : 2＝□ : □

개념 **4** 비례식의 성질을 알아볼까요

(1) 비례식의 성질 알아보기

비례식 2 : 7 = 4 : 14에서

- 외항의 곱은 2 × 14 = 28입니다.
- 내항의 곱은 7 × 4 = 28입니다.

➡ 2 × 14 = 7 × 4

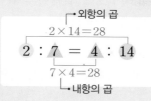

비례식에서 외항의 곱과 내항의 곱은 같습니다.

(2) 비례식의 성질을 이용하여 비례식 찾기

외항의 곱과 내항의 곱을 각각 구하여 그 값이 같은지 알아봅니다.

예 4 : 3 = 8 : 6

(외항의 곱) = 4 × 6 = 24, (내항의 곱) = 3 × 8 = 24

➡ 외항의 곱과 내항의 곱이 같으므로 비례식입니다.

2 : 5 = 6 : 10

(외항의 곱) = 2 × 10 = 20, (내항의 곱) = 5 × 6 = 30

➡ 외항의 곱과 내항의 곱이 같지 않으므로 비례식이 아닙니다.

▶ 비례식의 성질을 이용하여 모르는 수 구하기

예 2 : 3 = 6 : □
2 × □ = 3 × 6
2 × □ = 18
□ = 18 ÷ 2
□ = 9

---

05 □ 안에 알맞은 수나 말을 써넣으세요.

4 : 5 = 8 : 10

외항의 곱: □ × □ = □

내항의 곱: □ × □ = □

➡ 비례식에서 외항의 곱과 내항의 곱은

□.

06 비례식이면 ○표, 비례식이 아니면 ×표 하세요.

(1) | 6 : 8 = 18 : 24 | (   )

(2) | 9 : 2 = 36 : 9 | (   )

07 비례식의 성질을 이용하여 ■의 값을 구하려고 합니다. □ 안에 알맞은 수를 써넣으세요.

(1)
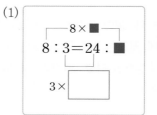

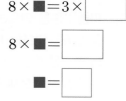

8 × ■ = 3 × □

8 × ■ = □

■ = □

(2)
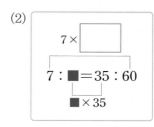

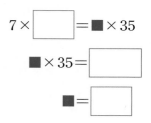

7 × □ = ■ × 35

■ × 35 = □

■ = □

개념 5 비례식을 활용해 볼까요

예 밀가루와 설탕을 9 : 2의 비로 섞어서 빵을 만들려고 합니다. 밀가루를 18컵 넣었다면 설탕은 몇 컵을 넣어야 하는지 구해 보세요.

방법 1 비례식의 성질 이용하기

① 필요한 설탕의 양을 □컵이라 하고 비례식 세우기

$9 : 2 = 18 : □$

② 비례식의 성질을 이용하여 답 구하기

$9 × □ = 2 × 18$, $9 × □ = 36$, $□ = 4$ ➡ 4컵

방법 2 비의 성질 이용하기

① 필요한 설탕의 양을 □컵이라 하고 비례식 세우기

$9 : 2 = 18 : □$

② 비의 성질을 이용하여 답 구하기

$9 : 2 = (9 × 2) : (2 × ▲) = 18 : □$

▲=2이므로 $□ = 2 × 2 = 4$입니다. ➡ 4컵

방법 3 비율 이용하기

필요한 설탕의 양을 □컵이라 하고 9 : 2와 18 : □의 비율을 구하면

$\dfrac{9}{2} = \dfrac{18}{□}$이므로 $□ = 4$입니다. ➡ 4컵

따라서 설탕은 4컵을 넣어야 합니다.

▶ 비례식의 성질
비례식에서 외항의 곱과 내항의 곱은 같습니다.

▶ 비의 성질
비의 전항과 후항에 0이 아닌 같은 수를 곱하거나 나누어도 비율은 같습니다.

▶ 비례식을 이용하여 문제 해결하기
① 구하려고 하는 것을 □로 놓습니다.
② 조건에 맞게 비례식을 세웁니다.
③ 비례식의 성질을 이용하여 문제를 해결합니다.

---

08 피클 3통을 만드는 데 설탕 63 g이 필요합니다. 피클 8통을 만드는 데 필요한 설탕은 몇 g인지 비례식의 성질을 이용하여 알아보려고 합니다. □ 안에 알맞은 수를 써넣으세요.

(1) 필요한 설탕의 양을 ★ g이라 하고 비례식을 세우면 $3 : 63 = \boxed{} : ★$입니다.

(2) 비례식에서 외항의 곱과 내항의 곱은 같으므로
$3 × ★ = 63 × \boxed{}$, $3 × ★ = \boxed{}$,
$★ = \boxed{}$입니다.

(3) 따라서 필요한 설탕은 $\boxed{}$ g입니다.

09 태극기의 가로와 세로의 비를 3 : 2로 그리려고 합니다. 세로를 16 cm로 할 때 가로를 몇 cm로 그려야 하는지 비의 성질을 이용하여 알아보려고 합니다. □ 안에 알맞은 수를 써넣으세요.

(1) 가로를 ● cm라 하고 비례식을 세우면
$3 : 2 = ● : \boxed{}$입니다.

(2) $(3 × ■) : (2 × 8) = ● : 16$에서 $■ = \boxed{}$이므로 $● = 3 × \boxed{}$, $● = \boxed{}$입니다.

(3) 따라서 가로는 $\boxed{}$ cm로 그려야 합니다.

개념 6 비례배분을 해 볼까요

(1) 비례배분 알아보기

전체를 주어진 비로 배분하는 것을 비례배분이라고 합니다.

(2) 비례배분하기

예 귤 10개를 3 : 2로 비례배분하기

① 각각 전체의 몇 분의 몇으로 나누어야 하는지 알아보기

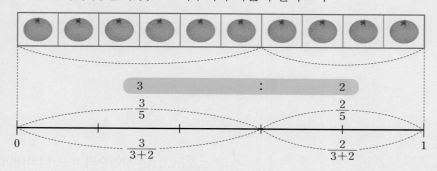

② 3 : 2로 나누면 각각 전체의 $\frac{3}{3+2}=\frac{3}{5}$, $\frac{2}{3+2}=\frac{2}{5}$를 가질 수 있습니다.

$$10 \times \frac{3}{3+2}=10 \times \frac{3}{5}=6, \ 10 \times \frac{2}{3+2}=10 \times \frac{2}{5}=4$$

➡ 귤 10개를 3 : 2로 비례배분하면 6개와 4개입니다.

▶ ■를 ● : ▲로 비례배분하기

$$■ \times \frac{●}{●+▲}$$
$$■ \times \frac{▲}{●+▲}$$

▶ 비례배분한 값이 옳은지 확인하기
① 비례배분한 수의 합이 전체의 수와 같은지 확인합니다.
➡ 6+4=10
② 비례배분한 수의 비가 주어진 비와 비례식이 되는지 확인합니다.
➡ 6 : 4=3 : 2

---

10 45를 2 : 7로 나누려고 합니다. □ 안에 알맞은 수를 써넣으세요.

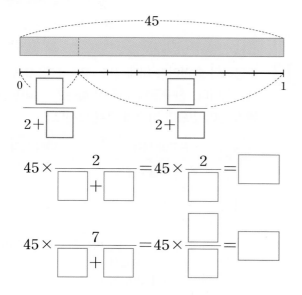

$$45 \times \frac{2}{\square+\square}=45 \times \frac{2}{\square}=\square$$

$$45 \times \frac{7}{\square+\square}=45 \times \frac{\square}{\square}=\square$$

11 현진이와 동생이 용돈 8000원을 5 : 3으로 나누어 가지려고 합니다. 현진이와 동생은 얼마씩 가지게 되는지 구해 보세요.

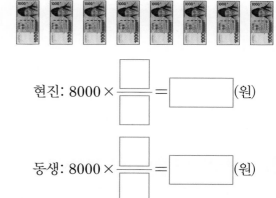

현진: $8000 \times \dfrac{\square}{\square}=\square$ (원)

동생: $8000 \times \dfrac{\square}{\square}=\square$ (원)

27 □ 안에 알맞은 말이나 기호를 보기 에서 찾아 써넣으세요.

> 보기
>
> 비율   비례식   =

□ 은 □ 이 같은 두 비를 기호 '□' 를 사용하여 나타낸 식입니다.

28 외항에 ○표, 내항에 △표 하세요.

$$7 : 10 = 21 : 30$$

29 비율이 같은 두 비를 찾아 비례식을 세워 보세요.

$$\frac{1}{2} : \frac{5}{8} \qquad 6 : 9 \qquad 4 : 5$$

□ : □ = □ : □

30 비례식을 모두 찾아 기호를 써 보세요.

> ㉠ $6 : 11 = 11 : 6$ ㉡ $4 : 1 = 20 : 5$
> ㉢ $5 \times 4 = 20$ ㉣ $8 : 7 = 56 : 49$

(   )

31 두 비율을 보고 비례식으로 나타내어 보세요.

$$\frac{2}{9} = \frac{10}{45}$$

(   )

32 $\frac{1}{6} : \frac{1}{9}$ 을 간단한 자연수의 비로 나타내어 비례식을 세워 보세요.

(   )

33 준영이와 승연이가 비례식 $5 : 3 = 15 : 9$를 보고 한 생각입니다. 친구들의 생각이 옳은지 알아보고 잘못된 부분이 있으면 바르게 고쳐 보세요.

친구	친구의 생각	나의 생각
준영	두 비의 비율이 같으니 비례식 $5 : 3 = 15 : 9$로 나타낼 수 있어.	
승연	비례식 $5 : 3 = 15 : 9$에서 내항은 3과 9이고, 외항은 5와 15야.	

34 외항이 2와 30이고, 내항이 4와 15인 비례식을 세워 보세요.

(   )

35 비례식의 성질을 이용하여 □ 안에 알맞은 수를 써넣으세요.

(1) $12 : 8 = 30 :$ □

(2) $7 : 15 =$ □ $: 60$

36 6장의 수 카드 중에서 4장을 골라 비례식을 세워 보세요.

중요

| 9 | 20 | 5 | 25 | 36 | 40 |

(   )

37 피클을 만들기 위해서 설탕과 식초를 $3 : 4$의 비로 섞어서 피클초를 만들려고 합니다. 설탕을 20큰술 넣었다면 식초는 몇 큰술을 넣어야 하는지 분수로 나타내어 보세요.

(   )

38 복사기로 7초에 12장을 복사할 수 있습니다. 60장을 복사하려면 몇 초가 걸리는지 구하려고 합니다. 60장을 복사하는 데 걸리는 시간을 ■초라 하고 비례식을 세워 답을 구해 보세요.

□ $:$ □ $=$ ■ $:$ □

(   )

39 사탕 40개는 3000원입니다. 사탕 90개를 사려면 얼마가 필요한지 구해 보세요.

(   )

40 그림으로 나타낸 텃밭의 가로와 세로를 자로 재어 보고 물음에 답하세요.

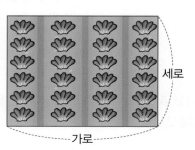

세로

가로

(1) 그림으로 나타낸 텃밭의 가로와 세로의 비를 구해 보세요.

(   )

(2) 실제 텃밭의 가로가 36 m라면 세로는 몇 m인지 구해 보세요.

(   )

4

단원

41 한 시간 동안 100 L의 물이 나오는 수도가 있습니다. 이 수도로 5 L의 물을 받으려면 몇 분 동안 받아야 하는지 구해 보세요.

(   )

42 종이 15장을 민정이와 정호에게 2 : 3으로 나누어 주려고 합니다. ◯를 이용하여 그림으로 나타내고 □ 안에 알맞은 수를 써넣으세요.

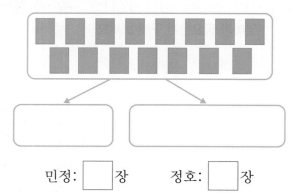

민정: [   ]장   정호: [   ]장

43 84를 5 : 2로 나누려고 합니다. □ 안에 알맞은 수를 써넣으세요.

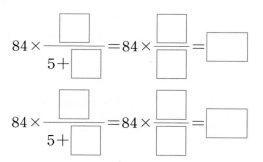

44 5000원을 민호와 선우에게 4 : 1로 나누어 줄 때 두 사람이 각각 갖게 되는 돈은 얼마인지 구해 보세요.

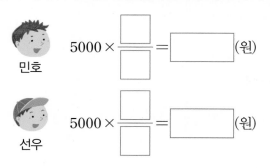

45 중요 어느 날 낮과 밤의 길이의 비가 5 : 7이라면 낮은 몇 시간인지 구해 보세요.

(   )

46 어려운 문제 가로와 세로의 비가 1.5 : 1.3인 직사각형의 둘레가 112 cm입니다. 이 직사각형의 넓이는 몇 cm^2인지 구해 보세요.

(   )

비례식에서 □의 값 구하기

> 예 비례식에서 □ 안에 알맞은 수를 구해 보세요.
> $$4:13=20:\square$$

비례식에서 외항의 곱과 내항의 곱은 같습니다.

$$4:13=20:\square \Rightarrow 4\times\square=13\times20,$$
$$4\times\square=260, \square=65$$

47 비례식에서 □ 안에 알맞은 분수를 구해 보세요.

$$6:\frac{1}{4}=1.2:\square$$

( )

48 □ 안에 알맞은 수가 더 큰 것의 기호를 써 보세요.

㉠ $\frac{1}{3}:\frac{3}{4}=\square:6$ ㉡ $\square:\frac{5}{8}=8:3$

( )

49 ㉮와 ㉯에 알맞은 수의 합을 구해 보세요.

㉮ $: 52=6:13$
$36:27=$ ㉯ $:9$

( )

비가 주어지지 않은 경우 비례배분하기

> 예 구슬 33개를 각 모둠의 학생 수에 따라 나누어 주려고 합니다. 가 모둠은 6명, 나 모둠은 5명일 때 가 모둠에 구슬을 몇 개 주어야 하는지 구해 보세요.

두 모둠의 학생 수의 비 ➡ (가 모둠) : (나 모둠)$=6:5$

가 모둠: $33\times\dfrac{6}{6+5}=33\times\dfrac{6}{11}=18$(개)

50 밤 64개를 가족 수에 따라 수현이와 경호에게 나누어 주려고 합니다. 수현이네 가족은 5명, 경호네 가족은 3명이라면 두 사람에게 밤을 각각 몇 개 주어야 하는지 구해 보세요.

수현 ( )
경호 ( )

51 넓이가 900 m^2인 과수원에 사과나무를 17그루, 감나무를 13그루 심으려고 합니다. 과수원을 과일나무 수에 따라 나누어 나무를 심으려면 사과나무는 몇 m^2의 땅에 심어야 하는지 구해 보세요.

( )

52 서연이와 주한이는 방울토마토를 땄습니다. 방울토마토 42 kg을 일한 시간에 따라 두 사람이 나누어 가지려고 합니다. 일을 서연이는 3시간, 주한이는 4시간 했다면 누가 방울토마토를 몇 kg 더 많이 가지게 되는지 구해 보세요.

( ), ( )

대표 응용 곱셈식을 보고 간단한 자연수의 비로 나타내기

1 곱셈식을 보고 ★ : ♥를 간단한 자연수의 비로 나타내어 보세요.

$$★ \times 3 = ♥ \times 5$$

문제 스케치

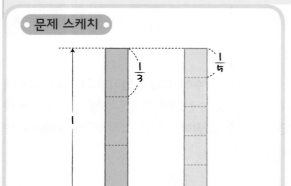

해결하기

★ × 3 = ♥ × 5이므로 ★을 $\frac{1}{3}$이라 하면 ♥는 ☐입니다.

★ : ♥를 비로 나타내면 $\frac{1}{3}$: ☐ 이므로 간단한 자연수의 비로

나타내면 ☐ : ☐ 입니다.

1-1 곱셈식을 보고 ● : ▲를 간단한 자연수의 비로 나타내어 보세요.

$$● \times 7 = ▲ \times 2$$

(   )

1-2 ㉠의 6배와 ㉡의 8배가 같습니다. ㉠ : ㉡을 간단한 자연수의 비로 나타내어 보세요.

(   )

대표 응용 비례식에서 내항의 곱 또는 외항의 곱이 주어질 때 모르는 값 구하기

2 비례식에서 내항의 곱이 336일 때 ●＋★을 구해 보세요.

$$24 : 42 = ● : ★$$

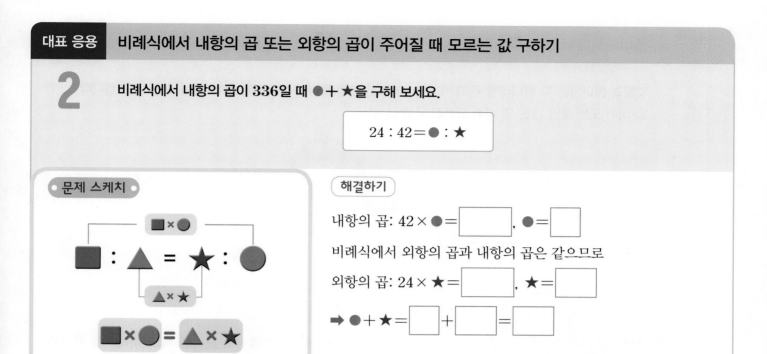

문제 스케치

해결하기

내항의 곱: $42 \times ● = \boxed{}$, $● = \boxed{}$

비례식에서 외항의 곱과 내항의 곱은 같으므로

외항의 곱: $24 \times ★ = \boxed{}$, $★ = \boxed{}$

➡ $● + ★ = \boxed{} + \boxed{} = \boxed{}$

2-1 비례식에서 내항의 곱이 75일 때 ●＋★을 구해 보세요.

$$3 : 15 = ● : ★$$

(   )

2-2 비례식에서 외항의 곱이 100보다 크고 150보다 작은 자연수일 때 ●와 ★을 구해 보세요.

$$12 : 15 = ● : ★$$

● (   )

★ (   )

대표 응용 **톱니바퀴에서 비례식의 활용**

3 맞물려 돌아가는 두 톱니바퀴 ㉠와 ㉡가 있습니다. ㉠의 톱니 수는 21개, ㉡의 톱니 수는 39개입니다. ㉡가 28바퀴 도는 동안 ㉠는 몇 바퀴 도는지 구해 보세요.

문제 스케치

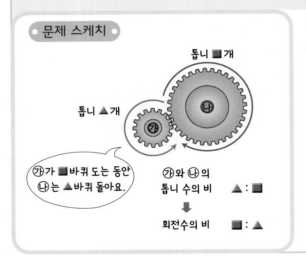

톱니 ■개

톱니 ▲개

㉠가 ■바퀴 도는 동안 ㉡는 ▲바퀴 돌아요.

㉠와 ㉡의 톱니 수의 비 ▲ : ■
↓
회전수의 비 ■ : ▲

해결하기

㉠와 ㉡의 톱니 수의 비가 21 : 39 ➡ 7 : 13이므로

㉠와 ㉡의 회전수의 비는 ⬜ : ⬜ 입니다.

㉡가 28바퀴 도는 동안 ㉠가 ■바퀴 돈다고 하고 비례식을 세우면

13 : ⬜ = ■ : 28입니다.

➡ ⬜ × 28 = ⬜ × ■, ⬜ × ■ = ⬜, ■ = ⬜

따라서 ㉠는 ⬜ 바퀴 돕니다.

3-1 맞물려 돌아가는 두 톱니바퀴 ㉠와 ㉡가 있습니다. ㉠의 톱니 수는 15개, ㉡의 톱니 수는 27개입니다. ㉠가 36바퀴 도는 동안 ㉡는 몇 바퀴 도는지 구해 보세요.

(   )

3-2 맞물려 돌아가는 두 톱니바퀴 ㉠와 ㉡가 있습니다. ㉠의 톱니 수는 156개이고, ㉡의 톱니 수는 ㉠의 톱니 수보다 65개 더 적습니다. ㉠가 28바퀴 도는 동안 ㉡는 몇 바퀴 도는지 구해 보세요.

(   )

대표 응용 비례배분하기 전의 전체의 양 구하기

4

어떤 수를 3 : 7로 비례배분하면 더 작은 수는 24입니다. 어떤 수를 구해 보세요.

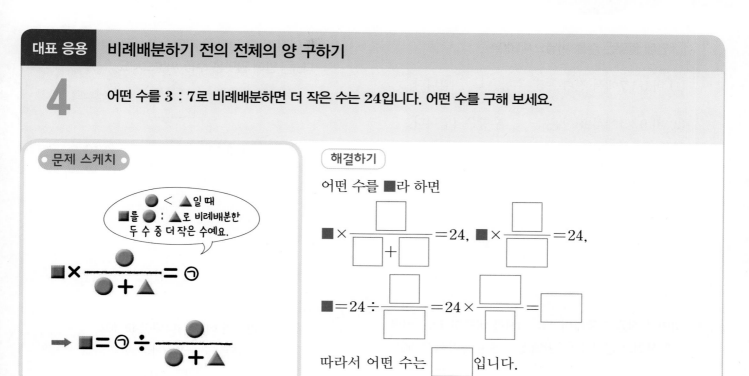

문제 스케치

● < ▲ 일 때
■를 ● : ▲ 로 비례배분한
두 수 중 더 작은 수예요.

$$■ \times \dfrac{●}{●+▲} = ㉠$$

$$→ ■ = ㉠ \div \dfrac{●}{●+▲}$$

해결하기

어떤 수를 ■라 하면

$$■ \times \dfrac{\Box}{\Box+\Box} = 24, \quad ■ \times \dfrac{\Box}{\Box} = 24,$$

$$■ = 24 \div \dfrac{\Box}{\Box} = 24 \times \dfrac{\Box}{\Box} = \Box$$

따라서 어떤 수는 $\Box$ 입니다.

4-1 어떤 수를 6 : 5로 비례배분하면 더 큰 수는 150입니다. 어떤 수를 구해 보세요.

(   )

4-2 ㉮는 200만 원, ㉯는 120만 원을 어느 회사에 투자하였습니다. 회사에서 얻은 이익금을 투자한 금액의 비로 나누어 가졌더니 ㉯가 60만 원을 받았습니다. 나누기 전 회사에서 얻은 전체 이익금은 얼마인지 구해 보세요.

(   )

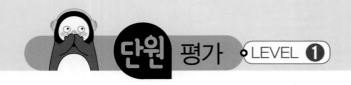
01 □ 안에 알맞은 수를 써넣으세요.

(1) 비 5 : 7에서 전항은 5, 후항은 □ 입니다.

(2) 비 9 : 4에서 전항은 □ , 후항은 4입니다.

02 비의 성질을 이용하여 16 : 18과 비율이 같은 비를 3개 쓰려고 합니다. □ 안에 알맞은 수를 써넣으세요.

8 : □   □ : 36   48 : □

03 밑변의 길이와 높이의 비가 2 : 1과 비율이 같은 삼각형을 모두 고르세요. (   )

① 6 cm / 9 cm

② 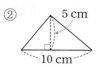 5 cm / 10 cm

③ 5 cm / 8 cm

④ 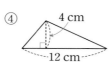 4 cm / 12 cm

⑤ 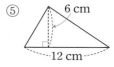 6 cm / 12 cm

04 주어진 비를 간단한 자연수의 비로 나타내려고 합니다. □ 안에 알맞은 수를 써넣으세요.

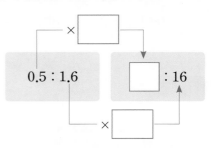

05 간단한 자연수의 비로 나타내어 보세요.

$$3\frac{3}{5} : 0.8$$

(   )

06 수박의 무게는 2.1 kg이고, 멜론의 무게는 1.65 kg 입니다. 수박과 멜론의 무게의 비를 간단한 자연수의 비로 나타내어 보세요.

(   )

07 비례식을 보고 외항과 내항을 써 보세요.

5 : 20 = 25 : 100

외항 (,   )

내항 (,   )

08 비율이 같은 두 비를 찾아 비례식을 세워 보세요.

| $15 : 6$ | $240 : 180$ | $12 : 9$ | $5 : 3$ |

( )

09 옳은 비례식을 모두 찾아 기호를 써 보세요.

㉠ $6 : 8 = 3 : 4$
㉡ $16 : 7 = 0.7 : 1.6$
㉢ $\dfrac{1}{2} : \dfrac{1}{3} = 2 : 3$
㉣ $\dfrac{2}{5} : 2 = 3 : 15$

( )

10 비례식의 성질을 이용하여 ☐ 안에 알맞은 수를 써 넣으세요.
중요

(1) $27 : 12 = \boxed{} : 4$

(2) $2 : 15 = 10 : \boxed{}$

11 ㉠과 ㉡의 곱이 20인 비례식입니다. ★에 알맞은 수를 구해 보세요.

$㉠ : 4 = ★ : ㉡$

( )

12 5장의 수 카드 중에서 2장을 골라 한 번씩만 사용하여 비례식을 완성해 보세요.

| **10** | **12** | **14** | **21** | **42** |

$7 : 2 = \boxed{} : \boxed{}$

13 자전거를 타고 일정한 빠르기로 8분 동안 5 km를 갈 수 있다면 같은 빠르기로 10 km를 가는 데 몇 분이 걸리는지 구해 보세요.

( )

14 바닷물 3 L를 증발시켜 75 g의 소금을 얻었습니다. 바닷물 14 L를 증발시킬 때 얻을 수 있는 소금은 몇 g인지 구해 보세요.

( )

4
단원

15 떡 16개를 3 : 5로 나누어 ◯를 이용하여 그림으로 나타내어 보세요.

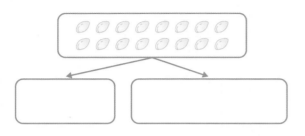

16 900을 8 : 7로 나누어 보세요.

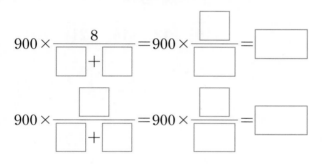

$$900 \times \frac{8}{\boxed{} + \boxed{}} = 900 \times \frac{\boxed{}}{\boxed{}} = \boxed{}$$

$$900 \times \frac{\boxed{}}{\boxed{} + \boxed{}} = 900 \times \frac{\boxed{}}{\boxed{}} = \boxed{}$$

17 육수 3 L를 14 : 6으로 나누어 김치찌개와 부대찌개에 넣으려고 합니다. 김치찌개와 부대찌개에 들어간 육수는 각각 몇 mL인지 구해 보세요.

김치찌개 (   )
부대찌개 (   )

18 어떤 수를 2 : 5로 비례배분하였더니 더 작은 수가 14였습니다. 어떤 수는 얼마인지 구해 보세요.

어려운
문제

(   )

서술형 문제

19 직사각형 모양 액자의 가로와 세로의 비가 5 : 3입니다. 액자의 가로가 90 cm라면 액자의 넓이는 몇 cm²인지 풀이 과정을 쓰고 답을 구해 보세요.

풀이

답 _____

20 하은이네 학교 6학년 전체 학생 수는 270명입니다. 남학생 수와 여학생 수의 비가 5 : 4라고 할 때 남학생은 여학생보다 몇 명 더 많은지 풀이 과정을 쓰고 답을 구해 보세요.

풀이

답 _____

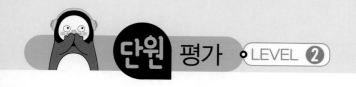
01 후항이 8인 비를 모두 찾아 ○표 하세요.

4 : 8	8 : 3
( )	( )

9 : 8	8 : 11
( )	( )

02 비에 대해 잘못 설명한 것을 찾아 기호를 써 보세요.

㉠ 9 : 6에서 9를 전항, 6을 후항이라고 합니다.
㉡ 48 : 36과 24 : 18은 비율이 같습니다.
㉢ 5 : 4와 15 : 16은 비율이 같습니다.

( )

03 3 : 7과 비율이 같은 비를 구하려고 합니다. 비의 전항과 후항에 곱할 수 <u>없는</u> 수를 찾아 써 보세요.

| 0   2   5   10 |

( )

04 후항이 20이고 비율이 $\frac{2}{5}$인 비가 있습니다. 이 비의 전항은 얼마인지 구해 보세요.
중요

( )

05 간단한 자연수의 비로 나타내어 보세요.

(1) $5\frac{1}{3} : 1\frac{3}{4}$ ➡ ( )

(2) 1.5 : 2.7 ➡ ( )

06 고구마를 수정이는 $2\frac{1}{3}$ kg, 민수는 3.5 kg 캤습니다. 수정이와 민수가 캔 고구마의 무게의 비를 간단한 자연수의 비로 나타내어 보세요.

( )

07 내항이 4와 6인 비례식을 찾아 기호를 써 보세요.

㉠ 4 : 12 = 2 : 6   ㉡ 4 : 6 = 12 : 18
㉢ 8 : 4 = 6 : 3   ㉣ 2 : 4 = 3 : 6

( )

08 비례식을 이용하여 비의 성질을 나타내려고 합니다. □ 안에 알맞은 수를 써넣으세요.

(1)
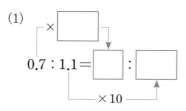

(2)
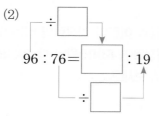

09 비율이 같은 두 비를 찾아 비례식을 세워 보세요.

$$5:4 \qquad 12:7 \qquad \frac{1}{4}:\frac{1}{5} \qquad 70:120$$

(   )

10 ㉠과 ㉡의 차는 얼마인지 구해 보세요.

- $\dfrac{3}{14}:3=\dfrac{6}{7}:㉠$
- $5.2:10=㉡:25$

(   )

11 비례식에서 외항의 곱이 **140**일 때 □ 안에 알맞은 수를 써넣으세요.

$$35:\boxed{}=7:\boxed{}$$

12 어느 박물관의 어른과 어린이 입장료의 비는 **8 : 5**입니다. 어린이의 입장료가 **6000원**일 때 어른의 입장료는 얼마인지 구해 보세요.

(   )

13 어떤 마름모의 한 대각선과 다른 대각선의 길이의 비는 **2 : 9**입니다. 마름모의 대각선 중 길이가 더 짧은 대각선이 **6 cm**일 때 마름모의 넓이는 몇 **cm²**인지 구해 보세요.

(   )

14 한 시간에 **3분**씩 느려지는 시계가 있습니다. 오늘 오전 **10시**에 시계를 정확히 맞추었다면 오늘 오후 **5시**에 이 시계가 가리키는 시각은 오후 몇 시 몇 분인지 구해 보세요.

어려운
문제

(   )

15 구슬 **14개**를 **5 : 2**로 나누려고 합니다. ○를 이용하여 그림으로 나타내고 □ 안에 알맞은 수를 써넣으세요.

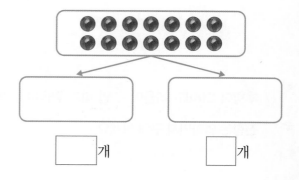

개   개

16 60을 주어진 비로 나누어 보세요.

중요

(1)  5 : 7 ➡ (,   )

(2) 11 : 9 ➡ (,   )

17 세로가 같은 두 직사각형 가와 나의 넓이의 합은 360 cm²입니다. 직사각형 가의 넓이는 몇 cm²인지 구해 보세요.

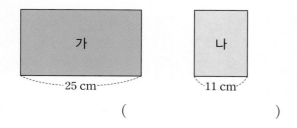

(   )

18 지현이네 가족 5명과 영민이네 가족 2명이 함께 여행을 다녀왔습니다. 가족 수에 따라 여행 경비를 부담하기로 하였습니다. 지현이네 가족이 여행 경비로 85000원을 냈다면 전체 여행 경비는 얼마인지 구해 보세요.

(   )

서술형 문제

19 맞물려 돌아가는 두 톱니바퀴 ㉮, ㉯가 있습니다. 톱니바퀴 ㉮가 9바퀴 도는 동안에 톱니바퀴 ㉯는 4바퀴 돕니다. 톱니바퀴 ㉯가 24바퀴 도는 동안에 톱니바퀴 ㉮는 몇 바퀴 도는지 풀이 과정을 쓰고 답을 구해 보세요.

풀이

답 _____

20 가로와 세로의 비가 11 : 7인 직사각형이 있습니다. 직사각형의 둘레가 180 cm일 때 가로와 세로는 각각 몇 cm인지 서로 다른 방법으로 구하려고 합니다. 풀이 과정을 쓰고 답을 구해 보세요.

방법 1 비례배분으로 가로 구하기

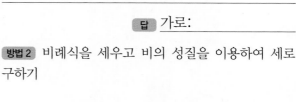

답 가로:

방법 2 비례식을 세우고 비의 성질을 이용하여 세로 구하기

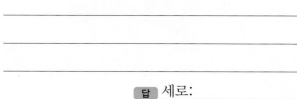

답 세로:

　지운이와 선주는 지름이 10 m인 원 모양의 텃밭에 울타리를 치기로 했어요. 텃밭의 둘레를 따라 울타리를 치려면 끈이 얼마나 필요할까요? 그리고 텃밭의 넓이는 얼마나 될까요?

　이번 5단원에서는 원주와 지름의 관계를 알아보고, 원주율을 알아볼 거예요. 또 원주와 원의 넓이를 구하는 방법을 배울 거예요.

5 원의 넓이

이 단원을 진도 체크에 맞춰 8일 동안 학습해 보세요.
해당 부분을 공부하고 나서 ✓표를 하세요.

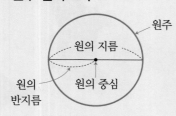 **1** 원주와 지름의 관계를 알아볼까요

(1) 원주 알아보기

원주
원의 지름
원의 중심
원의 반지름

원의 지름이 길어지면 원주도 길어집니다.

원의 둘레를 원주라고 합니다.

▶ 원주와 같은 길이
원주는 원을 한 바퀴 굴렸을 때 굴러간 거리와 같습니다.

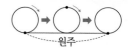
원주

(2) **정육각형, 정사각형의 둘레와 원의 지름, 원주 비교하기**

① 정육각형의 둘레와 원의 지름 비교

• 정육각형의 둘레는 원의 반지름의 6배입니다.
• 정육각형의 둘레는 원의 지름의 3배입니다.
• (원주)＞(정육각형의 둘레)

② 정사각형의 둘레와 원의 지름 비교

• 정사각형의 둘레는 원의 지름의 4배입니다.
• (원주)＜(정사각형의 둘레)

➡ 원주는 원의 지름의 3배보다 길고, 원의 지름의 4배보다 짧습니다.

▶ 원주의 범위

(정육각형의 둘레)＜(원주)
(원주)＜(정사각형의 둘레)

(원의 지름의 3배)＜(원주)
(원주)＜(원의 지름의 4배)

---

01 □ 안에 알맞은 말을 보기 에서 찾아 써넣으세요.

보기

원의 중심   원의 지름   원주

02 그림을 보고 알맞은 수에 ○표 하세요.

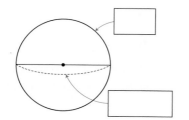

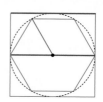

원주는 원의 지름의 (3 , 4)배보다 길고, 원의 지름의 (3 , 4)배보다 짧습니다.

개념 2 원주율을 알아볼까요

(1) 원주율 알아보기

원주(cm)	지름(cm)	(원주)÷(지름)
9.42	3	3.14
15.7	5	3.14

- 원의 크기에 상관없이 (원주)÷(지름)의 값은 변하지 않습니다.
- 원의 지름에 대한 원주의 비율을 원주율이라고 합니다.

$$(원주율) = (원주) ÷ (지름)$$

(2) 원주율의 크기

- 원주율을 소수로 나타내면 3.1415926535897932…와 같이 끝없이 계속됩니다. 따라서 필요에 따라 **3**, **3.1**, **3.14** 등으로 어림하여 사용하기도 합니다.

원의 크기에 상관없이 원주율은 일정합니다.

▶ 원주와 지름 사이의 관계
① (원주)÷(지름)의 값은 항상 일정합니다.
② (원주)÷(지름)의 값은 끝없이 계속됩니다.
➡ 어림하여 사용합니다.

▶ 원주율 어림하기
- 반올림하여 일의 자리까지 나타내기 ➡ 3.1… → 3
- 반올림하여 소수 첫째 자리까지 나타내기 ➡ 3.14… → 3.1
- 반올림하여 소수 둘째 자리까지 나타내기 ➡ 3.141… → 3.14

---

03 □ 안에 알맞은 말을 써넣으세요.

원의 지름에 대한 원주의 비율을 [ ](이)라고 합니다.

04 지름과 원주를 보고 원주율을 구해 보세요.

원주: 6.28 cm

(원주율) = (원주) ÷ (지름)

= [ ] ÷ [ ] = [ ]

05 원주율을 보고 물음에 답하세요.

3.1415926535897932…

(1) 원주율을 반올림하여 일의 자리까지 나타내면 얼마인가요?
( )

(2) 원주율을 반올림하여 소수 첫째 자리까지 나타내면 얼마인가요?
( )

(3) 원주율을 반올림하여 소수 둘째 자리까지 나타내면 얼마인가요?
( )

개념 **3** 원주와 지름을 구해 볼까요

(1) **지름을 알 때 원주율을 이용하여 원주 구하기**

• 지름과 원주율을 이용하여 원주를 구합니다.

$$(원주율)=(원주) \div (지름) \Rightarrow (원주)=(지름) \times (원주율)$$

예) 지름이 4 cm인 원의 원주 구하기 (원주율: 3.14)

$$(원주)=(지름) \times (원주율)$$
$$=4 \times 3.14 = 12.56 \ (cm)$$

(2) **원주를 알 때 원주율을 이용하여 지름 구하기**

• 원주와 원주율을 이용하여 지름을 구합니다.

$$(원주율)=(원주) \div (지름) \Rightarrow (지름)=(원주) \div (원주율)$$

예) 원주가 18.6 cm인 원의 지름 구하기 (원주율: 3.1)

$$(지름)=(원주) \div (원주율)$$
$$=18.6 \div 3.1 = 6 \ (cm)$$

▶ **반지름을 알 때 원주 구하기**
(지름)=(반지름)×2
(원주)=(지름)×(원주율)
    =(반지름)×2×(원주율)

▶ **원주를 알 때 반지름 구하기**
(지름)=(원주)÷(원주율)
(반지름)=(원주)÷(원주율)÷2

▶ **지름과 원주의 관계**
• 원의 지름이 2배, 3배, 4배, ...가 될 때, 원주도 2배, 3배, 4배, ...가 됩니다.
• 원주율은 일정하므로 지름이 길어지면 원주도 길어집니다.
• 큰 원일수록 원주가 길어지므로 지름도 길어집니다.

[06~07] 그림을 보고 □ 안에 알맞은 말이나 수를 써넣으세요. (원주율: **3.1**)

06

$$(원주)=(\boxed{}) \times (원주율)$$
$$=\boxed{} \times 3.1$$
$$=\boxed{} \ (cm)$$

07

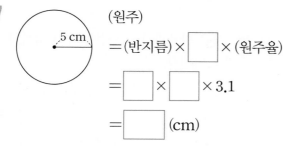

$$(원주)$$
$$=(반지름) \times \boxed{} \times (원주율)$$
$$=\boxed{} \times \boxed{} \times 3.1$$
$$=\boxed{} \ (cm)$$

08 원주가 다음과 같을 때 원의 지름을 구하려고 합니다. □ 안에 알맞은 수를 써넣으세요. (원주율: 3)

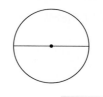

원주: 33 cm

$$(지름)=\boxed{} \div \boxed{} = \boxed{} \ (cm)$$

09 □ 안에 알맞은 수를 써넣으세요.

원의 지름이 2배, 3배, 4배, ...가 될 때,
원주도 $\boxed{}$배, $\boxed{}$배, $\boxed{}$배, ...가 됩니다.

01 원의 둘레를 무엇이라고 하는지 써 보세요.

( )

02 원에 지름과 원주를 표시해 보세요.

03 원 모양의 과녁을 보고, 설명이 맞으면 ○표, 틀리면 ×표 하세요.

(1) 과녁의 중심을 지나는 선분 ㄱㄴ은 과녁의 지름입니다.

( )

(2) 원의 지름이 짧아지면 원주는 길어집니다.

( )

(3) 원주와 지름은 길이가 같습니다.

( )

04 한 변의 길이가 2 cm인 정육각형, 지름이 4 cm인 원, 한 변의 길이가 4 cm인 정사각형을 보고 □ 안에 알맞은 수를 써넣으세요.

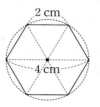 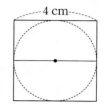

(정육각형의 둘레)=(원의 지름)×□이고

(정육각형의 둘레)<(원주)입니다.

(정사각형의 둘레)=(원의 지름)×□이고

(원주)<(정사각형의 둘레)입니다.

(원의 지름)×□<(원주)

(원주)<(원의 지름)×□

05 오른쪽 그림을 보고 지름이 2 cm인 원의 원주와 가장 비슷한 길이를 찾아 ○표 하세요.

( )

( )

( )

06 원주와 지름의 관계를 나타낸 표입니다. 빈칸에 알맞은 수를 써넣으세요.

원주(cm)	지름(cm)	(원주)÷(지름)
25.12	8	
47.1	15	

07 친구들의 대화를 보고 **잘못** 말한 사람을 찾아 이름을 써 보세요.

 동수
> 지름은 원 위의 두 점을 이은 선분 중 가장 긴 선분이야.

> 원주율은 끝없이 계속되기 때문에 3, 3.1 등으로 어림해서 사용해.

태리

 준영
> (원주율)＝(지름)÷(원주)야.

> 원주는 지름의 약 3배야.

민선

( )

08 반지름이 2 cm인 원을 만들고 자 위에서 한 바퀴 굴렸습니다. 원주가 얼마쯤 될지 자에 ↓로 표시해 보세요.

09 지름이 24 cm인 원 모양 시계의 둘레를 재어 보니 75.4 cm였습니다. (원주)÷(지름)을 반올림하여 주어진 자리까지 나타내어 보세요.

반올림하여 소수 첫째 자리까지	반올림하여 소수 둘째 자리까지

10 원주율이 3.14라고 할 때 원주는 원의 반지름의 몇 배인지 구해 보세요.

( )

11 원주를 구해 보세요. (원주율: 3.14)
중요

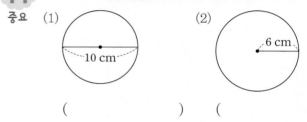

(1) 10 cm   (2) 6 cm

( )   ( )

12 원주가 더 긴 원의 기호를 써 보세요. (원주율: 3)

> ㉠ 반지름이 3 cm인 원
> ㉡ 지름이 5 cm인 원

( )

13 원주가 12.56 cm인 원의 지름을 구해 보세요. (원주율: 3.14)

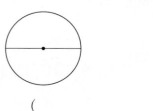

( )

14 학생들이 서로 손을 잡고 원 모양으로 둘러 서 있습니다. 원 모양의 중심을 지나도록 원을 연결한 선분의 길이가 5 m일 때, 학생들이 만든 원 모양의 둘레는 몇 m인지 구해 보세요. (원주율: 3.1)

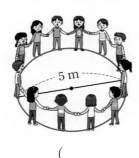

5 m

( )

15 컴퍼스를 7 cm만큼 벌려서 원을 그렸습니다. 이 원의 원주를 구해 보세요. (원주율: 3.14)

( )

16 큰 원의 원주를 구해 보세요. (원주율: 3)

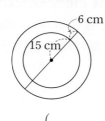

6 cm
15 cm

( )

17 원 모양의 ㉠과 ㉡ 두 접시가 있습니다. 더 큰 접시의 기호를 써 보세요. (원주율: 3.1)

㉠ 지름이 28 cm인 접시
㉡ 원주가 80.6 cm인 접시

( )

18 _{중요} 길이가 155 cm인 종이띠를 겹치지 않게 붙여서 원을 만들었습니다. 만들어진 원의 반지름은 몇 cm인지 구해 보세요. (원주율: 3.1)

( )

19 원 모양의 고리를 그림과 같이 한 바퀴 굴렸습니다. 이 고리의 지름은 몇 cm인지 구해 보세요.

(원주율: 3)

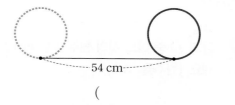

54 cm

( )

20 _{어려운 문제} 큰 원의 반지름이 작은 원의 반지름의 2배일 때, 두 원의 원주의 차는 몇 cm인지 구해 보세요.

(원주율: 3.14)

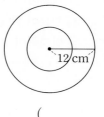

12 cm

( )

원주의 차 구하기

> ㉠ 반지름이 4 cm인 원과 지름이 4 cm인 원의 원주의 차는 몇 cm인지 구해 보세요. (원주율: 3)

(반지름이 4 cm인 원의 원주)=4×2×3=24 (cm)

(지름이 4 cm인 원의 원주)=4×3=12 (cm)

➡ (원주의 차)=24－12=12 (cm)

21 두 원의 원주의 차는 몇 cm인지 구해 보세요.

(원주율: 3.1)

> • 반지름이 5 cm인 원
> • 지름이 7 cm인 원

( )

22 ㉠과 ㉡ 중 어느 것의 원주가 몇 cm 더 긴지 구해 보세요. (원주율: 3.1)

> ㉠ 반지름이 6 cm인 원
> ㉡ 지름이 13 cm인 원

( ), ( )

23 가장 큰 원과 가장 작은 원의 원주의 차는 몇 cm인지 구해 보세요. (원주율: 3.14)

> ㉠ 반지름이 9 cm인 원
> ㉡ 지름이 16 cm인 원
> ㉢ 반지름이 11 cm인 원

( )

굴러간 거리 구하기

> ㉠ 지름이 50 cm인 굴렁쇠를 2바퀴 굴렸습니다. 굴렁쇠가 굴러간 거리는 몇 cm인지 구해 보세요. (원주율: 3)

(굴렁쇠가 굴러간 거리)

=(한 바퀴 굴러간 거리)×(굴러간 횟수)

=(지름)×(원주율)×(굴러간 횟수)

=50×3×2=300 (cm)

24 찬규는 지름이 70 cm인 훌라후프를 6바퀴 굴렸습니다. 훌라후프가 굴러간 거리는 몇 cm인지 구해 보세요. (원주율: 3.1)

( )

25 반지름이 21 cm인 원 모양의 타이어를 같은 방향으로 5바퀴 굴렸습니다. 타이어가 굴러간 거리는 몇 cm인지 구해 보세요. (원주율: 3)

( )

26 지름이 100 cm인 굴렁쇠를 몇 바퀴 굴렸더니 앞으로 942 cm만큼 나아갔습니다. 굴렁쇠가 굴러간 횟수는 몇 바퀴인지 구해 보세요. (원주율: 3.14)

( )

개념 4 원의 넓이를 어림해 볼까요

(1) 정사각형의 넓이를 이용하여 원의 넓이 어림하기

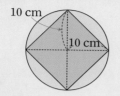 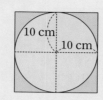

두 대각선이 각각 20 cm인 마름모

(원 안에 있는 정사각형의 넓이)$=20 \times 20 \div 2 = 200$ (cm^2)

(원 밖에 있는 정사각형의 넓이)$=20 \times 20 = 400$ (cm^2)

200 cm$^2 <$ (반지름이 10 cm인 원의 넓이)

(반지름이 10 cm인 원의 넓이) < 400 cm^2

(2) 모눈종이를 이용하여 원의 넓이 어림하기

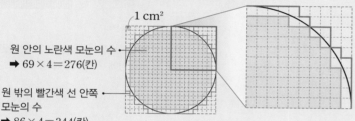

원 안의 노란색 모눈의 수
➡ $69 \times 4 = 276$(칸)

원 밖의 빨간색 선 안쪽 모눈의 수
➡ $86 \times 4 = 344$(칸)

276 cm$^2 <$ (반지름이 10 cm인 원의 넓이)

(반지름이 10 cm인 원의 넓이) < 344 cm^2

▶ 원의 넓이와 정사각형의 넓이 비교하기
(원 안의 정사각형의 넓이)
  $<$ (원의 넓이)
(원의 넓이)
  $<$ (원 밖의 정사각형의 넓이)

▶ 원의 넓이와 모눈의 수 비교하기
(원 안의 노란색 모눈의 넓이)
  $<$ (원의 넓이)
(원의 넓이)
  $<$ (원 밖의 빨간색 선 안쪽 모눈의 넓이)

▶ 정사각형의 넓이를 이용하여 원의 넓이를 어림한 값보다 모눈종이를 이용하여 원의 넓이를 어림한 값이 원의 넓이에 더 가깝습니다.

01 오른쪽 그림을 보고 정사각형의 넓이를 구하고 반지름이 **5 cm**인 원의 넓이를 어림해 보세요.

(1) (원 안의 정사각형의 넓이)

$=\boxed{} \times \boxed{} \div 2 = \boxed{}$ (cm^2)

(2) (원 밖의 정사각형의 넓이)

$=\boxed{} \times \boxed{} = \boxed{}$ (cm^2)

(3) 원의 넓이를 어림해 보세요.

$\boxed{}$ cm$^2 <$ (원의 넓이)

(원의 넓이) $< \boxed{}$ cm^2

02 모눈을 세어 지름이 **7 cm**인 원의 넓이를 어림하려고 합니다. ☐ 안에 알맞은 수를 써넣으세요.

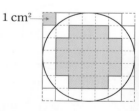

(1) 원 안의 초록색 모눈은 $\boxed{}$ 칸, 원 밖의 빨간색 선 안쪽 모눈은 $\boxed{}$ 칸입니다.

(2) $\boxed{}$ cm$^2 <$ (원의 넓이)

(원의 넓이) $< \boxed{}$ cm^2

개념 5 원의 넓이를 구하는 방법을 알아볼까요

(1) 원의 넓이를 구하는 방법

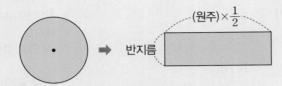

• 원을 한없이 잘라서 이어 붙이면 직사각형에 가까워집니다.

• (직사각형의 가로)=(원주)×$\frac{1}{2}$, (직사각형의 세로)=(원의 반지름)

• (직사각형의 넓이)=(가로)×(세로)=(원주)×$\frac{1}{2}$×(원의 반지름)=(원의 넓이)

(2) 원의 넓이를 구하는 식

$$（원의 넓이）=\underbrace{（원주）×\frac{1}{2}×（반지름）}_{직사각형의 넓이}$$
$$=（원주율）×（지름）×\frac{1}{2}×（반지름）$$
$$=（반지름）×（반지름）×（원주율）$$

▶ 원을 똑같이 잘라서 모양이 다른 도형으로 바꾸기

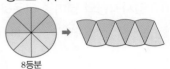
8등분

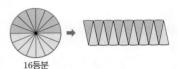
16등분

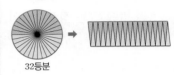
32등분

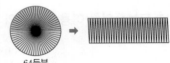
64등분

원을 한없이 잘라서 이어 붙이면 직사각형에 가까워집니다.

---

03 원을 한없이 잘라서 이어 붙여 직사각형을 만들었습니다. □ 안에 알맞게 써넣으세요.

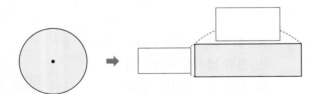

04 보기 에서 □ 안에 알맞은 말을 찾아 써넣으세요.

보기

| 반지름 지름 원주 원주율 |

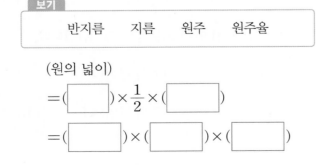

05 원의 넓이를 구하려고 합니다. □ 안에 알맞은 수를 써넣으세요. (원주율: 3.14)

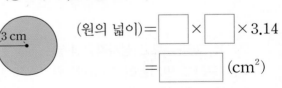

(원의 넓이)=□×□×3.14
=□(cm²)

06 원의 반지름을 이용하여 원의 넓이를 구해 보세요.
(원주율: 3)

반지름 (cm)	원의 넓이를 구하는 식	원의 넓이 (cm²)
1	1×1×3	3
4		
8		

개념 **6** 여러 가지 원의 넓이를 구해 볼까요

(1) 반지름을 이용하여 원의 넓이 구하기 (원주율: 3)

예) 가　　　나　　　다

가: 1 cm　나: 2 cm　다: 3 cm

- (가 원의 넓이)$=1\times1\times3=3\ (\text{cm}^2)$
  (나 원의 넓이)$=2\times2\times3=12\ (\text{cm}^2)$
  (다 원의 넓이)$=3\times3\times3=27\ (\text{cm}^2)$
- 반지름이 길어질수록 원의 넓이도 넓어집니다.
- 반지름이 2배, 3배로 길어지면 원의 넓이는 4배, 9배로 넓어집니다.

(2) 꽃밭의 넓이 구하기 (원주율: 3.1)

예)

2 m
3 m
3 m

(노란색 꽃밭의 넓이)
$=$(반지름이 8 m인 원의 넓이)
$\quad-$(반지름이 6 m인 원의 넓이)
$=8\times8\times3.1-6\times6\times3.1$
$=198.4-111.6$
$=86.8\ (\text{m}^2)$

▶ 색칠한 부분의 넓이 구하기 (1)
　　　　　　　　　　　(원주율: 3)

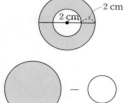

2 cm　2 cm

➡ (색칠한 부분의 넓이)
$=4\times4\times3-2\times2\times3$
$=48-12=36\ (\text{cm}^2)$

▶ 색칠한 부분의 넓이 구하기 (2)
　　　　　　　　　　　(원주율: 3.14)

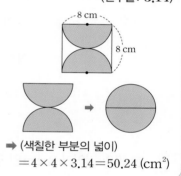

8 cm　8 cm

➡ (색칠한 부분의 넓이)
$=4\times4\times3.14=50.24\ (\text{cm}^2)$

---

07 원 모양으로 색 도화지를 오려서 과녁을 만들었습니다. 반지름의 길이를 비교하여 알맞은 것에 ○표 하세요.

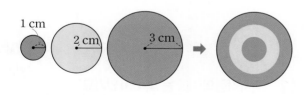

1 cm　2 cm　3 cm

(1) 노란색 원의 넓이는 빨간색 원의 넓이의 (2배 , 4배)입니다.

(2) 파란색 원의 넓이는 빨간색 원의 넓이의 (3배 , 9배)입니다.

08 색칠한 부분의 넓이를 구해 보세요. (원주율: 3)

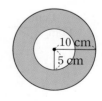

10 cm
5 cm

(색칠한 부분의 넓이)
$=$(큰 원의 넓이)$-$(작은 원의 넓이)

$=\boxed{}\times\boxed{}\times3-\boxed{}\times\boxed{}\times3$

$=\boxed{}-\boxed{}$

$=\boxed{}\ (\text{cm}^2)$

27 반지름이 6 cm인 원의 넓이는 얼마인지 어림해 보려고 합니다. □ 안에 알맞은 수를 써넣으세요.

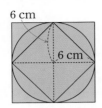 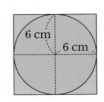

(1) (원 안의 정사각형의 넓이)

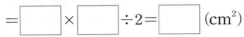

(2) (원 밖의 정사각형의 넓이)

(3) □ cm² < (원의 넓이)

　　(원의 넓이) < □ cm²

28 한 변의 길이가 8 cm인 정사각형에 지름이 8 cm인 원을 그리고, 1 cm 간격으로 모눈을 그렸습니다. 모눈을 세어 원의 넓이를 어림하려고 합니다. 물음에 답하세요.

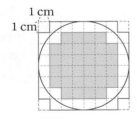

(1) 원 안의 주황색 모눈은 모두 몇 칸인가요?

(　　　　　　)

(2) 원 밖의 초록색 선 안쪽 모눈은 모두 몇 칸인가요?

(　　　　　　)

(3) 원의 넓이는 몇 cm²라고 어림할 수 있나요?

(　　　　　　)

29 정육각형의 넓이를 이용하여 원의 넓이를 어림하려고 합니다. 삼각형 ㅇㅂㄹ의 넓이가 28 cm², 삼각형 ㄱㅇㄷ의 넓이가 21 cm²일 때 원의 넓이를 어림해 보세요.

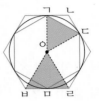

□ cm² < (원의 넓이)

(원의 넓이) < □ cm²

[30~32] 원을 한없이 잘라서 이어 붙여 직사각형을 만들었습니다. 물음에 답하세요. (원주율: 3.1)

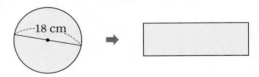

30 직사각형의 가로는 몇 cm인가요?

(　　　　　　)

31 직사각형의 세로는 몇 cm인가요?

(　　　　　　)

32 직사각형의 넓이는 몇 cm²인가요?

(　　　　　　)

[33~34] 원의 넓이를 구해 보세요. (원주율: 3.14)

33

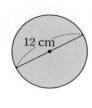

8 cm

( )

34

12 cm

( )

38 직사각형 모양의 종이를 잘라 만들 수 있는 가장 큰 원의 넓이를 구해 보세요. (원주율: 3)

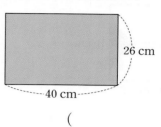

26 cm

40 cm

( )

35 중요 원의 지름과 원주율을 이용하여 원의 넓이를 구해 보세요.

지름 (cm)	반지름 (cm)	원주율	원의 넓이 (cm²)
4		3	
10		3.1	
20		3.14	

39 두 원의 넓이의 합을 구해 보세요. (원주율: 3.1)

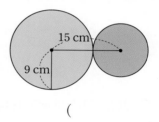

15 cm

9 cm

( )

36 원주가 69.08 cm인 원의 넓이를 구해 보세요. (원주율: 3.14)

( )

37 넓이가 넓은 원부터 차례로 기호를 써 보세요. (원주율: 3.1)

> ㉠ 지름이 30 cm인 원
> ㉡ 원주가 124 cm인 원
> ㉢ 넓이가 607.6 cm²인 원

( )

40 중요 색칠한 부분의 넓이를 구해 보세요. (원주율: 3.14)

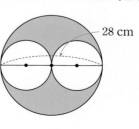

28 cm

( )

[41~42] 색칠한 부분의 넓이를 구해 보세요. (원주율: 3)

41
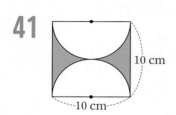

(   )

42
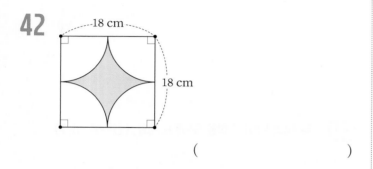

(   )

[43~44] 도형의 넓이를 구해 보세요. (원주율: 3.1)

43
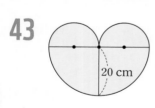

(   )

44
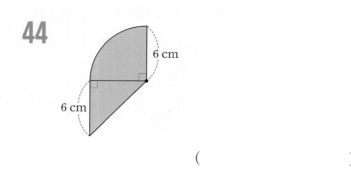

(   )

45 원의 반지름과 넓이의 관계를 알아보려고 합니다. 물음에 답하세요.

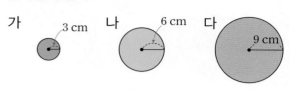

(1) 원의 넓이를 구해 보세요. (원주율: 3)

원	가	나	다
넓이(cm^2)			

(2) 원의 반지름과 (1)에서 구한 넓이를 보고 ☐ 안에 알맞은 수를 써넣으세요.

원의 반지름이 2배, 3배가 되면

원의 넓이는 ☐ 배, ☐ 배가 됩니다.

46 과녁 그림을 보고 6점인 부분의 넓이는 몇 cm^2인지 구해 보세요. (원주율: 3.14)

어려운 문제

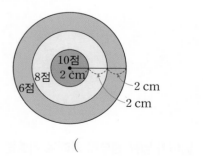

(   )

교과서 속 응용 문제

원의 넓이가 주어질 때 반지름, 지름 구하기

예) 넓이가 75 cm²인 원의 반지름은 몇 cm인지 구해 보세요. (원주율: 3)

(원의 넓이)=(반지름)×(반지름)×(원주율)

➡ 원의 반지름을 □ cm라 하면

□×□×3=75, □×□=25, □=5

47 넓이가 27.9 cm²인 원이 있습니다. 이 원의 지름은 몇 cm인지 구해 보세요. (원주율: 3.1)

(   )

48 컴퍼스를 벌려서 원을 그렸습니다. 그린 원의 넓이가 432 cm²일 때 컴퍼스를 벌린 길이는 몇 cm인지 구해 보세요. (원주율: 3)

(   )

49 원 모양의 색종이가 있습니다. 색종이의 넓이가 254.34 cm²일 때 원의 지름과 원주를 각각 구해 보세요. (원주율: 3.14)

원의 지름 (   )

원주 (   )

원의 넓이의 차 구하기

예) 두 원 가와 나의 넓이의 차를 구해 보세요. (원주율: 3)

가: 지름이 10 cm인 원   나: 원주가 60 cm인 원

(원 가의 넓이)=5×5×3=75 (cm²)

(원 나의 반지름)=60÷3÷2=10 (cm)

(원 나의 넓이)=10×10×3=300 (cm²)

➡ (두 원의 넓이의 차)=300−75=225 (cm²)

50 두 원 가와 나의 넓이의 차를 구해 보세요. (원주율: 3)

• 가: 반지름이 7 cm인 원
• 나: 원주가 24 cm인 원

(   )

51 두 원 가와 나 중 어느 것의 넓이가 몇 cm² 더 넓은지 구해 보세요. (원주율: 3.14)

• 가: 넓이가 706.5 cm²인 원
• 나: 원주가 100.48 cm인 원

(   ), (   )

52 가장 넓은 원과 가장 좁은 원의 넓이의 차는 몇 cm²인지 구해 보세요. (원주율: 3.1)

• 가: 반지름이 5 cm인 원
• 나: 원주가 49.6 cm인 원
• 다: 지름이 12 cm인 원

(   )

5 단원

대표 응용   반지름과 원의 넓이의 관계

1   넓이가 48 cm²인 원의 반지름을 2배로 늘였습니다. 늘인 원의 넓이는 몇 cm²인지 구해 보세요.

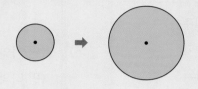

문제 스케치

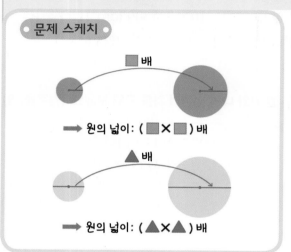

■ 배

➡ 원의 넓이: (■ × ■) 배

▲ 배

➡ 원의 넓이: (▲ × ▲) 배

해결하기

반지름을 2배로 늘이면 원의 넓이는 처음 원의 넓이의

$2 \times \boxed{} = \boxed{}$ (배)가 됩니다.

따라서 늘인 원의 넓이는 $48 \times \boxed{} = \boxed{}$ (cm²)입니다.

1-1   넓이가 706.5 cm²인 원의 반지름을 3배로 늘였습니다. 늘인 원의 넓이는 몇 cm²인지 구해 보세요.

(   )

1-2   넓이가 75 cm²인 원의 반지름을 2배로 늘였습니다. 늘인 원의 넓이와 처음 원의 넓이의 차는 몇 cm²인지 구해 보세요.

(   )

대표 응용 묶은 끈의 길이 구하기

2 원 모양인 윗면의 반지름이 5 cm인 음료수 캔 4개를 오른쪽 그림과 같이 끈으로 한 번 둘러 묶었습니다. 사용한 끈의 길이는 몇 cm인지 구해 보세요. (단, 끈을 묶는 데 사용한 매듭의 길이는 생각하지 않습니다.) (원주율: 3)

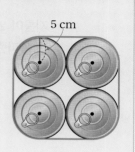

문제 스케치

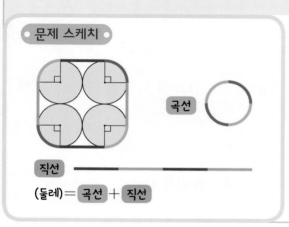

(둘레)＝ 곡선 ＋ 직선

해결하기

(사용한 끈의 길이)

＝(곡선 부분의 길이)＋(직선 부분의 길이)

＝(반지름이 ☐ cm인 원의 원주)＋(지름)×☐

＝ ☐ × ☐ × ☐ ＋ ☐ × ☐

＝ ☐ ＋ ☐ ＝ ☐ (cm)

2-1 원 모양인 윗면의 반지름이 9 cm인 원통 3개를 그림과 같이 끈으로 한 번 둘러 묶었습니다. 사용한 끈의 길이는 몇 cm인지 구해 보세요. (단, 끈을 묶는 데 사용한 매듭의 길이는 생각하지 않습니다.) (원주율: 3)

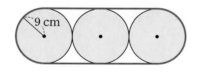

( )

2-2 원 모양인 윗면의 지름이 8 cm인 통조림 캔 3개를 오른쪽 그림과 같이 끈으로 한 번 둘러 묶었습니다. 사용한 끈의 길이는 몇 cm인지 구해 보세요. (단, 끈을 묶는 데 사용한 매듭의 길이는 10 cm입니다.) (원주율: 3.14)

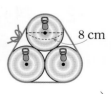

( )

대표 응용 지름의 합이 같은 원의 원주 비교하기

3

지름이 **20 cm**인 빨간색 원 안에 파란색 원 **2**개를 그린 것입니다. 빨간색 선의 길이와 파란색 선의 길이를 비교해 보세요. (원주율: **3**)

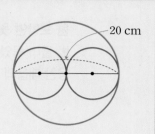

문제 스케치

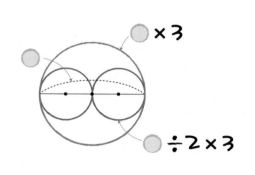

해결하기

(빨간색 선의 길이)= ⬜ × 3 = ⬜ (cm)

파란색 선의 길이는 지름이 ⬜ cm인 원의 원주의 ⬜ 배입니다.

(파란색 선의 길이)= ⬜ × 3 × 2 = ⬜ (cm)

➡ (빨간색 선의 길이) ◯ (파란색 선의 길이)

3-1 지름이 **12 cm**인 빨간색 원 안에 파란색 원 **4**개를 그린 것입니다. 빨간색 선의 길이와 파란색 선의 길이를 비교하여 ◯ 안에 **>**, **=**, **<**를 알맞게 써넣으세요. (원주율: **3.1**)

(빨간색 선의 길이) ◯ (파란색 선의 길이)

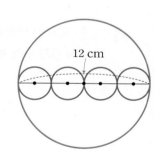

3-2 ㉠과 ㉡의 길이는 같습니다. ⬜ 안에 알맞은 수를 구해 보세요.

㉠ 지름이 15 cm인 원의 원주

㉡ 지름이 ⬜ cm인 원 3개의 원주의 합

(   )

대표 응용 원주가 주어진 원의 넓이 구하기

4 길이가 49.6 cm인 철사를 남김없이 사용하여 만들 수 있는 가장 큰 원의 넓이는 몇 cm²인지 구해 보세요.

(원주율: 3.1)

문제 스케치

원주 = 반지름 ×2× 원주율
      ⎵⎵⎵⎵⎵
      지름

원의 넓이
= 반지름 × 반지름 × 원주율

해결하기

만들 수 있는 가장 큰 원의 원주는 ☐ cm입니다.

(지름)=49.6÷☐=☐ (cm)

(반지름)=☐÷2=☐ (cm)

(원의 넓이)=☐×☐×3.1=☐ (cm²)

4-1 가로가 17 cm, 세로가 14 cm인 직사각형 모양의 철사를 펴서 남김없이 사용하여 만들 수 있는 가장 큰 원의 넓이는 몇 cm²인지 구해 보세요. (원주율: 3.1)

( )

4-2 길이가 188.4 cm인 끈을 남김없이 사용하여 똑같은 원을 2개 만들려고 합니다. 원 한 개의 넓이는 몇 cm²인지 구해 보세요. (원주율: 3.14)

( )

01 정사각형의 둘레와 원의 지름, 원주를 비교하여 ○ 안에 >, =, <를 알맞게 써넣으세요.

- (원의 지름) × 4 ◯ (정사각형의 둘레)

- (원주) ◯ (정사각형의 둘레)

➡ (원주) ◯ (원의 지름) × 4

02 지름이 3 cm인 원의 원주와 가장 비슷한 길이를 나타낸 것에 ○표 하세요.

1 cm

| | | | | | | | | | ( )

| | | | | | | | | | | | | ( )

| | | | | | | | | | | | | | | ( )

03 원의 지름에 대한 원주의 비율을 무엇이라고 하는지 찾아 써 보세요.

| 반지름 | 원주율 | 원의 중심 |

( )

04 원 모양 물건의 원주와 지름을 재어 나타낸 표입니다. 원주율을 구해 보세요.

물건	원주 (cm)	지름 (cm)	원주율 반올림하여 소수 첫째 자리까지
단추	9.4	3	
냄비 뚜껑	88	28	
접시	37.7	12	

05 원주와 원주율에 대한 설명입니다. 알맞은 말에 ○표 하세요.

(1) 원의 둘레를 (원주 , 원주율)(이)라고 합니다.
(2) 원의 지름이 길어지면 원주는
(길어집니다 , 짧아집니다).
(3) 원의 크기가 커지면 원주율은
(커집니다 , 작아집니다 , 항상 일정합니다).

06 지름이 9 cm인 원 모양의 컵받침이 있습니다. 이 컵받침의 원주는 몇 cm인지 구해 보세요. (원주율: 3.1)

( )

07 원주를 구해 보세요. (원주율: 3.14)

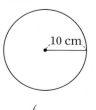

10 cm

( )

08 원주가 12.56 cm인 원이 있습니다. 이 원의 지름은 몇 cm인지 구해 보세요. (원주율: 3.14)

( )

09 지름이 50 cm인 원 모양의 바퀴 자를 사용하여 집에서 도서관까지의 거리를 알아보려고 합니다. 바퀴가 100바퀴 돌았다면 집에서 도서관까지의 거리는 몇 cm인지 구해 보세요. (원주율: 3.14)

중요

( )

10 다음과 같은 모양의 땅의 둘레를 구해 보세요.

(원주율: 3.1)

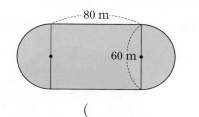

( )

11 정육각형의 넓이를 이용하여 원의 넓이를 어림하려고 합니다. 삼각형 ㄱㅇㄷ의 넓이가 12 cm², 삼각형 ㄹㅇㅂ의 넓이가 9 cm²일 때 원의 넓이를 어림해 보세요.

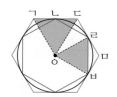

$\square$ cm² < (원의 넓이)

(원의 넓이) < $\square$ cm²

12 반지름이 2 cm인 원을 한없이 잘라서 이어 붙여 직사각형을 만들었습니다. □ 안에 알맞은 수를 써넣으세요. (원주율: 3.1)

(원의 넓이) = (직사각형의 넓이)

= (가로) × (세로)

= $\square$ × $\square$ = $\square$ (cm²)

13 원의 넓이를 구해 보세요. (원주율: 3)

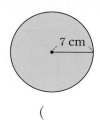

7 cm

( )

14 컴퍼스를 그림과 같이 벌려서 원을 그렸습니다. 그린 원의 넓이는 몇 cm²인지 구해 보세요.

중요

(원주율: 3.14)

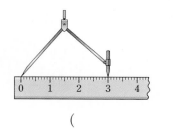

( )

15 지름이 40 m인 원 모양의 호수가 있습니다. 호수의 넓이는 몇 m²인지 구해 보세요. (원주율: 3.1)

( )

 16 원주가 49.6 cm인 원의 넓이를 구해 보세요.
어려운 문제
(원주율: 3.1)

( )

17 색칠한 부분의 넓이를 구해 보세요. (원주율: 3)

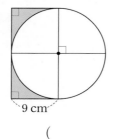
9 cm

( )

18 빨간색 부분의 넓이는 몇 cm²인지 구해 보세요.
(원주율: 3.14)

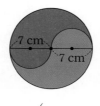
7 cm 7 cm

( )

서술형 문제

19 두 원 가와 나의 원주의 차는 몇 cm인지 풀이 과정을 쓰고 답을 구해 보세요. (원주율: 3.14)

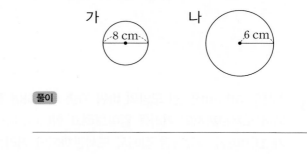
가 8 cm   나 6 cm

풀이

답

20 과녁에서 초록색 부분의 넓이는 몇 cm²인지 풀이 과정을 쓰고 답을 구해 보세요. (원주율: 3)

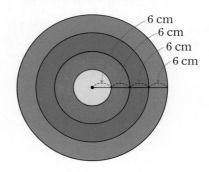
6 cm
6 cm
6 cm
6 cm

풀이

답

01 원과 정육각형의 둘레를 비교하려고 합니다. □ 안에 알맞은 수를 써넣고, ○ 안에 >, =, <를 알맞게 써넣으세요.

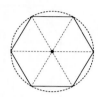

(정육각형의 둘레)
=(원의 반지름)×□

=(원의 지름)×□ ○ (원주)

02 지름이 8 cm인 원 모양의 거울의 둘레를 재어 보니 24 cm였습니다. 거울의 둘레는 반지름의 몇 배인지 구해 보세요.

(   )

03 원주율에 대한 설명으로 **틀린** 것을 찾아 기호를 써 보세요.

중요

○ ㉠ 원의 지름에 대한 원주의 비율입니다.
㉡ (원주율)=(원주)÷(지름)
㉢ 원이 커지면 원주율도 커집니다.
㉣ 반올림하여 소수 둘째 자리까지 나타내면 3.14입니다.

(   )

04 두 타이어의 (원주)÷(지름)을 비교하여 ○ 안에 >, =, <를 알맞게 써넣으세요.

지름: 30 cm   지름: 40 cm
원주: 94.2 cm   원주: 125.6 cm

05 원주를 구해 보세요. (원주율: 3.1)

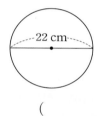
22 cm

(   )

06 컴퍼스로 반지름이 7 cm인 원을 그렸습니다. 이 원의 원주는 몇 cm인지 구해 보세요. (원주율: 3.14)

(   )

07 원주가 18 cm인 원의 반지름은 몇 cm인지 구해 보세요. (원주율: 3)

(   )

08 크기가 가장 큰 원을 찾아 기호를 써 보세요.

(원주율: 3)

> ㉠ 반지름이 8 cm인 원
> ㉡ 지름이 17 cm인 원
> ㉢ 원주가 57 cm인 원

(   )

09 바퀴의 지름이 **35 m**인 대관람차에 **5 m** 간격으로 관람차가 매달려 있습니다. 모두 몇 대의 관람차가 매달려 있는지 구해 보세요. (원주율: 3)

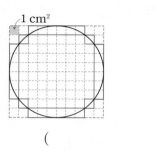

(   )

10 둘레가 **60 cm**인 정사각형 안에 그릴 수 있는 가장 큰 원의 원주를 구해 보세요. (원주율: 3.1)

(   )

11 정사각형의 넓이를 이용하여 지름이 **8 cm**인 원의 넓이를 어림하려고 합니다. □ 안에 알맞은 수를 써넣으세요.

(1) (원 안의 정사각형의 넓이)

$= \boxed{} \times \boxed{} \div 2 = \boxed{}$ (cm²)

(2) (원 밖의 정사각형의 넓이)

$= \boxed{} \times \boxed{} = \boxed{}$ (cm²)

(3) $\boxed{}$ cm² < (원의 넓이)

(원의 넓이) < $\boxed{}$ cm²

12 모눈을 세어 반지름이 **5 cm**인 원의 넓이를 어림하려고 합니다. 원의 넓이를 몇 **cm²**라고 어림할 수 있는지 구해 보세요.

(   )

13 고대 이집트의 한 수학자는 원과 겹쳐서 그린 팔각형의 넓이를 이용하여 원의 넓이를 어림했습니다. 팔각형의 넓이를 구하여 원의 넓이를 어림해 보세요.

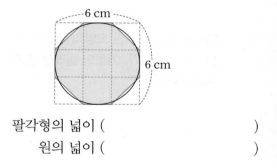

팔각형의 넓이 (   )
원의 넓이 (   )

14 원을 한없이 잘라서 이어 붙여 직사각형을 만들었습니다. 원의 반지름은 몇 **cm**인지 구해 보세요.

(원주율: 3.14)

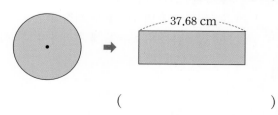

(   )

15 원의 넓이를 구해 보세요. (원주율: 3.14)

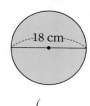

-18 cm-

(   )

16 넓은 원부터 차례로 기호를 써 보세요. (원주율: 3)

어려운
문제

> ㉠ 반지름이 10 cm인 원
> ㉡ 지름이 22 cm인 원
> ㉢ 원주가 78 cm인 원
> ㉣ 넓이가 432 cm²인 원

(   )

[17~18] 색칠한 부분의 넓이를 구해 보세요. (원주율: 3.1)

17

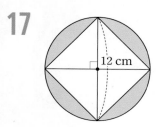

12 cm

(   )

18

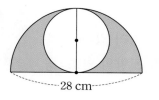

-28 cm-

(   )

서술형 **문제**

19 반지름이 각각 3 cm, 5 cm인 두 원의 넓이의 차는 몇 cm²인지 풀이 과정을 쓰고 답을 구해 보세요.

(원주율: 3.14)

풀이

_____

_____

_____

_____

답 _____

20 큰 원의 원주가 96 cm일 때 색칠한 부분의 넓이는 몇 cm²인지 풀이 과정을 쓰고 답을 구해 보세요.

(원주율: 3)

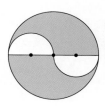

풀이

_____

_____

_____

_____

답 _____

5
단원

현준이는 양초를 사기 위해 양초 가게에 갔어요. 다양한 모양의 양초가 많이 있네요. 밑에 있는 면이 원 모양인 기둥 모양의 양초, 밑에 있는 면이 원 모양인 뿔 모양의 양초, 공모양의 양초도 있어요. 이러한 모양을 무엇이라고 할까요?

이번 6단원에서는 원기둥, 원뿔, 구를 알아보고 성질을 배울 거예요.

6 원기둥, 원뿔, 구

단원 진도 체크

학습일			학습 내용	진도 체크
1일째	월	일	**개념 1** 원기둥을 알아볼까요 **개념 2** 원기둥의 전개도를 알아볼까요	✓
2일째	월	일	교과서 넘어 보기 + 교과서 속 응용 문제	✓
3일째	월	일	**개념 3** 원뿔을 알아볼까요 **개념 4** 구를 알아볼까요	✓
4일째	월	일	교과서 넘어 보기 + 교과서 속 응용 문제	✓
5일째	월	일	**응용 1** 직사각형을 돌려 만든 원기둥의 밑면의 넓이 구하기 **응용 2** 원기둥이 굴러간 부분의 넓이를 이용하여 밑면의 반지름 구하기	✓
6일째	월	일	**응용 3** 만든 입체도형을 앞에서 본 모양의 둘레 구하기 **응용 4** 원기둥의 전개도를 그린 종이의 둘레 구하기	✓
7일째	월	일	단원 평가 LEVEL ❶	✓
8일째	월	일	단원 평가 LEVEL ❷	✓

이 단원을 진도 체크에 맞춰 8일 동안 학습해 보세요.
해당 부분을 공부하고 나서 ✓표를 하세요.

개념 1 원기둥을 알아볼까요

(1) 원기둥 알아보기

원기둥: 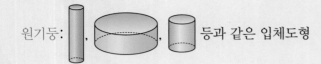 등과 같은 입체도형

(2) 원기둥의 구성 요소

- 밑면: 서로 평행하고 합동인 두 면
- 옆면: 두 밑면과 만나는 면
- 높이: 두 밑면에 수직인 선분의 길이

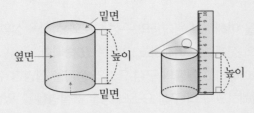

(3) 직사각형을 돌려서 원기둥 만들기

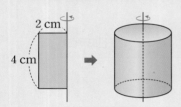

- 직사각형 모양의 종이를 한 변을 기준으로 돌리면 원기둥이 됩니다.
- 원기둥의 밑면의 반지름: 2 cm
- 원기둥의 높이: 4 cm

▶ 원기둥과 각기둥의 공통점과 차이점

구분		원기둥	각기둥
공통점		• 기둥 모양입니다. • 두 밑면이 서로 평행하고 합동입니다.	
차이점	밑면의 모양	원	다각형
	옆면	굽은 면	직사각형
	꼭짓점	없음	있음
	모서리	없음	있음

▶ 원기둥을 본 모양
- 위에서 본 모양: 원
- 앞에서 본 모양: 직사각형

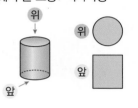

---

01 원기둥을 찾아 기호를 써 보세요.

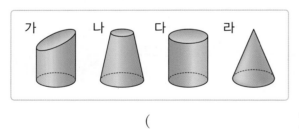

가 나 다 라

(   )

02 원기둥의 밑면을 모두 찾아 색칠해 보세요.

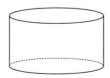

03 원기둥에서 밑면은 몇 개인지 구해 보세요.

(   )

04 원기둥을 보고 물음에 답하세요.

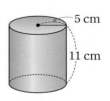

5 cm
11 cm

(1) 밑면의 반지름은 몇 cm인가요?
(   )

(2) 높이는 몇 cm인가요?
(   )

개념 2 원기둥의 전개도를 알아볼까요

(1) 원기둥의 전개도 알아보기

원기둥의 전개도: 원기둥을 잘라서 펼쳐 놓은 그림

(2) 원기둥의 전개도의 특징

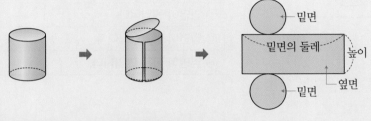

- 밑면의 모양은 원이고 서로 합동이며 2개입니다.
- 옆면의 모양은 직사각형이고 1개입니다.
- 옆면의 가로의 길이는 밑면의 둘레와 같습니다.
  ➡ (옆면의 가로)＝(밑면의 둘레)＝(밑면의 지름)×(원주율)
- 옆면의 세로의 길이는 원기둥의 높이와 같습니다.

▶ 원기둥의 전개도 만들기
① 밑면과 옆면이 한 점에서 만나도록 두 밑면의 둘레를 따라 자릅니다.
② 원기둥의 높이를 나타내는 선분을 따라 밑면과 수직인 방향으로 옆면을 자릅니다.

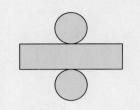

▶ 원기둥의 전개도가 아닌 예

	두 밑면이 같은 쪽에 있음.
	옆면이 직사각형이 아님.
	두 밑면이 합동이 아님.
	밑면의 둘레와 만나는 옆면의 변의 길이가 다름.

---

05 원기둥의 전개도를 보고 물음에 답하세요.

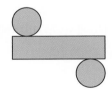

(1) 밑면의 모양과 옆면의 모양을 써 보세요.

밑면의 모양	옆면의 모양

(2) 밑면의 수와 옆면의 수를 써 보세요.

밑면의 수(개)	옆면의 수(개)

06 □ 안에 각 부분의 이름을 써넣으세요.

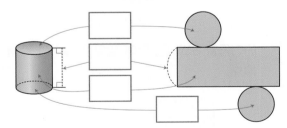

07 원기둥과 원기둥의 전개도를 보고 □ 안에 알맞은 수를 써넣으세요.

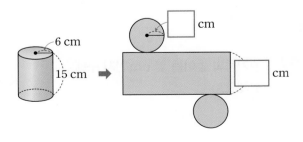

01 원기둥을 모두 찾아 기호를 써 보세요.

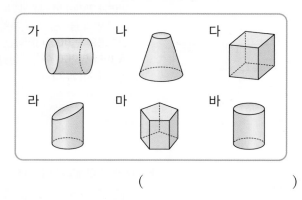

가   나   다

라   마   바

(   )

02 원기둥에서 □ 안에 각 부분의 이름을 써넣으세요.

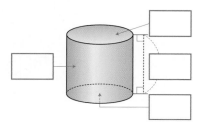

03 원기둥을 보고 □ 안에 알맞은 말이나 수를 써넣으세요.

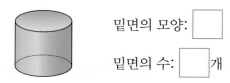

밑면의 모양: □

밑면의 수: □ 개

04 원기둥의 높이는 몇 **cm**인지 구해 보세요.

중요

5 cm
12 cm
13 cm

(   )

05 각기둥과 원기둥에 대한 설명으로 알맞은 것에 ○표 하세요.

	각기둥	원기둥
㉠ 밑면이 2개이고 서로 평행합니다.		
㉡ 옆에서 본 모양이 직사각형입니다.		
㉢ 꼭짓점과 모서리가 있습니다.		
㉣ 밑면이 원입니다.		
㉤ 밑면이 다각형입니다.		
㉥ 옆면이 굽은 면입니다.		

06 원기둥에 대한 설명으로 <u>잘못된</u> 것은 어느 것인가요?

(   )

① 원기둥에는 옆면이 있습니다.
② 옆면은 옆을 둘러싼 굽은 면입니다.
③ 두 밑면의 모양은 합동인 원입니다.
④ 원기둥의 두 밑면은 서로 수직입니다.
⑤ 한 원기둥에서 두 밑면에 수직인 선분의 길이는 모두 같습니다.

07 한 변을 기준으로 직사각형 모양의 종이를 돌려 만든 입체도형의 높이는 몇 **cm**인지 구해 보세요.

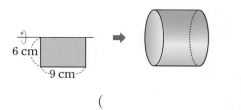

6 cm
9 cm

(   )

08 오른쪽 입체도형이 원기둥이 아닌 이유를 써 보세요.

이유

_____

09 한 변을 기준으로 직사각형 모양의 종이를 돌려 만든 입체도형이 그림과 같을 때, 돌리기 전의 직사각형의 넓이는 몇 cm²인지 구해 보세요.

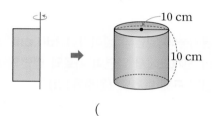

( )

[10~11] 원기둥의 전개도를 보고 물음에 답하세요.

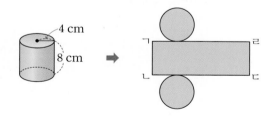

10 원기둥의 전개도에서 밑면의 둘레와 길이가 같은 선분을 모두 찾아 써 보세요.

( )

11 선분 ㄹㄷ은 몇 cm인가요?

( )

12 원기둥의 전개도를 바르게 그린 사람의 이름을 써 보세요.

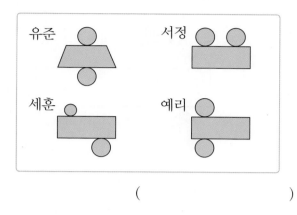

( )

13 다음 그림이 원기둥의 전개도가 아닌 이유를 써 보세요.

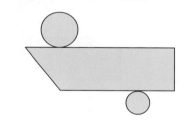

이유

_____
_____

14 원기둥과 원기둥의 전개도를 보고 □ 안에 알맞은 수를 써넣으세요. (원주율: 3.1)
중요

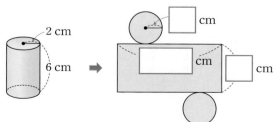

15 원기둥의 전개도에서 옆면의 둘레는 몇 cm인지 구해 보세요. (원주율: 3.1)

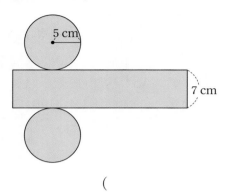

(   )

18 원기둥의 옆면의 넓이는 몇 cm²인지 구해 보세요.

(원주율: 3.14)

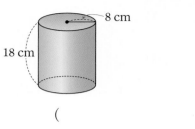

(   )

16 원기둥의 전개도입니다. □ 안에 알맞은 수를 써넣으세요. (원주율: 3.1)

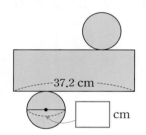

19 원기둥의 옆면의 넓이가 1260 cm²입니다. 원기둥의 전개도에서 옆면의 가로와 옆면의 세로는 몇 cm인지 구해 보세요. (원주율: 3)

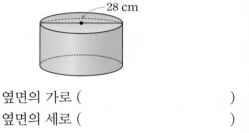

옆면의 가로 (   )

옆면의 세로 (   )

17 원기둥의 전개도를 그리고, 밑면의 반지름과 옆면의 가로, 세로의 길이를 나타내어 보세요. (원주율: 3)

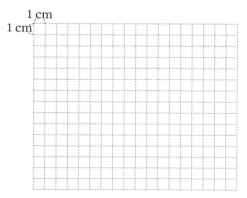

20 원기둥을 한 바퀴 굴렸더니 원기둥이 굴러간 부분의 길이가 24 cm였습니다. 원기둥의 밑면의 지름은 몇 cm인지 구해 보세요. (원주율: 3)

어려운 문제

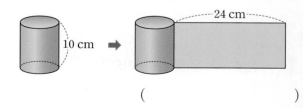

(   )

정답과 풀이 **42쪽**

원기둥의 전개도에서 옆면의 가로와 세로 구하기

원기둥의 전개도에서 ┌ (옆면의 가로)=(밑면의 둘레)
└ (옆면의 세로)=(원기둥의 높이)

21 원기둥의 전개도에서 옆면의 가로와 세로의 길이는 몇 cm인지 차례로 구해 보세요. (원주율: 3)

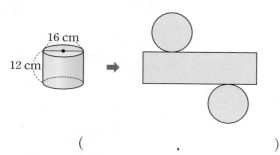

(,   )

22 밑면의 반지름이 5 cm, 높이가 10 cm인 원기둥의 전개도에서 옆면의 가로와 세로의 길이의 차는 몇 cm인지 구해 보세요. (원주율: 3.1)

(   )

23 원기둥의 전개도에서 옆면의 둘레는 몇 cm인지 구해 보세요. (원주율: 3)

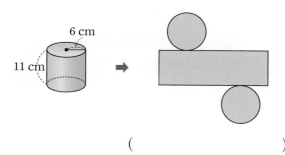

(   )

원기둥의 옆면의 넓이로 높이 구하기

> ⓐ 옆면의 넓이가 72 cm²인 원기둥의 높이는 몇 cm인지 구해 보세요. (원주율: 3)
>
>

(밑면의 둘레)=6×3=18 (cm)

(원기둥의 높이)=(옆면의 넓이)÷(밑면의 둘레)
=72÷18=4 (cm)

24 원기둥의 옆면의 넓이가 462 cm²입니다. 원기둥의 높이는 몇 cm인지 구해 보세요. (원주율: 3)

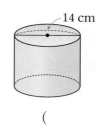

(   )

25 밑면의 반지름이 10 cm인 원기둥의 옆면의 넓이가 248 cm²입니다. 원기둥의 높이는 몇 cm인지 구해 보세요. (원주율: 3.1)

(   )

26 높이가 15 cm인 원기둥의 옆면의 넓이가 1350 cm²입니다. 원기둥의 밑면의 반지름은 몇 cm인지 구해 보세요. (원주율: 3)

(   )

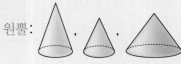 **원뿔을 알아볼까요**

(1) 원뿔 알아보기

원뿔: , , 등과 같은 입체도형

(2) 원뿔의 구성 요소

- 밑면: 평평한 면
- 옆면: 옆을 둘러싼 굽은 면
- 원뿔의 꼭짓점: 원뿔에서 뾰족한 부분의 점
- 모선: 원뿔의 꼭짓점과 밑면인 원의 둘레의 한 점을 이은 선분
- 높이: 원뿔의 꼭짓점에서 밑면에 수직인 선분의 길이

(3) 원뿔의 높이와 모선의 길이, 밑면의 지름을 재는 방법

- 높이
- 모선의 길이
- 밑면의 지름

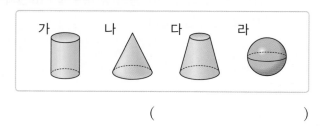

▶ 원뿔의 특징
- 밑면이 1개, 꼭짓점이 1개입니다.
- 옆면이 굽은 면입니다.
- 모선의 길이는 모두 같고, 개수는 무수히 많습니다.

▶ 원기둥과 원뿔의 공통점과 차이점

구분		원기둥	원뿔
공통점			• 밑면이 모두 원입니다. • 위에서 본 모양은 원입니다.
차이점	앞에서 본 모양	직사각형	이등변 삼각형
	밑면의 수	2개	1개
	꼭짓점	없음	1개

▶ 직각삼각형 모양의 종이를 한 변을 기준으로 돌리기

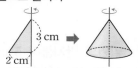

밑면의 반지름이 2 cm, 높이가 3 cm인 원뿔이 됩니다.

---

01 원뿔을 찾아 기호를 써 보세요.

가   나   다   라

(   )

02 원뿔의 밑면에 색칠해 보세요.

03 원뿔의 높이, 모선의 길이, 밑면의 지름 중 무엇을 재는 그림인지 써 보세요.

(   )

04 원뿔에서 모선의 길이는 몇 cm 인지 구해 보세요.

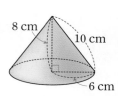

8 cm
10 cm
6 cm

(   )

개념 **4** 구를 알아볼까요

(1) 구 알아보기

구: , , 등과 같은 입체도형

(2) 구의 구성 요소

- 구의 중심: 구에서 가장 안쪽에 있는 점
- 구의 반지름: 구의 중심에서 구의 겉면의 한 점을
  이은 선분

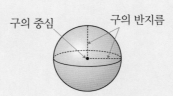

구의 중심   구의 반지름

▶ 반원 모양의 종이를 지름을 기준으로 돌리기

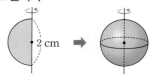

2 cm

반지름이 1 cm인 구가 됩니다.

▶ 구의 특징
- 구의 반지름은 모두 같습니다.
- 구의 반지름은 무수히 많습니다.
- 구는 굽은 면으로 둘러싸여 있고 잘 굴러갑니다.

(3) 원기둥, 원뿔, 구의 공통점과 차이점

		원기둥	원뿔	구
공통점		• 굽은 면으로 둘러싸여 있음. • 평면도형을 돌려 만든 입체도형		
차이점	전체 모양	기둥 모양	뿔 모양	공 모양
	밑면의 모양	원	원	없음
	꼭짓점	없음	있음	없음
	위에서 본 모양	원	원	원
	앞과 옆에서 본 모양	직사각형	이등변삼각형	원

---

05 입체도형의 이름을 찾아 이어 보세요.

• • •

• • •

원기둥   원뿔   구

06 ☐ 안에 알맞은 말을 보기 에서 찾아 써 보세요.

보기

직사각형   원   이등변삼각형

구를 위, 앞, 옆에서 본 모양은 모두 ☐입니다.

(   )

6
단원

27 평평한 면이 원이고 옆을 둘러싼 면이 굽은 면인 뿔 모양의 입체도형을 모두 고르세요. (   )

 ① ② ③

 ④ ⑤

28 27번에서 답한 입체도형의 이름을 써 보세요.

(   )

29 원뿔에서 □ 안에 각 부분의 이름을 써넣으세요.

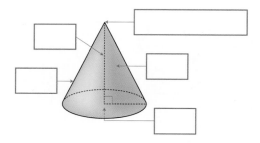

30 입체도형을 보고 빈칸에 알맞은 말이나 수를 써넣으세요.

입체도형	 위	 위
밑면의 모양	오각형	
밑면의 수(개)		
위에서 본 모양		

31 원뿔의 무엇을 재고 있는 것인지 써 보세요.

(1)

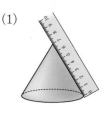

(   )

(2)

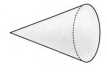

(   )

32 원뿔의 높이를 나타내어 보세요.

33 원뿔에서 모선을 나타내는 선분을 모두 찾아 써 보세요.
중요

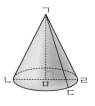

(   )

34 한 변을 기준으로 직각삼각형 모양의 종이를 돌려 만든 입체도형을 보고 밑면의 지름과 높이를 구해 보세요.

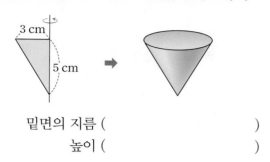

밑면의 지름 (   )

높이 (   )

35 원뿔에 대한 설명으로 <u>잘못된</u> 것을 모두 찾아 기호를 써 보세요.

> ㉠ 밑면은 1개입니다.
> ㉡ 꼭짓점은 없습니다.
> ㉢ 옆면은 굽은 면입니다.
> ㉣ 하나의 원뿔에서 모선의 길이는 모두 같습니다.
> ㉤ 앞에서 본 모양은 이등변삼각형입니다.
> ㉥ 하나의 원뿔에서 모선의 길이는 높이보다 짧습니다.

(   )

36 두 입체도형의 차이점을 두 가지 써 보세요.

`차이점`

_____

_____

37 구 모양은 어느 것인가요? (   )

①   ②   ③

④   ⑤

38 구에서 □ 안에 각 부분의 이름을 써넣으세요.

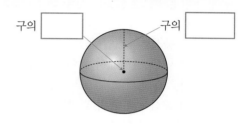

[39~40] 지름을 기준으로 반원 모양의 종이를 한 바퀴 돌렸습니다. 물음에 답하세요.

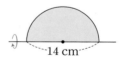

39 만들어지는 입체도형의 이름은 무엇인가요?

(   )

40 만들어지는 입체도형의 지름과 반지름은 몇 **cm**인가요?

지름 (   )

반지름 (   )

41 구의 지름은 몇 **cm**인지 구해 보세요.
중요

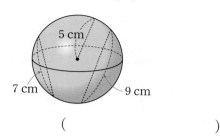

5 cm

7 cm   9 cm

(   )

42 구에 대한 설명으로 <u>잘못된</u> 것을 찾아 기호를 써 보세요.

> ㉠ 구의 중심은 1개입니다.
> ㉡ 구는 어느 방향에서 보아도 모양이 항상 원입니다.
> ㉢ 구의 중심에서 구의 겉면의 한 점을 이은 선분을 구의 지름이라고 합니다.
> ㉣ 반지름이 6 cm인 반원을 지름을 기준으로 돌리면 지름이 12 cm인 구가 됩니다.

(   )

43 한 모서리가 **20 cm**인 정육면체 모양의 상자에 구를 넣었더니 크기가 꼭 맞았습니다. 구의 반지름은 몇 **cm**인지 구해 보세요.

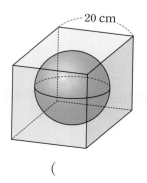

20 cm

(   )

44 입체도형을 위, 앞, 옆에서 본 모양을 각각 그려 보세요.

입체도형	위 ↓ 옆 ← 앞	위 ↓ 옆 ← 앞	위 ↓ 옆 ← 앞
위에서 본 모양			
앞에서 본 모양			
옆에서 본 모양			

45 어느 방향에서 보아도 모양이 같은 입체도형을 찾아 써 보세요.

> 원기둥   원뿔   구

(   )

46 원기둥과 구의 공통점을 모두 찾아 기호를 써 보세요.
어려운 문제 (단, 원기둥의 밑면이 위에서 보입니다.)

> ㉠ 굽은 면이 있습니다.
> ㉡ 밑면은 2개입니다.
> ㉢ 기둥 모양의 입체도형입니다.
> ㉣ 앞에서 본 모양은 모두 직사각형입니다.
> ㉤ 위에서 본 모양은 모두 원입니다.

(   )

교과서 속 응용 문제

정답과 풀이 **44**쪽

직각삼각형을 돌려 만든 원뿔의 밑면의 넓이 구하기

예 한 변을 기준으로 직각삼각형 모양의 종이를 돌려 만든 원뿔의 밑면의 넓이는 몇 cm²인지 구해 보세요. (원주율: 3)

(원뿔에서 밑면의 반지름)＝2 cm

➡ (원뿔의 밑면의 넓이)＝2×2×3＝12 (cm²)

47 한 변을 기준으로 직각삼각형 모양의 종이를 돌려 만든 원뿔의 밑면의 넓이는 몇 **cm²**인지 구해 보세요. (원주율: 3)

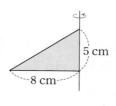

( )

48 한 변을 기준으로 직각삼각형 모양의 종이를 돌려 만든 원뿔의 밑면의 넓이는 몇 **cm²**인지 구해 보세요.

(원주율: **3.1**)

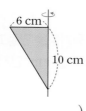

( )

49 주어진 직선을 기준으로 직각삼각형 모양의 종이를 돌려 만든 입체도형의 밑면의 넓이는 몇 **cm²**인지 구해 보세요. (원주율: **3.14**)

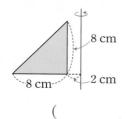

( )

앞에서 본 모양의 둘레 구하기

예 오른쪽 원기둥을 앞에서 본 모양의 둘레는 몇 cm인지 구해 보세요.

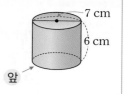

원기둥을 앞에서 본 모양은 가로 7 cm, 세로 6 cm인 직사각형입니다.

➡ (둘레)＝(7＋6)×2＝26 (cm)

50 원기둥을 앞에서 본 모양의 둘레는 몇 **cm**인지 구해 보세요.

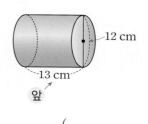

( )

51 원뿔을 앞에서 본 모양의 둘레는 몇 **cm**인지 구해 보세요.

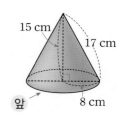

( )

52 반지름의 길이가 **7 cm**인 구를 앞에서 본 모양의 둘레는 몇 **cm**인지 구해 보세요. (원주율: **3.1**)

( )

대표 응용 | 직사각형을 돌려 만든 원기둥의 밑면의 넓이 구하기

1 가로가 1 cm, 세로가 2 cm인 직사각형 모양의 종이를 한 번은 가로를 기준으로 돌려 원기둥을 만들고, 다른 한 번은 세로를 기준으로 돌려 원기둥을 만들었습니다. 만든 두 원기둥의 한 밑면의 넓이의 차는 몇 cm²인지 구해 보세요. (원주율: 3)

문제 스케치

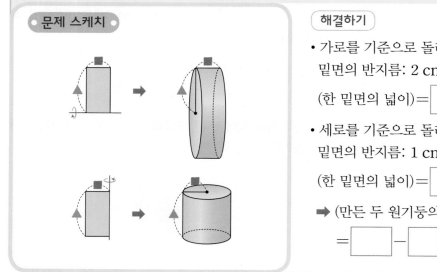

해결하기

• 가로를 기준으로 돌려 만든 원기둥

밑면의 반지름: 2 cm,

(한 밑면의 넓이)=□×□×3=□ (cm²)

• 세로를 기준으로 돌려 만든 원기둥

밑면의 반지름: 1 cm,

(한 밑면의 넓이)=□×□×3=□ (cm²)

➡ (만든 두 원기둥의 한 밑면의 넓이의 차)

=□−□=□ (cm²)

1-1 직사각형 모양의 종이를 한 번은 가로를 기준으로 돌려 원기둥을 만들고, 다른 한 번은 세로를 기준으로 돌려 원기둥을 만들었습니다. 만든 두 원기둥의 한 밑면의 넓이의 차는 몇 cm²인지 구해 보세요. (원주율: 3)

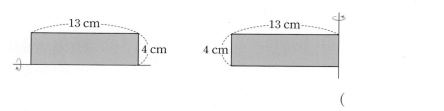

(   )

1-2 가로가 5 cm, 세로가 11 cm인 직사각형을 가로와 세로를 기준으로 하여 각각 돌려 만든 두 원기둥의 한 밑면의 넓이의 합은 몇 cm²인지 구해 보세요. (원주율: 3.1)

(   )

대표 응용 원기둥이 굴러간 부분의 넓이를 이용하여 밑면의 반지름 구하기

2 높이가 6 cm인 원기둥 모양의 롤러에 페인트를 묻혀서 한 바퀴 굴렸더니 원기둥이 굴러간 부분의 넓이가 36 cm²였습니다. 원기둥의 밑면의 반지름은 몇 cm인지 구해 보세요. (원주율: 3)

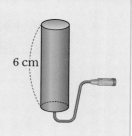

6 cm

문제 스케치

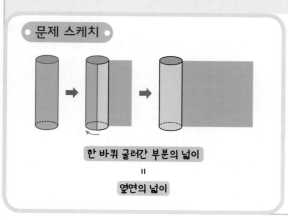

한 바퀴 굴러간 부분의 넓이
=
옆면의 넓이

해결하기

(원기둥이 굴러간 부분의 넓이)
=(원기둥의 옆면의 넓이)=(밑면의 둘레)×(높이)

밑면의 반지름을 ■ cm라 하면

■×2×3×☐=36, ■×☐=36, ■=☐

따라서 원기둥의 밑면의 반지름은 ☐ cm입니다.

2-1 높이가 14 cm인 원기둥 모양의 롤러에 페인트를 묻혀서 한 바퀴 굴렸더니 원기둥이 굴러간 부분의 넓이가 336 cm²였습니다. 원기둥의 밑면의 반지름은 몇 cm인지 구해 보세요.

(원주율: 3)

14 cm

(   )

2-2 높이가 20 cm인 원기둥을 3바퀴 굴렸더니 원기둥이 굴러간 부분의 넓이가 2160 cm²였습니다. 원기둥의 밑면의 지름은 몇 cm인지 구해 보세요. (원주율: 3)

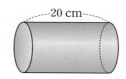

20 cm

6
단원

(   )

대표 응용 만든 입체도형을 앞에서 본 모양의 둘레 구하기

3 한 변을 기준으로 직사각형 모양의 종이를 한 바퀴 돌려 입체도형을 만들었습니다. 만든 입체도형을 앞에서 본 모양의 둘레는 몇 **cm**인지 구해 보세요.

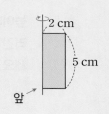

문제 스케치

평면도형	입체도형	앞에서 본 모양

해결하기

직사각형의 한 변을 기준으로 한 바퀴 돌려 만들어지는 입체도형은

☐ 입니다.

만든 입체도형을 앞에서 본 모양은

가로가 ☐ cm, 세로가 ☐ cm인 ☐ 입니다.

따라서 앞에서 본 모양의 둘레는

(☐ + ☐) × ☐ = ☐ (cm)입니다.

3-1 한 변을 기준으로 직각삼각형 모양의 종이를 한 바퀴 돌려 입체도형을 만들었습니다. 만든 입체도형을 앞에서 본 모양의 둘레는 몇 **cm**인지 구해 보세요.

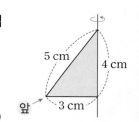

(   )

3-2 지름을 기준으로 반원 모양의 종이를 한 바퀴 돌려 입체도형을 만들었습니다. 만든 입체도형을 앞에서 본 모양의 둘레는 몇 **cm**인지 구해 보세요. (원주율: 3.14)

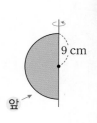

(   )

대표 응용 **원기둥의 전개도를 그린 종이의 둘레 구하기**

4

그림과 같이 직사각형 모양의 종이 위에 원기둥의 전개도를 꼭 맞게 그렸습니다. 원기둥의 밑면의 반지름이 **7 cm**, 높이가 **6 cm**일 때 직사각형 모양의 종이의 둘레는 몇 **cm**인지 구해 보세요. (원주율: 3)

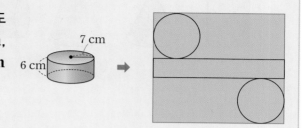

문제 스케치

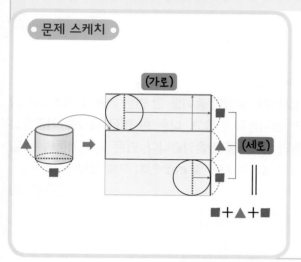

해결하기

(종이의 가로)=(원기둥의 밑면의 둘레)

= (반지름)×2×(원주율)

=7× ☐ × ☐ = ☐ (cm)

(종이의 세로)=(지름)×2+(옆면의 세로)

= ☐ × ☐ + ☐ = ☐ (cm)

➡ (직사각형 모양의 종이의 둘레)

= (☐ + ☐)×2= ☐ (cm)

4-1 그림과 같이 직사각형 모양의 종이 위에 원기둥의 전개도를 꼭 맞게 그렸습니다. 원기둥의 밑면의 반지름이 **5 cm**, 높이가 **10 cm**일 때 직사각형 모양의 종이의 둘레는 몇 **cm**인지 구해 보세요. (원주율: 3.1)

(   )

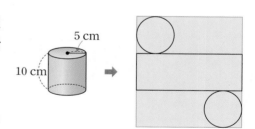

4-2 직사각형 모양의 종이 위에 밑면의 반지름이 **10 cm**, 높이가 **12 cm**인 원기둥의 전개도를 꼭 맞게 그렸습니다. 직사각형 모양의 종이의 넓이는 몇 **cm²**인지 구해 보세요. (원주율: 3)

(   )

01 원기둥을 모두 찾아 ○표 하세요.

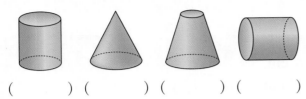

( )   ( )   ( )   ( )

02 원기둥의 밑면을 모두 찾아 색칠해 보세요.

03 한 변을 기준으로 직사각형 모양의 종이를 돌려 만들어지는 입체도형의 이름을 써 보세요.

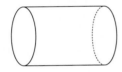

( )

04 원기둥의 밑면의 지름과 높이는 각각 몇 cm인지 구해 보세요.

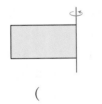

밑면의 지름 ( )

높이 ( )

05 원기둥에 대한 설명으로 옳은 것을 모두 찾아 기호를 써 보세요.

> ㉠ 두 밑면이 서로 평행하고 합동입니다.
> ㉡ 옆면은 굽은 면입니다.
> ㉢ 밑면의 모양은 다각형입니다.
> ㉣ 모서리가 있습니다.

( )

06 어려운 문제 직사각형 모양의 종이를 한 번은 가로를 기준으로 돌려 원기둥을 만들고, 다른 한 번은 세로를 기준으로 돌려 원기둥을 만들었습니다. 만든 두 원기둥의 한 밑면의 넓이의 차는 몇 cm²인지 구해 보세요.

(원주율: 3)

( )

07 원기둥을 만들 수 있는 전개도를 찾아 기호를 써 보세요.

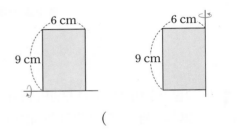

( )

08 원기둥의 전개도에서 밑면의 둘레, 높이와 길이가 같은 선분을 각각 모두 찾아 써 보세요.

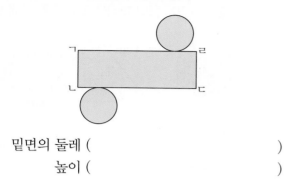

밑면의 둘레 (   )

높이 (   )

09 원기둥과 원기둥의 전개도를 보고 □ 안에 알맞은 수를 써넣으세요. (원주율: 3.1)
중요

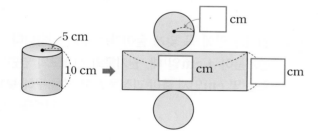

10 전개도를 이용하여 만들 수 있는 입체도형의 밑면의 반지름과 높이는 각각 몇 **cm**인지 구해 보세요.

(원주율: 3)

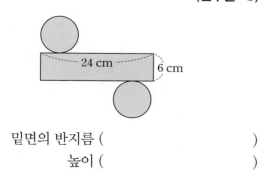

밑면의 반지름 (   )

높이 (   )

11 오른쪽과 같은 입체도형을 무엇이라고 하는지 이름을 써 보세요.

(   )

12 원뿔에서 □ 안에 각 부분의 이름을 써넣으세요.

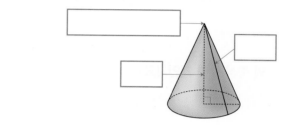

13 원뿔과 각뿔에 대한 설명으로 옳은 것을 모두 찾아 기호를 써 보세요.

> ㉠ 원뿔과 각뿔은 모두 밑면이 2개입니다.
> ㉡ 원뿔과 각뿔은 꼭짓점이 있습니다.
> ㉢ 원뿔은 굽은 면도 있지만 각뿔은 평평한 면으로만 이루어져 있습니다.
> ㉣ 원뿔의 밑면은 원이고 각뿔의 밑면은 다각형입니다.

(   )

14 밑변의 길이가 **3 cm**, 높이가 **2 cm**인 직각삼각형 모양의 종이를 높이인 **2 cm**인 변을 기준으로 돌려 입체도형을 만들었습니다. 만든 입체도형의 밑면의 지름과 높이는 각각 몇 **cm**인지 구해 보세요.

밑면의 지름 (   )

높이 (   )

[15~16] 지름을 기준으로 반원 모양의 종이를 돌려 구를 만들었습니다. 물음에 답하세요.

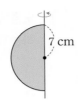
7 cm

15 구의 반지름은 몇 cm인가요?

( )

16 구의 중심은 몇 개인가요?

( )

17 빈칸에 알맞은 수나 말을 써넣으세요.
중요

입체도형	위↓ ↑앞	위↓ ↑앞	위↓ ↑앞
밑면의 수 (개)			
꼭짓점의 수(개)			
위에서 본 모양			
앞에서 본 모양			

18 지름이 6 cm인 구를 앞에서 본 모양의 넓이를 구해 보세요. (원주율: 3.1)

( )

서술형 문제

19 (구의 지름)+(원뿔의 모선의 길이)−(원기둥의 높이)는 몇 cm인지 풀이 과정을 쓰고 답을 구해 보세요.

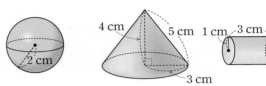
4 cm 5 cm 1 cm 3 cm
2 cm
3 cm

풀이

답

20 원기둥 안에 꼭 맞게 들어가는 구가 있습니다. 구의 반지름이 4 cm일 때, 원기둥의 전개도의 옆면의 가로는 몇 cm인지 풀이 과정을 쓰고 답을 구해 보세요.
(원주율: 3.14)

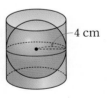
4 cm

풀이

답

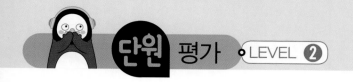
01 보기 에서 □ 안에 알맞은 말을 찾아 써넣으세요.

보기
밑면   옆면   높이

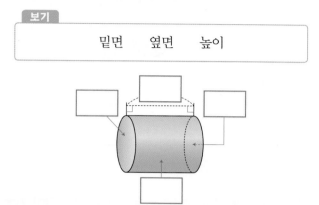

02 원기둥에서 밑면은 몇 개인지 구해 보세요.

(   )

[03~04] 한 변을 기준으로 직사각형 모양의 종이를 돌려 원기둥을 만들었습니다. 물음에 답하세요.

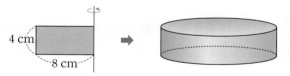

03 원기둥의 높이는 몇 cm인가요?

(   )

04 원기둥의 밑면의 지름은 몇 cm인가요?

(   )

05 중요 다음에서 설명하는 원기둥의 높이는 몇 cm인지 구해 보세요.

• 앞에서 본 모양이 정사각형입니다.
• 밑면의 반지름은 5 cm입니다.

(   )

06 원기둥과 각기둥에 대한 설명으로 잘못된 것을 모두 찾아 기호를 써 보세요.

㉠ 원기둥과 각기둥은 모두 밑면이 2개입니다.
㉡ 원기둥과 각기둥은 모두 꼭짓점이 있습니다.
㉢ 원기둥의 밑면은 원이고, 각기둥의 밑면은 다각형입니다.
㉣ 원기둥의 옆면은 평평한 면이고, 각기둥의 옆면은 굽은 면입니다.

(   )

07 다음 중 원기둥의 전개도를 모두 고르세요.

(   )

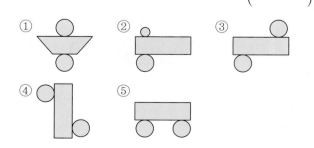

08 원기둥의 전개도를 그려 보세요. (원주율: 3)

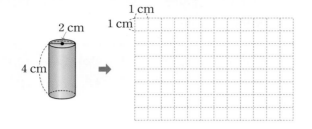

09 원기둥의 전개도에서 옆면의 둘레는 **94 cm**입니다. 원기둥의 밑면의 지름은 몇 **cm**인지 구해 보세요.

(원주율: 3)

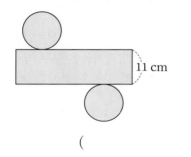

( )

10 높이가 **16 cm**인 원기둥 모양 롤러에 페인트를 묻혀서 한 바퀴 굴렸더니 굴러간 부분의 넓이가 **384 cm²**였습니다. 원기둥의 밑면의 반지름은 몇 **cm**인지 구해 보세요. (원주율: 3)

어려운 문제

( )

11 주어진 입체도형이 원뿔이 <u>아닌</u> 이유를 써 보세요.

이유

_____

_____

12 원뿔에 대한 설명으로 옳은 것을 모두 찾아 기호를 써 보세요.

> ㉠ 옆면이 굽은 면인 뿔 모양의 입체도형입니다.
> ㉡ 원뿔의 꼭짓점은 여러 개입니다.
> ㉢ 원뿔에서 모선은 1개만 찾을 수 있습니다.
> ㉣ 밑면은 1개이며 원입니다.

( )

[13~14] 원뿔을 보고 물음에 답하세요.

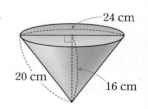

13 원뿔에서 밑면의 반지름, 높이, 모선의 길이는 각각 몇 **cm**인가요?

중요

밑면의 반지름 ( )

높이 ( )

모선의 길이 ( )

14 원뿔은 어떤 평면도형을 한 변을 기준으로 한 바퀴 돌려 만들었습니다. 돌리기 전의 평면도형의 넓이는 몇 **cm²**인가요?

( )

[15~16] 구를 보고 물음에 답하세요.

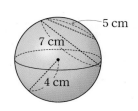

15 구의 지름은 몇 cm인가요?

( )

16 구를 반으로 똑같이 잘랐을 때 자른 면의 넓이는 몇 cm²인가요? (원주율: 3.14)

( )

17 구를 위, 앞, 옆에서 본 모양을 각각 그려 보세요.

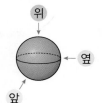

위	앞	옆

18 원기둥, 원뿔, 구에 대한 설명으로 옳은 것을 모두 고르세요. (단, 원기둥과 원뿔의 밑면을 바닥에 놓은 모양입니다.) ( )

① 위에서 본 모양은 모두 원입니다.
② 모두 옆면이 있습니다.
③ 모두 원 모양의 밑면이 있습니다.
④ 원기둥과 원뿔은 옆에서 본 모양이 원이 아닙니다.
⑤ 원기둥과 원뿔은 꼭짓점이 있습니다.

서술형 문제

19 한 변을 기준으로 직각삼각형 모양의 종이를 돌려 만든 입체도형의 밑면의 둘레는 몇 cm인지 풀이 과정을 쓰고 답을 구해 보세요. (원주율: 3)

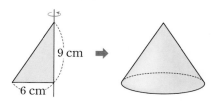

풀이

_____

_____

_____

답 _____

20 ㉠, ㉡, ㉢의 합은 몇 개인지 풀이 과정을 쓰고 답을 구해 보세요.

㉠ 원기둥의 밑면의 수
㉡ 원뿔의 꼭짓점의 수
㉢ 구의 중심의 수

풀이

_____

_____

_____

_____

답 _____

MEMO

BOOK 1
본책

BOOK 1 본책으로 교과서 속 **학습 개념과**
기본+응용 문제를 확실히 공부했나요?

BOOK 2
복습책

BOOK 2 복습책으로 BOOK 1에서 배운
기본 문제와 응용 문제를 복습해 보세요.

초｜등｜부｜터
EBS

만점왕 수학 플러스

교과서 기본과 응용 문제를
한 번에 잡는 **교과서 기본+응용**

BOOK 2
복습책

6-2

교과서 기본과 응용 문제를
한 번에 잡는 **교과서 기본+응용**

BOOK 2

복습책

6-2

01 그림을 보고 □ 안에 알맞은 수를 써넣으세요.

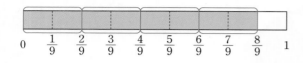

$\dfrac{8}{9}$에서 $\dfrac{2}{9}$를 □ 번 덜어 낼 수 있습니다.

$\dfrac{8}{9}$은 $\dfrac{1}{9}$이 □ 개이고,

$\dfrac{2}{9}$는 $\dfrac{1}{9}$이 □ 개이므로

$\dfrac{8}{9} \div \dfrac{2}{9}$는 □ 을/를 □ (으)로 나누는 것과 같습니다.

따라서 $\dfrac{8}{9} \div \dfrac{2}{9} =$ □ 입니다.

02 빈칸에 알맞은 수를 써넣으세요.

$\div$

| $\dfrac{7}{8}$ | $\dfrac{1}{8}$ | |
| $\dfrac{4}{7}$ | $\dfrac{2}{7}$ | |

03 계산해 보세요.

(1) $\dfrac{5}{11} \div \dfrac{6}{11}$

(2) $\dfrac{13}{14} \div \dfrac{9}{14}$

04 보기 와 같이 계산해 보세요.

보기

$$\dfrac{9}{10} \div \dfrac{4}{10} = 9 \div 4 = \dfrac{9}{4} = 2\dfrac{1}{4}$$

$\dfrac{12}{17} \div \dfrac{10}{17}$ _____

05 □ 안에 알맞은 수를 써넣으세요.

$\dfrac{2}{3} \div \dfrac{5}{6} = \dfrac{\square}{6} \div \dfrac{\square}{6} = \square \div \square$

$= \dfrac{\square}{\square}$

06 계산 결과가 1보다 작은 것을 찾아 ○표 하세요.

$\dfrac{3}{4} \div \dfrac{3}{8}$ $\dfrac{1}{3} \div \dfrac{4}{7}$ $\dfrac{3}{5} \div \dfrac{7}{15}$

(   )   (   )   (   )

07 몫이 가장 큰 식을 찾아 기호를 써 보세요.

㉠ $14 \div \dfrac{7}{10}$ ㉡ $9 \div \dfrac{3}{5}$ ㉢ $15 \div \dfrac{5}{6}$

(   )

08 연수네 가족이 고구마 8 kg을 캐는 데 $\dfrac{4}{5}$시간이 걸렸습니다. 연수네 가족이 1시간 동안 캘 수 있는 고구마는 몇 kg인지 구해 보세요.

식 _____

답 _____

09 관계있는 것끼리 이어 보세요.

$\dfrac{5}{6} \div \dfrac{4}{7}$ •   • $\dfrac{2}{3} \times \dfrac{5}{4}$ •   • $\dfrac{5}{6}$

$\dfrac{2}{3} \div \dfrac{4}{5}$ •   • $\dfrac{5}{6} \times \dfrac{7}{4}$ •   • $1\dfrac{11}{24}$

10 나눗셈식을 곱셈식으로 나타내어 계산해 보세요.

(1) $\dfrac{4}{7} \div \dfrac{3}{4}$

(2) $\dfrac{9}{11} \div \dfrac{3}{5}$

11 같은 색깔의 선을 따라 계산하여 빈칸에 알맞은 대분수를 써넣으세요.

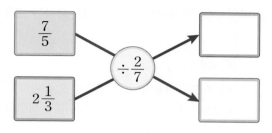

12 철근 $\dfrac{2}{5} \text{ kg}$의 길이는 $\dfrac{8}{7} \text{ m}$입니다. 이 철근 1 kg의 길이는 몇 m인지 구해 보세요.

(   )

13 새봄이가 가지고 있는 찰흙은 $1\dfrac{3}{10} \text{ kg}$, 승희가 가지고 있는 찰흙은 $\dfrac{4}{5} \text{ kg}$입니다. 새봄이가 가지고 있는 찰흙은 승희가 가지고 있는 찰흙의 몇 배인지 구해 보세요.

(   )

유형 1 조건을 만족하는 분수의 나눗셈식 구하기

01 [조건]을 만족하는 분수의 나눗셈식을 모두 써 보세요.

> [조건]
> • 3÷5를 이용하여 계산할 수 있습니다.
> • 분모가 9보다 작은 진분수의 나눗셈입니다.
> • 두 분수의 분모는 같습니다.

( )

[비법]
분모가 같은 분수의 나눗셈은 분자끼리 나누어 계산할 수 있습니다.

02 [조건]을 만족하는 분수의 나눗셈식을 모두 써 보세요.

> [조건]
> • 9÷7을 이용하여 계산할 수 있습니다.
> • 분모가 12보다 작은 진분수의 나눗셈입니다.
> • 두 분수의 분모는 같습니다.

( )

03 [조건]을 만족하는 분수의 나눗셈식을 써 보세요.

> [조건]
> • 6÷3을 이용하여 계산할 수 있습니다.
> • 분모가 9보다 작고 홀수인 진분수의 나눗셈입니다.
> • 두 분수의 분모는 같습니다.

( )

유형 2 □ 안에 들어갈 수 있는 자연수 구하기

04 □ 안에 들어갈 수 있는 자연수를 모두 구해 보세요.

$$\frac{6}{7} \div \frac{2}{9} > \square$$

( )

[비법]
먼저 $\frac{6}{7} \div \frac{2}{9}$ 를 계산한 후 크기를 비교합니다.

05 □ 안에 들어갈 수 있는 자연수는 모두 몇 개인지 구해 보세요.

$$1\frac{4}{5} \div \frac{5}{8} < \square < 6 \div \frac{3}{5}$$

( )

06 □ 안에 들어갈 수 있는 자연수를 모두 구해 보세요.

$$6 \div \frac{1}{\square} < 16 \div \frac{2}{3}$$

( )

유형 3 도형에서 길이 구하기

07 넓이가 6 m^2인 직사각형이 있습니다. 이 직사각형의 세로가 $\dfrac{9}{11}$ m일 때 가로는 몇 m인지 구해 보세요.

( )

비법
(직사각형의 넓이)=(가로)×(세로)
➡ (가로)=(직사각형의 넓이)÷(세로)

08 둘레가 $1\dfrac{5}{7}$ m이고, 한 변의 길이가 $\dfrac{2}{7}$ m인 정다각형이 있습니다. 이 정다각형의 이름을 써 보세요.

( )

09 넓이가 $4\dfrac{1}{6} \text{ cm}^2$인 삼각형이 있습니다. 이 삼각형의 밑변의 길이가 $1\dfrac{1}{4}$ cm일 때 높이는 몇 cm인지 구해 보세요.

( )

유형 4 수 카드로 나눗셈식 만들기

10 4장의 수 카드 중에서 2장을 골라 한 번씩만 사용하여 진분수를 만들려고 합니다. 만들 수 있는 가장 큰 진분수를 가장 작은 진분수로 나눈 몫을 구해 보세요.

| 1 | 2 | 5 | 7 |

( )

비법
만들 수 있는 진분수를 모두 구하고 조건에 맞는 나눗셈식을 세워 계산합니다.

11 4장의 수 카드 중에서 2장을 골라 한 번씩만 사용하여 진분수를 만들려고 합니다. 만들 수 있는 가장 큰 진분수를 가장 작은 진분수로 나눈 몫을 구해 보세요.

| 3 | 5 | 6 | 9 |

( )

12 4장의 수 카드 중에서 3장을 골라 한 번씩만 사용하여 대분수를 만들려고 합니다. 만들 수 있는 가장 큰 대분수를 가장 작은 대분수로 나눈 몫을 구해 보세요.

| 2 | 4 | 5 | 6 |

( )

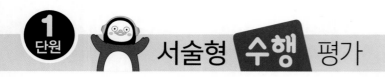

01 계산이 잘못된 이유를 쓰고 바르게 계산해 보세요.

$$\frac{4}{5} \div \frac{2}{15} = 4 \div 2 = 2$$

이유 _____

_____

바르게 계산 _____

02 $2\frac{2}{3} \div \frac{3}{4}$을 두 가지 방법으로 계산해 보세요.

방법 1 통분하여 계산하기

_____

_____

방법 2 곱셈으로 나타내어 계산하기

_____

_____

03 ㉠은 ㉡의 몇 배인지 풀이 과정을 쓰고 답을 구해 보세요.

㉠ $\frac{4}{3} \div \frac{2}{5}$ ㉡ $\frac{12}{5} \div \frac{3}{4}$

풀이 _____

_____

_____

답 _____

04 딸기를 지호는 $\frac{6}{17}$ kg, 지연이는 $\frac{4}{17}$ kg 땄습니다. 두 사람이 딴 딸기를 한 접시에 $\frac{2}{17}$ kg씩 담으려면 필요한 접시는 몇 개인지 풀이 과정을 쓰고 답을 구해 보세요.

풀이 _____

_____

_____

답 _____

05 정아는 1 L의 두유 중 $\frac{1}{13}$ L를 마셨습니다. 남은 두유를 하루에 $\frac{3}{13}$ L씩 마신다면 며칠 동안 마실 수 있는지 풀이 과정을 쓰고 답을 구해 보세요.

풀이 _____

_____

_____

답 _____

06 $1\frac{3}{4}$에 어떤 수를 곱했더니 14가 되었습니다. 어떤 수는 얼마인지 풀이 과정을 쓰고 답을 구해 보세요.

풀이 _____

_____

_____

답 _____

07 승희네 모둠은 색 테이프 10 m를 $\frac{5}{9}$ m씩 모두 잘라 리본을 만들고, 민우네 모둠은 색 테이프 9 m를 $\frac{3}{8}$ m씩 모두 잘라 리본을 만들었습니다. 어느 모둠이 리본을 몇 개 더 많이 만들었는지 풀이 과정을 쓰고 답을 구해 보세요.

풀이

_____

_____

_____

답 _____ , _____

08 망고주스 $\frac{4}{9}$ L의 가격은 4000원, 포도주스 $\frac{5}{7}$ L의 가격은 6000원입니다. 망고주스와 포도주스 중 1 L의 가격이 더 저렴한 것은 무엇인지 풀이 과정을 쓰고 답을 구해 보세요.

풀이

_____

_____

_____

답 _____

09 휘발유 $1\frac{2}{3}$ L로 $3\frac{3}{4}$ km를 가는 자동차가 있습니다. 이 자동차는 휘발유 4 L로 몇 km를 갈 수 있는지 풀이 과정을 쓰고 답을 구해 보세요.

풀이

_____

_____

_____

_____

답 _____

1 단원

10 가로가 $3\frac{1}{3}$ m이고 세로가 $1\frac{3}{4}$ m인 직사각형 모양의 벽면을 칠하는 데 $1\frac{1}{4}$ L의 페인트를 사용하였습니다. 1 m²의 벽면을 칠하는 데 사용한 페인트의 양은 몇 L인지 풀이 과정을 쓰고 답을 구해 보세요.

풀이

_____

_____

_____

_____

답 _____

01 계산 결과를 비교하여 ○ 안에 >, =, <를 알맞게 써넣으세요.

$$\frac{12}{13} \div \frac{2}{13} \bigcirc \frac{14}{17} \div \frac{7}{17}$$

02 □ 안에 알맞은 수를 써넣으세요.

$$\frac{24}{29} \div \frac{\square}{29} = 3$$

03 관계있는 것끼리 이어 보세요.

$\frac{2}{7} \div \frac{5}{7}$	•	•	$8 \div 3$	•	•	$\frac{4}{7}$
$\frac{8}{11} \div \frac{3}{11}$	•	•	$2 \div 5$	•	•	$\frac{2}{5}$
$\frac{4}{9} \div \frac{7}{9}$	•	•	$4 \div 7$	•	•	$2\frac{2}{3}$

04 몫이 가장 작은 나눗셈식을 찾아 기호를 써 보세요.

$$\bigcirc \ \frac{17}{18} \div \frac{5}{18} \qquad \bigcirc \ \frac{7}{13} \div \frac{3}{13} \qquad \bigcirc \ \frac{11}{19} \div \frac{18}{19}$$

(   )

05 바닷물 $\frac{10}{11}$ L를 바닷물을 $\frac{3}{11}$ L까지 담을 수 있는 통에 나누어 담으려고 합니다. 바닷물은 몇 통만큼을 채울 수 있는지 그림에 색칠을 하고 구해 보세요.

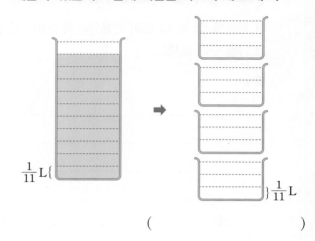

(   )

06 조건 을 만족하는 분수의 나눗셈식을 모두 써 보세요.

> 조건
> • 13÷4를 이용하여 계산할 수 있습니다.
> • 분모가 16보다 작은 진분수의 나눗셈입니다.
> • 두 분수의 분모는 같습니다.

(   )

07 ㉠, ㉡, ㉢에 알맞은 수의 합은 얼마인지 구해 보세요.

$$\frac{5}{16} \div \frac{7}{10} = \frac{㉠}{80} \div \frac{㉡}{80} = \frac{㉢}{56}$$

(   )

08 □ 안에 알맞은 수를 써넣으세요.

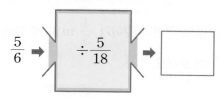

09 계산 결과가 큰 것부터 차례로 기호를 써 보세요.

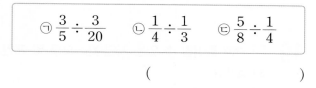

( )

10 어떤 수에 $\frac{7}{15}$ 을 곱했더니 $\frac{2}{5}$ 가 되었습니다. 어떤 수를 $\frac{2}{7}$ 로 나눈 몫은 얼마인지 풀이 과정을 쓰고 답을 구해 보세요.
서술형

풀이

답

11 몫이 <u>다른</u> 하나를 찾아 기호를 써 보세요.

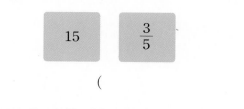

( )

12 자연수를 분수로 나눈 몫을 구해 보세요.

15	$\frac{3}{5}$

( )

13 상원이네 반은 케이크 4개로 생일 파티를 하려고 합니다. 한 조각이 케이크 한 개의 $\frac{1}{8}$ 이 되도록 자르면 모두 몇 조각이 되는지 구해 보세요.

식

답

14 $\frac{4}{7} \div \frac{5}{6}$ 를 두 가지 방법으로 계산해 보세요.

방법 1 통분하여 계산하기

$\frac{4}{7} \div \frac{5}{6}$

방법 2 곱셈으로 나타내어 계산하기

$\frac{4}{7} \div \frac{5}{6}$

15 집에서 학교까지의 거리는 $\frac{4}{9}$ km이고, 집에서 도서관까지의 거리는 $\frac{7}{8}$ km입니다. 집에서 도서관까지의 거리는 집에서 학교까지의 거리의 몇 배인지 구해 보세요.

(   )

16 나눗셈을 계산할 수 있는 곱셈식을 찾아 이어 보세요.

| $\frac{9}{7} \div \frac{2}{5}$ | · | | · | $\frac{5}{3} \times \frac{6}{5}$ |

| $\frac{5}{3} \div \frac{5}{6}$ | · | | · | $\frac{4}{3} \times \frac{7}{3}$ |

| $1\frac{1}{3} \div \frac{3}{7}$ | · | | · | $\frac{9}{7} \times \frac{5}{2}$ |

17 □ 안에 알맞은 수를 구해 보세요.

$$\square \times \frac{6}{7} = 2$$

(   )

18 넓이가 $\frac{4}{3}$ m²인 평행사변형이 있습니다. 이 평행사변형의 밑변의 길이가 $\frac{4}{5}$ m일 때 높이는 몇 m인지 구해 보세요.

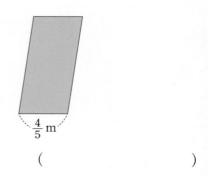

$\frac{4}{5}$ m

(   )

19 □ 안에 들어갈 수 있는 자연수는 모두 몇 개인지 구해 보세요.

$$6\frac{1}{4} \div 1\frac{7}{8} < \square < 8$$

(   )

20
서술형

물 12 L 중 2 L를 통에 덜어 내고 남은 물을 병 한 개에 $2\frac{1}{2}$ L씩 나누어 담으려고 합니다. 병은 몇 개 필요한지 풀이 과정을 쓰고 답을 구해 보세요.

풀이

_____

_____

_____

_____

답 _____

01 □ 안에 알맞은 수를 써넣으세요.

> 리본 13.5 cm를 0.9 cm씩 자르려고 합니다.
>
> 13.5 cm= [ ] mm, 0.9 cm= [ ] mm
>
> 입니다. 리본 13.5 cm를 0.9 cm씩 자르는 것은
>
> 리본 [ ] mm를 [ ] mm씩 자르는 것
>
> 과 같습니다.

$$13.5 \div 0.9 = \boxed{} \div 9$$

$$\boxed{} \div 9 = \boxed{}$$

$$13.5 \div 0.9 = \boxed{}$$

02 □ 안에 알맞은 수를 써넣으세요.

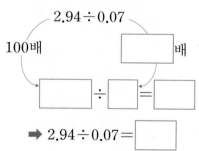

$$\Rightarrow 2.94 \div 0.07 = \boxed{}$$

03 보기 와 같이 계산해 보세요.

> **보기**
>
> $4.16 \div 0.32 = \dfrac{416}{100} \div \dfrac{32}{100} = 416 \div 32 = 13$

$3.57 \div 0.21$

04 계산해 보세요.

$$0.8) \overline{7.2}$$

05 가장 큰 수를 가장 작은 수로 나누어 보세요.

| 5.52 | 4.98 | 2.73 | 2.3 |

(   )

06 계산 결과가 <u>다른</u> 하나를 찾아 기호를 써 보세요.

> ㉠ $19.22 \div 6.2$ ㉡ $5.33 \div 4.1$ ㉢ $6.51 \div 2.1$

(   )

07 계산해 보세요.

(1) $26 \div 5.2$

(2)

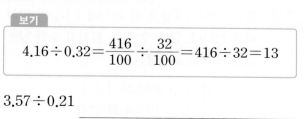

08 □ 안에 알맞은 수를 써넣으세요.

(1)

$85 \div 34 =$ ☐

$85 \div 3.4 =$ ☐

$85 \div 0.34 =$ ☐

(2)

$2.66 \div 0.07 =$ ☐

$26.6 \div 0.07 =$ ☐

$266 \div 0.07 =$ ☐

09 젤리 1.8 kg의 가격이 5400원입니다. 젤리 1 kg의 가격은 얼마인지 구해 보세요.

식 _____

답 _____

10 몫을 반올림하여 소수 둘째 자리까지 나타내어 보세요.

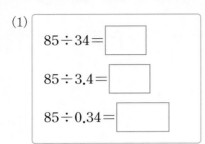 ➡ (   )

11 19÷7의 몫을 반올림하여 나타내어 보세요.

(1) 19÷7의 몫을 반올림하여 일의 자리까지 나타내어 보세요.

(   )

(2) 19÷7의 몫을 반올림하여 소수 첫째 자리까지 나타내어 보세요.

(   )

(3) 19÷7의 몫을 반올림하여 소수 둘째 자리까지 나타내어 보세요.

(   )

12 나눗셈의 몫을 자연수 부분까지 구하고 남는 수를 써 보세요.

$16.3 \div 2$

몫 (   )

남는 수 (   )

13 밀가루 34.1 kg을 한 봉지에 7 kg씩 담아 보관하려고 합니다. 담을 수 있는 봉지의 수와 남는 밀가루의 양을 구해 보세요.

담을 수 있는 봉지 수 (   )

남는 밀가루의 양 (   )

유형 1 □ 안에 알맞은 수 구하기

01 □ 안에 알맞은 수를 구해 보세요.

$$□ \times 0.7 = 26.6$$

(   )

비법

■ × ● = ▲에서 ■ = ▲ ÷ ●입니다.

02 □ 안에 알맞은 수를 써넣으세요.

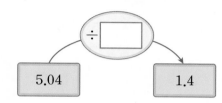

5.04   ÷ □   1.4

03 어떤 수를 1.8로 나누어야 할 것을 잘못하여 곱했더니 25.2가 되었습니다. 바르게 계산한 몫을 반올림하여 일의 자리까지 나타내어 보세요.

(   )

유형 2 자르는 횟수 구하기

04 길이가 63 cm인 테이프를 4.2 cm씩 자르려고 합니다. 모두 몇 번 잘라야 하는지 구해 보세요.

(   )

비법

테이프를 ●도막으로 자르려면 (● − 1)번 잘라야 합니다.

05 길이가 36 cm인 리본을 7.2 cm씩 자르려고 합니다. 모두 몇 번 잘라야 하는지 구해 보세요.

(   )

06 길이가 11.52 m인 노끈 중에서 0.72 m를 사용하고 남은 노끈을 1.8 m씩 자르려고 합니다. 모두 몇 번 잘라야 하는지 구해 보세요.

(   )

유형 **3** 도형에서 길이 구하기

07 넓이가 213.85 cm^2인 평행사변형이 있습니다. 이 평행사변형의 밑변의 길이가 16.45 cm일 때 높이는 몇 cm인지 구해 보세요.

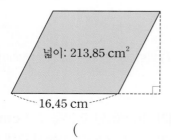

넓이: 213.85 cm^2

16.45 cm

(   )

비법
(평행사변형의 넓이)=(밑변의 길이)×(높이)
➡ (높이)=(평행사변형의 넓이)÷(밑변의 길이)

08 넓이가 43 cm^2인 삼각형이 있습니다. 이 삼각형의 밑변의 길이가 21.5 cm일 때 높이는 몇 cm인지 구해 보세요.

(   )

09 넓이가 23.22 cm^2인 사다리꼴이 있습니다. 이 사다리꼴의 윗변의 길이가 4.8 cm, 높이가 5.4 cm일 때 아랫변의 길이는 몇 cm인지 구해 보세요.

(   )

유형 **4** 몫의 소수 ☐째 자리 숫자 구하기

10 몫의 소수 17째 자리 숫자를 구해 보세요.

$8 \div 3$

(   )

비법
몫의 소수점 아래에 반복되는 숫자를 알아봅니다.

11 몫의 소수 25째 자리 숫자를 구해 보세요.

$5.7 \div 9$

(   )

12 몫의 소수 13째 자리 숫자와 소수 21째 자리 숫자의 합을 구해 보세요.

$3.5 \div 1.1$

(   )

01 $612÷3=204$를 이용하여 □ 안에 알맞은 수를 구하려고 합니다. 풀이 과정을 쓰고 답을 구해 보세요.

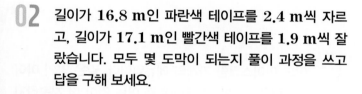

$$6.12÷0.03=\boxed{}$$

풀이

_____

_____

_____

답 _____

02 길이가 16.8 m인 파란색 테이프를 2.4 m씩 자르고, 길이가 17.1 m인 빨간색 테이프를 1.9 m씩 잘랐습니다. 모두 몇 도막이 되는지 풀이 과정을 쓰고 답을 구해 보세요.

풀이

_____

_____

_____

답 _____

03 송원이의 계산을 보고 틀린 이유를 쓰고 $6.25÷2.5$를 바르게 계산해 보세요.

$625÷25=25$이므로
$6.25÷2.5=25$입니다.

송원

이유 _____

_____

바르게 계산 _____

04 지영이는 22.4 m의 리본을 0.8 m씩 잘라 선물을 포장하고, 진혁이는 26.1 m의 리본을 0.9 m씩 잘라 선물을 포장하려고 합니다. 누가 선물을 몇 개 더 많이 포장할 수 있는지 풀이 과정을 쓰고 답을 구해 보세요.

풀이

_____

_____

_____

답 _____ , _____

05 $5.1÷7$의 몫을 반올림하여 소수 첫째 자리까지 나타낸 수와 반올림하여 소수 둘째 자리까지 나타낸 수의 차는 얼마인지 풀이 과정을 쓰고 답을 구해 보세요.

풀이

_____

_____

_____

답 _____

2 단원

06 ㉠과 ㉡ 중 더 큰 수의 기호를 쓰려고 합니다. 풀이 과정을 쓰고 답을 구해 보세요.

• $2.3×㉠=11.27$
• $㉡×0.9=10.8$

풀이

_____

_____

_____

답 _____

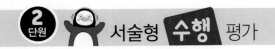
07 높이가 **6.5 cm**인 삼각형의 넓이가 **13 cm²**입니다. 이 삼각형의 밑변의 길이는 몇 **cm**인지 풀이 과정을 쓰고 답을 구해 보세요.

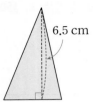

6.5 cm

풀이

_____

_____

_____

답 _____

08 □ 안에 들어갈 수 있는 자연수 중에서 가장 큰 수와 가장 작은 수의 합은 얼마인지 풀이 과정을 쓰고 답을 구해 보세요.

$$9 \div 1.2 < \square < 82.88 \div 5.92$$

풀이

_____

_____

_____

답 _____

09 어떤 수를 2.4로 나누어야 할 것을 잘못하여 곱했더니 8.88이 되었습니다. 바르게 계산했을 때의 몫을 반올림하여 일의 자리까지 나타내면 얼마인지 풀이 과정을 쓰고 답을 구해 보세요.

풀이

_____

_____

_____

_____

답 _____

10 어느 아이스크림 가게의 메뉴입니다. 같은 양의 아이스크림을 살 경우 ㉮와 ㉯ 중 어느 것이 더 저렴한지 풀이 과정을 쓰고 답을 구해 보세요.

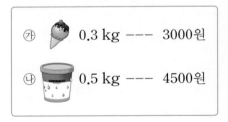

㉮ 0.3 kg ─── 3000원

㉯ 0.5 kg ─── 4500원

풀이

_____

_____

_____

답 _____

01 그림에 0.3씩 선을 그어 보고 그림에 알맞은 나눗셈 식을 세워 계산해 보세요.

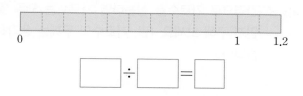

$$\boxed{} \div \boxed{} = \boxed{}$$

02 232÷2=116을 이용하여 □ 안에 알맞은 수를 써 넣으세요.

$$2.32 \div 0.02 = \boxed{}$$

03 조건 을 만족하는 나눗셈식을 쓰고 계산해 보세요.

조건

• 393÷3을 이용하여 계산할 수 있습니다.
• 나누어지는 수와 나누는 수를 각각 10배 한 식 은 393÷3입니다.

식 _____

04 혜주가 말한 방법으로 계산해 보세요.

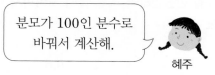

분모가 100인 분수로 바꿔서 계산해.

혜주

44.28÷1.08

_____

05 다음을 구해 보세요.

(1) | 19.2를 2.4로 나눈 몫 |

( )

(2) | 1.12를 0.16으로 나눈 몫 |

( )

06 길이가 64.8 cm인 색 테이프가 있습니다. 한 사람 에 10.8 cm씩 나누어 주면 몇 명에게 나누어 줄 수 있는지 구해 보세요.

( )

07 서술형 잘못 계산한 곳을 찾아 바르게 계산하고 이유를 써 보 세요.

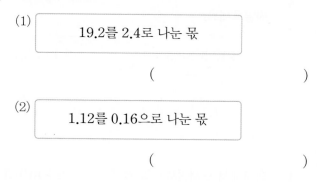

이유

_____

_____

08 계산 결과를 비교하여 ○ 안에 >, =, <를 알맞게 써넣으세요.

$$21.25 \div 8.5 \bigcirc 9.99 \div 3.7$$

09 학교에서 도서관까지의 거리는 21.28 km이고 학교에서 공원까지의 거리는 13.3 km입니다. 학교에서 도서관까지의 거리는 학교에서 공원까지의 거리의 몇 배인지 구해 보세요.

( )

10 □ 안에 알맞은 수를 써넣으세요.

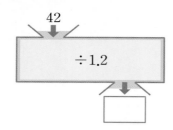

11 넓이가 30 m²인 직사각형 모양의 꽃밭이 있습니다. 이 꽃밭의 가로가 7.5 m라면 세로는 몇 m인지 구해 보세요.

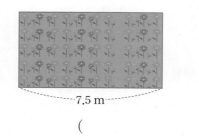
─7.5 m─

( )

12 길이가 42 m인 도로의 한쪽에 가로수를 심으려고 합니다. 도로의 처음과 끝에 가로수를 심고 3.5 m 간격으로 가로수를 심는다면 가로수는 모두 몇 그루인지 구해 보세요. (단, 가로수의 두께는 생각하지 않습니다.)

( )

13 어떤 수를 1.4로 나누어야 할 것을 잘못하여 곱했더니 29.4가 되었습니다. 바르게 계산하면 얼마인지 구해 보세요.

( )

14 몫을 반올림하여 소수 둘째 자리까지 나타내어 보세요.

$$2.3 \div 0.6$$

( )

15 몫을 반올림하여 주어진 자리까지 나타내어 보세요.

$$8 \div 13$$

소수 첫째 자리까지 (   )

소수 둘째 자리까지 (   )

16 계산 결과가 더 큰 것에 ○표 하세요.

$$35.7 \div 9$$

$35.7 \div 9$의 몫을 반올림하여 소수 첫째 자리까지 나타낸 수

(   )   (   )

17 서술형 몫을 반올림하여 일의 자리까지 나타낸 수와 몫을 반올림하여 소수 첫째 자리까지 나타낸 수의 차는 얼마인지 풀이 과정을 쓰고 답을 구해 보세요.

$$20.3 \div 3$$

풀이

_____

_____

_____

답 _____

18 보기 와 같이 계산하여 나눗셈의 몫을 자연수 부분까지 구하고 남는 수를 써 보세요.

보기

$23.6 \div 9 \Rightarrow 23.6 - 9 - 9 = 5.6$

몫: 2

남는 수: 5.6

$33.5 \div 8 \Rightarrow$ (   )

몫 (   )

남는 수 (   )

2 단원

19 음료수 $22.2\ \text{L}$를 한 사람에게 $4\ \text{L}$씩 나누어 주려고 합니다. 나누어 줄 수 있는 사람 수와 남는 음료수의 양은 몇 L인지 구해 보세요.

나누어 줄 수 있는 사람 수 (   )

남는 음료수의 양 (   )

20 한 상자에 $10.6\ \text{kg}$인 콩 3상자가 있습니다. 콩을 한 봉지에 $5\ \text{kg}$씩 나누어 담으려고 합니다. 콩을 모두 담으려면 봉지는 최소 몇 개 필요한지 구해 보세요.

(   )

[01~02] 자전거 사진을 여러 방향에서 찍었습니다. 각 사진은 어느 위치에서 찍은 것인지 기호를 써 보세요.

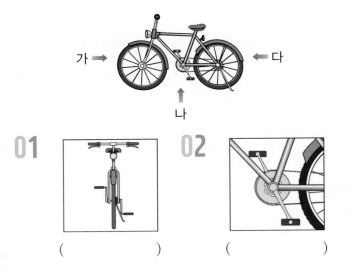

01 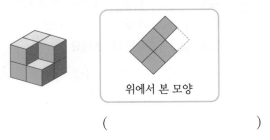 ( )

02 ( )

03 주어진 모양과 똑같이 쌓는 데 필요한 쌓기나무의 개수를 구해 보세요.

위에서 본 모양

( )

04 쌓기나무로 쌓은 모양을 보고 위에서 본 모양을 찾아 기호를 써 보세요.

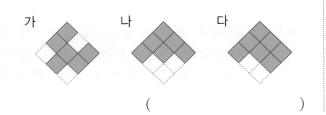

가   나   다

( )

05 쌓기나무로 쌓은 모양과 위에서 본 모양입니다. 앞과 옆에서 본 모양을 그려 보세요.

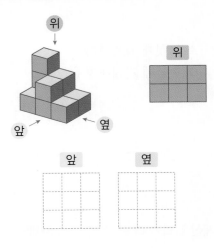

위

앞   옆

06 쌓기나무로 쌓은 모양을 위, 앞, 옆에서 본 모양입니다. 똑같은 모양으로 쌓는 데 필요한 쌓기나무는 몇 개인지 구해 보세요.

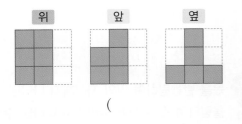

위   앞   옆

( )

07 쌓기나무로 쌓은 모양을 보고 위에서 본 모양에 수를 써 보세요.

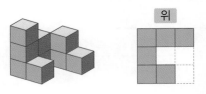

위

08 쌓기나무로 쌓은 모양을 보고 위에서 본 모양에 수를 썼습니다. 앞에서 본 모양을 그려 보세요.

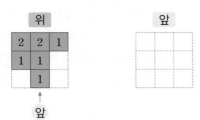

11 쌓기나무로 1층 위에 2층과 3층을 쌓으려고 합니다. 1층 모양을 보고 쌓을 수 있는 2층과 3층으로 알맞은 모양을 각각 찾아 기호를 써 보세요. (단, 2층과 3층은 서로 다른 모양입니다.)

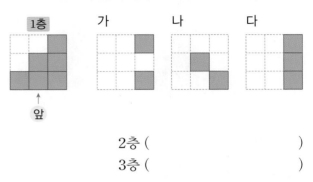

2층 (   )

3층 (   )

09 쌓기나무로 쌓은 모양과 1층의 모양을 보고 2층과 3층 모양을 각각 그려 보세요.

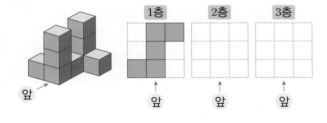

12 쌓기나무를 쌓아 붙인 것을 뒤집거나 돌렸을 때 보기와 같은 모양이 되는 것을 찾아 ○표 하세요.

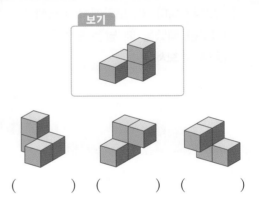

(   )   (   )   (   )

10 쌓기나무로 쌓은 모양을 층별로 나타낸 모양입니다. 위에서 본 모양에 수를 쓰는 방법으로 나타내고, 똑같은 모양으로 쌓는 데 필요한 쌓기나무의 개수를 구해 보세요.

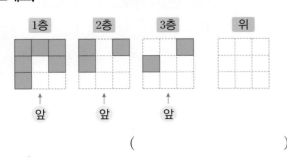

(   )

13 오른쪽은 가, 나, 다, 라 모양 중에서 두 가지 모양을 사용하여 만든 것입니다. 사용한 두 가지 모양을 찾아 기호를 써 보세요.

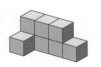

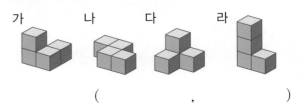

(,   )

유형 **1** 빼내고 남는 쌓기나무의 개수 구하기

01 주어진 모양에서 빨간색 쌓기나무를 빼냈을 때 남는 쌓기나무의 개수를 구해 보세요.

위에서 본 모양

(   )

비법

(남는 쌓기나무의 개수)
=(처음 쌓기나무의 개수)—(빼낸 쌓기나무의 개수)

02 오른쪽은 쌓기나무 9개를 사용하여 쌓은 모양입니다. 이 모양에서 초록색 쌓기나무를 빼냈을 때 남는 모양을 찾아 기호를 써 보세요.

가   나

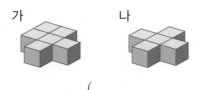

(   )

03 왼쪽 정육면체 모양에서 쌓기나무 몇 개를 빼냈더니 오른쪽과 같은 모양이 되었습니다. 빼낸 쌓기나무의 개수를 구해 보세요.

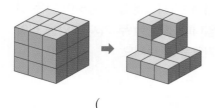

(   )

유형 **2** 보이지 않는 수 알아보기

04 쌓기나무 11개로 쌓은 모양을 보고 위에서 본 모양에 수를 썼는데 얼룩이 져서 보이지 않는 수가 있습니다. 쌓은 모양을 앞에서 보면 쌓기나무 몇 개로 보일지 구해 보세요.

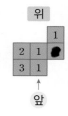

(   )

비법

보이는 면의 수는 각 줄에서 가장 큰 수의 합과 같습니다.

05 쌓기나무 10개로 쌓은 모양을 보고 위에서 본 모양에 수를 썼는데 얼룩이 져서 보이지 않는 수가 있습니다. 쌓은 모양을 앞에서 보면 쌓기나무 몇 개로 보일지 구해 보세요.

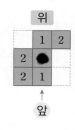

(   )

06 쌓기나무 12개로 쌓은 모양을 보고 위에서 본 모양에 수를 썼는데 얼룩이 져서 보이지 않는 수가 있습니다. 쌓은 모양을 앞과 옆에서 본 모양은 서로 같습니다. 빨간색과 파란색 얼룩에 놓인 쌓기나무는 각각 몇 개인지 차례로 구해 보세요.

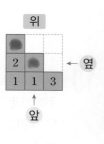

(   ), (   )

07 한 모서리의 길이가 1 cm인 쌓기나무로 쌓은 모양과 위에서 본 모양입니다. 쌓은 모양의 부피는 몇 cm³인지 구해 보세요.

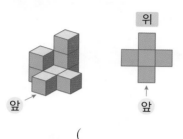

(   )

비법
(쌓기나무로 쌓은 모양의 부피)
＝(쌓기나무 1개의 부피)×(쌓기나무의 개수)

08 한 모서리의 길이가 1 cm인 쌓기나무로 쌓은 모양과 위에서 본 모양입니다. 쌓은 모양의 부피는 몇 cm³인지 구해 보세요.

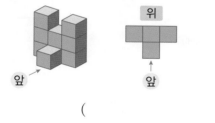

(   )

09 한 모서리의 길이가 2 cm인 쌓기나무로 쌓은 모양과 위에서 본 모양입니다. 쌓은 모양의 부피는 몇 cm³인지 구해 보세요.

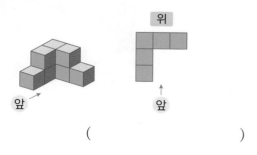

(   )

10 쌓기나무로 쌓은 모양과 위에서 본 모양입니다. 쌓기나무 한 개를 빼내어도 앞과 옆에서 본 모양이 변하지 않으려면 어느 것을 빼내야 하는지 기호를 써 보세요.

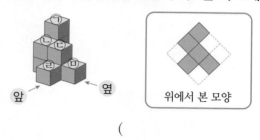

(   )

비법
쌓기나무 1개를 뺐을 때 앞과 옆에서 본 모양을 생각해 봅니다.

11 쌓기나무로 쌓은 모양과 위에서 본 모양입니다. 쌓기나무 한 개를 빼내어도 앞과 옆에서 본 모양이 변하지 않으려면 어느 것을 빼내야 하는지 기호를 써 보세요.

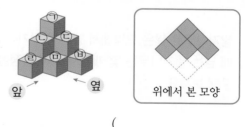

(   )

12 쌓기나무로 쌓은 모양과 위에서 본 모양입니다. 쌓기나무 한 개를 빼내어도 앞과 옆에서 본 모양이 변하지 않으려면 어느 것을 빼내야 하는지 모두 찾아 기호를 써 보세요.

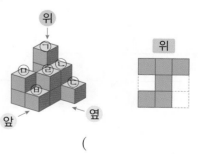

(   )

3단원

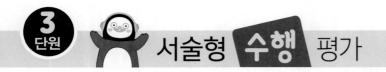

01 ㉮ 방향에서 찍은 사진을 찾아 기호를 쓰려고 합니다. 풀이 과정을 쓰고 답을 구해 보세요.

풀이

_____

_____

답 _____

02 쌓기나무로 쌓은 모양에서 빨간색 쌓기나무를 빼냈을 때 남는 쌓기나무는 몇 개인지 풀이 과정을 쓰고 답을 구해 보세요.

위에서 본 모양

풀이

_____

_____

답 _____

03 쌓기나무 8개로 쌓은 모양을 앞에서 본 모양이 다른 하나는 어느 것인지 풀이 과정을 쓰고 답을 구해 보세요.

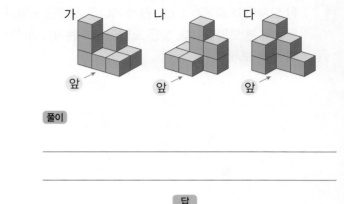

가 나 다

앞 앞 앞

풀이

_____

_____

답 _____

04 똑같은 모양으로 쌓는 데 필요한 쌓기나무는 몇 개인지 모두 구하려고 합니다. 풀이 과정을 쓰고 답을 구해 보세요.

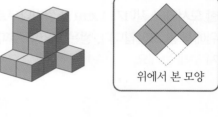

위에서 본 모양

풀이

_____

_____

답 _____

05 쌓기나무 16개로 주어진 모양과 똑같이 쌓으면 남는 쌓기나무는 몇 개인지 풀이 과정을 쓰고 답을 구해 보세요.

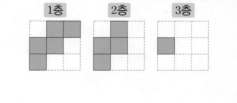

1층 2층 3층

풀이

_____

_____

답 _____

06 쌓기나무로 쌓은 모양을 위, 앞, 옆에서 본 모양입니다. 똑같은 모양으로 쌓는 데 필요한 쌓기나무는 몇 개인지 풀이 과정을 쓰고 답을 구해 보세요.

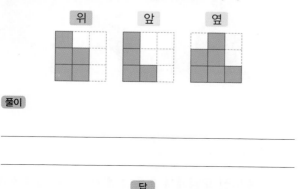

풀이

_____

_____

답 _____

07 모양에 쌓기나무 1개를 더 붙여서 만들 수 있는 서로 다른 모양은 몇 가지인지 풀이 과정을 쓰고 답을 구해 보세요.

풀이

_____

_____

답 _____

08 쌓기나무를 더 쌓아 가장 작은 정육면체 모양을 만들려고 합니다. 더 필요한 쌓기나무는 몇 개인지 풀이 과정을 쓰고 답을 구해 보세요.

위에서 본 모양

풀이

_____

_____

답 _____

09 윤하가 쌓기나무로 쌓은 모양과 위에서 본 모양이고, 재민이가 쌓기나무로 쌓은 모양을 위, 앞, 옆에서 본 모양입니다. 두 사람이 사용한 쌓기나무는 모두 몇 개인지 풀이 과정을 쓰고 답을 구해 보세요.

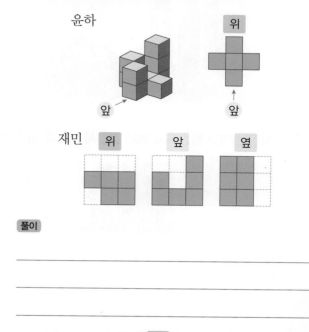

풀이

_____

_____

_____

답 _____

3
단원

10 한 모서리의 길이가 1 cm인 쌓기나무로 쌓은 모양의 겉넓이는 몇 cm²인지 풀이 과정을 쓰고 답을 구해 보세요.

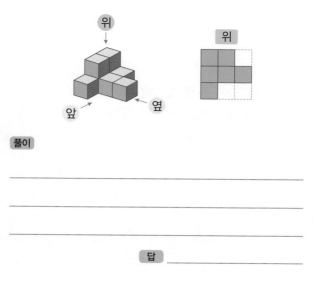

풀이

_____

_____

답 _____

[01~02] 여러 방향에서 사진을 찍었습니다. 물음에 답하세요.

01 사진은 어느 방향에서 찍은 것인지 기호를 써 보세요.

(   )

02 ⓒ 방향에서 사진을 찍은 것에 ○표 하세요.

(   )   (   )

03 케이크에 초를 꽂았습니다. ⓡ 방향에서 찍은 사진을 찾아 기호를 써 보세요.

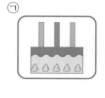

(   )

04 쌓기나무 6개로 쌓은 모양을 보고 위에서 본 모양에 ○표 하세요.

(   )   (   )

05 주어진 모양에서 초록색 쌓기나무를 빼냈을 때 남는 쌓기나무의 개수를 구해 보세요.

위에서 본 모양

(   )

06 은지는 쌓기나무 16개를 가지고 있습니다. 주어진 모양과 똑같이 쌓으면 남는 쌓기나무는 몇 개인지 풀이 과정을 쓰고 답을 구해 보세요.

서술형

위에서 본 모양

풀이

_____

_____

_____

답 _____

[07~08] 쌓기나무로 쌓은 모양과 위에서 본 모양입니다. 물음에 답하세요.

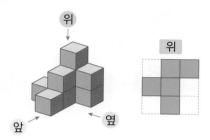

07 앞과 옆에서 본 모양을 그려 보세요.

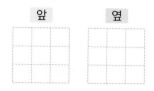

08 똑같은 모양으로 쌓는 데 필요한 쌓기나무는 몇 개인가요?

( )

09 쌓기나무로 쌓은 모양을 옆에서 본 모양입니다. 쌓은 모양이 될 수 있는 것에 ○표 하세요.

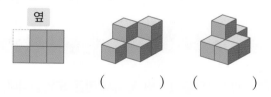

( ) ( )

10 한 모서리의 길이가 2 cm인 쌓기나무로 쌓은 모양의 부피는 몇 cm³인지 구해 보세요.

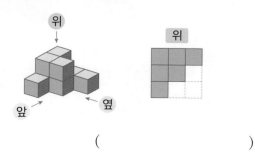

( )

11 쌓기나무로 쌓은 모양을 보고 위에서 본 모양에 수를 써 보세요.

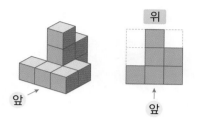

[12~13] 쌓기나무로 쌓은 모양을 보고 위에서 본 모양에 수를 썼습니다. 물음에 답하세요.

12 2층에 쌓은 쌓기나무는 몇 개인가요?

( )

13 똑같은 모양으로 쌓는 데 필요한 쌓기나무는 몇 개인가요?

( )

14 쌓기나무로 쌓은 모양을 보고 위에서 본 모양에 수를 썼습니다. 쌓은 모양을 앞에서 보았을 때 보이는 면은 몇 개인지 구해 보세요.

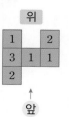

( )

15 쌓기나무 10개로 쌓은 모양입니다. 1층, 2층, 3층 모양을 각각 그려 보세요.

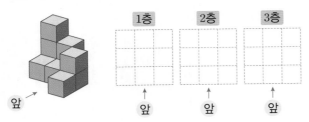

16 쌓기나무로 쌓은 모양을 층별로 나타낸 모양입니다. 위에서 본 모양을 그려 보고 위에서 본 모양에 수를 쓰는 방법으로 나타내어 보세요.

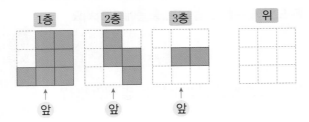

17 쌓기나무 7개를 사용하여 조건 에 맞게 쌓을 수 있는
서술형 방법은 모두 몇 가지인지 풀이 과정을 쓰고 답을 구해 보세요.

조건

• 쌓기나무로 쌓은 모양은 4층입니다.
• 위에서 본 모양은 직사각형이고 각 자리의 쌓기 나무의 개수는 모두 다릅니다.
• 모양을 돌렸을 때 같은 모양은 한 가지로 생각 합니다.

풀이

_____

_____

_____

답 _____

18 오른쪽 쌓기나무로 만든 모양을 뒤집거 나 돌렸을 때 같은 모양인 것을 찾아 기 호를 써 보세요.

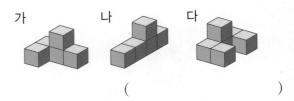

(   )

19 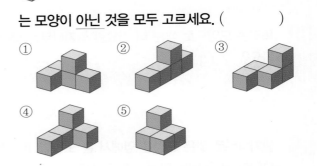 모양에 쌓기나무 1개를 붙여서 만들 수 있

는 모양이 아닌 것을 모두 고르세요. (   )

20 쌓기나무를 4개씩 붙여서 만든 모양입니다. 이 두 가 지 모양을 사용하여 만들 수 있는 모양을 찾아 기호를 써 보세요.

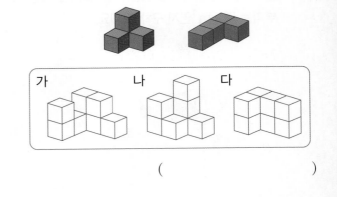

(   )

01 전항과 후항을 써 보세요.

비	전항	후항
8 : 13		
25 : 6		

02 5 : 6과 비율이 같은 비를 구하려고 합니다. 비의 성질을 이용하여 □ 안에 알맞은 수를 써넣으세요.

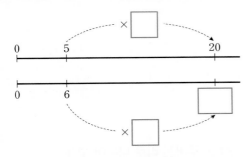

➡ 5 : 6과 20 : □ 의 비율은 같습니다.

03 비의 성질을 이용하여 14 : 18과 비율이 같은 비를 2개 써 보세요.

(,)

04 간단한 자연수의 비로 나타내어 보세요.

(1) $\dfrac{5}{8} : 1\dfrac{1}{6}$ ➡ ( )

(2) 12.5 : 15 ➡ ( )

05 지훈이는 피자 한 판의 $\dfrac{1}{4}$을 먹고, 동생은 같은 피자의 $\dfrac{2}{7}$를 먹었습니다. 지훈이와 동생이 먹은 피자의 양을 간단한 자연수의 비로 나타내어 보세요.

( )

06 비례식에서 외항과 내항을 각각 쓰고, 외항의 곱과 내항의 곱을 구해 보세요.

$$3 : 7 = 18 : 42$$

외항 ( )
내항 ( )
외항의 곱 ( )
내항의 곱 ( )

4 단원

07 비율이 같은 두 비를 찾아 비례식을 세워 보세요.

□ : □ = □ : □

08 비례식을 찾아 ○표 하세요.

$7 : 12 = 21 : 24$ (   )

$1.8 : 4.2 = 3 : 7$ (   )

$\dfrac{1}{9} : \dfrac{1}{11} = 9 : 11$ (   )

09 비례식의 성질을 이용하여 □ 안에 알맞은 수를 써넣으세요.

(1) □ : $30 = 22 : 10$

(2) $14 :$ □ $= 7 : 18$

10 딸기 400 g으로 딸기우유 8컵을 만들 수 있습니다. 딸기 900 g으로는 딸기우유를 몇 컵 만들 수 있는지 구해 보세요.

(   )

11 일정한 빠르기로 5시간 동안 450 km를 갈 수 있는 자동차가 있습니다. 같은 빠르기로 이 자동차를 타고 270 km를 가려면 몇 시간이 걸릴지 구해 보세요.

(   )

12 81을 주어진 비로 나누어 보세요.

$7 : 2$ ➡ (,   )

13 리본 60 cm를 9 : 3으로 자르려고 합니다. 각각 몇 cm로 자르면 되는지 구해 보세요.

(,   )

유형 **1** 비의 성질을 이용하여 □ 구하기

01 **14 : 36**과 비율이 같고 전항이 7인 비가 있습니다. 이 비의 후항은 얼마인지 구해 보세요.

$$7 : \square$$

( )

비법

비의 전항과 후항에 0이 아닌 같은 수를 곱하거나 전항과 후항을 0이 아닌 같은 수로 나누어도 비율은 같습니다.

02 **0.5 : □**를 간단한 자연수의 비로 나타내었더니 **1 : 5**가 되었습니다. □ 안에 알맞은 소수를 구해 보세요.

( )

03 다음 비를 간단한 자연수의 비로 나타내었더니 **3 : 4**가 되었습니다. □ 안에 알맞은 수를 구해 보세요.

$$\frac{\square}{5} : 0.8$$

( )

유형 **2** 조건에 맞는 비례식 만들기

04 조건 에 맞게 비례식을 완성해 보세요.

조건

• 비율은 $\frac{3}{7}$입니다.

• 내항의 곱은 84입니다.

$$\square : \square = 12 : \square$$

비법

• 비율이 $\frac{\blacksquare}{\bullet}$이면 비는 ■ : ●입니다.

• 비례식에서 외항의 곱과 내항의 곱은 같습니다.

05 조건 에 맞게 비례식을 완성해 보세요.

조건

• 비율은 $\frac{4}{3}$입니다.

• 내항의 곱은 72입니다.

$$\square : \square = 24 : \square$$

06 조건 에 맞게 비례식을 만들어 보세요.

조건

• 외항의 곱은 360입니다.

• 전항은 각각 36, 6입니다.

( )

유형 **3** 비례배분 이용하여 낮 · 밤의 길이 구하기

07 어느 날 낮과 밤의 길이의 비가 5.5 : 6.5라면 낮은 몇 시간인지 구해 보세요.

( )

비법
먼저 간단한 자연수의 비로 바꾼 후 주어진 비로 비례배분합니다.

08 어느 날 낮과 밤의 길이의 비가 7.5 : 4.5라면 밤은 몇 시간인지 구해 보세요.

( )

09 어느 날 낮과 밤의 길이의 비가 2.1 : 2.7이라면 낮은 몇 시간 몇 분인지 구해 보세요.

( )

유형 **4** 빨리 가거나 느리게 간 시각 구하기

10 하루에 4분씩 빨라지는 시계가 있습니다. 오늘 오후 8시에 시계를 정확히 맞추어 놓았습니다. 다음 날 오후 2시에 이 시계가 가리키는 시각은 오후 몇 시 몇 분인지 구해 보세요.

( )

비법
주어진 시간 동안 몇 분이 빨라지는지 비례식을 이용하여 구해 봅니다.

11 하루에 6분씩 빨라지는 시계가 있습니다. 오늘 오후 5시에 시계를 정확히 맞추어 놓았습니다. 다음 날 오후 1시에 이 시계가 가리키는 시각은 오후 몇 시 몇 분인지 구해 보세요.

( )

12 하루에 8분씩 느려지는 시계가 있습니다. 오늘 오후 7시에 시계를 정확히 맞추어 놓았습니다. 다음 날 오전 10시에 이 시계가 가리키는 시각은 오전 몇 시 몇 분인지 구해 보세요.

( )

01 두 가지 방법으로 $1.5 : 2\frac{1}{4}$을 간단한 자연수의 비로 나타내어 보세요.

방법 1

_____

_____

방법 2

_____

_____

02 비례식을 바르게 세운 사람의 이름을 쓰려고 합니다. 풀이 과정을 쓰고 답을 구해 보세요.

내가 세운 식은
$0.3 : 0.5 = 5 : 8$!
민주

난 $\frac{1}{2} : \frac{1}{5} = 25 : 10$!
성호

풀이

_____

_____

_____

답 _____

03 비례식에서 내항의 곱이 120입니다. ㉠과 ㉡은 얼마인지 풀이 과정을 쓰고 답을 구해 보세요.

$$4 : ㉠ = 5 : ㉡$$

풀이

_____

_____

_____

답 ㉠: _____ , ㉡: _____

04 ㉠×㉡은 얼마인지 대분수로 구하려고 합니다. 풀이 과정을 쓰고 답을 구해 보세요.

$$0.9 : 2.1 = ㉠ : 7 \qquad \frac{5}{6} : ㉡ = \frac{1}{2} : \frac{9}{10}$$

풀이

_____

_____

_____

답 _____

05 높이가 9 m인 탑의 그림자 길이는 3.6 m입니다. 같은 시각에 옆 건물의 높이가 45 m라면 건물의 그림자 길이는 몇 m인지 풀이 과정을 쓰고 답을 구해 보세요.

풀이

_____

_____

_____

답 _____

06 32000원짜리 케이크를 사기 위해 세훈이와 시윤이가 케이크 값을 3 : 5로 나누어 내려고 합니다. 두 사람이 내야 할 돈의 금액의 차는 얼마인지 풀이 과정을 쓰고 답을 구해 보세요.

풀이

_____

_____

_____

답 _____

07 가로와 세로의 비가 3 : 2가 되도록 태극기를 그리려고 합니다. 가로를 18 cm로 하면 세로는 몇 cm로 그려야 하는지 비의 성질을 이용하여 풀이 과정을 쓰고 답을 구해 보세요.

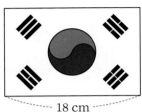

└ 18 cm ┘

풀이

_____

_____

_____

답 _____

08 삼각형 가와 나의 넓이의 비를 간단한 자연수의 비로 나타내려고 합니다. 풀이 과정을 쓰고 답을 구해 보세요.

가   나

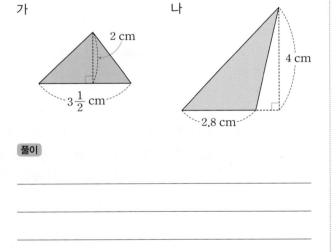

2 cm

$3\frac{1}{2}$ cm

4 cm

2.8 cm

풀이

_____

_____

_____

답 _____

09 맞물려 돌아가는 두 톱니바퀴 ㉮, ㉯가 있습니다. 톱니바퀴 ㉮의 톱니는 63개, 톱니바퀴 ㉯의 톱니는 28개입니다. 톱니바퀴 ㉮가 20바퀴 도는 동안에 톱니바퀴 ㉯는 몇 바퀴 도는지 풀이 과정을 쓰고 답을 구해 보세요.

풀이

_____

_____

_____

_____

답 _____

10 지훈이는 우유 사탕과 딸기 사탕의 비가 3 : 7이 되도록 사탕을 샀습니다. 딸기 사탕을 91개 샀다면 지훈이가 산 사탕은 모두 몇 개인지 풀이 과정을 쓰고 답을 구해 보세요.

풀이

_____

_____

_____

_____

답 _____

정답과 풀이 64쪽

01 후항이 가장 작은 비는 어느 것인가요? (   )

① 7 : 3   ② 5 : 14

③ 3 : 2   ④ 9 : 1

⑤ 4 : 9

02 비의 성질을 이용하여 비율이 같은 비를 찾아 이어 보세요.

6 : 7	•		•	60 : 25
3 : 8	•		•	48 : 56
12 : 5	•		•	21 : 56

03 비의 성질을 바르게 설명한 사람을 찾아 이름을 써 보세요.

민하: 비의 전항과 후항을 0이 아닌 같은 수로 나누어도 비율은 같아.

진수: 비의 전항과 후항에서 0이 아닌 같은 수를 빼도 비율은 같아.

연서: 비의 전항과 후항에 같은 수를 곱해도 비율은 같아.

(   )

04 $0.27 : 1.34$를 간단한 자연수의 비로 나타내려고 합니다. 전항과 후항에 각각 얼마를 곱해야 하는지 찾아 써 보세요.

| 2 | 5 | 10 | 100 | 150 |

(   )

05 간단한 자연수의 비로 나타내어 보세요.

$$\frac{2}{5} : 1\frac{4}{7}$$

(   )

06 다미와 연우는 같은 책을 읽고 있습니다. 다미는 책의 $\frac{2}{3}$만큼 읽었고, 연우는 0.7만큼 읽었습니다. 다미가 읽은 책의 양에 대한 연우가 읽은 책의 양의 비를 간단한 자연수의 비로 나타내어 보세요.

(   )

07 두 정사각형 가와 나의 한 변의 길이의 비는 $6 : 9$입니다. 두 정사각형 가와 나의 넓이의 비를 간단한 자연수의 비로 나타내어 보세요.

(   )

08 비례식에서 외항과 내항을 써 보세요.

$$9 : 15 = 3 : 5$$

외항 (,   )
내항 (,   )

09 비례식에서 내항이면서 후항인 수를 찾아 써 보세요.

$$21 : 27 = 7 : 9$$

(   )

10 비례식을 모두 찾아 기호를 써 보세요.

㉠ $4 : 9 = 12 : 27$ ㉡ $13 : 26 = 1 : 3$
㉢ $5 : 14 = 15 : 28$ ㉣ $10 : 3 = 9 : 2.7$

(   )

11 비례식의 성질을 이용하여 □ 안에 알맞은 수를 구해 보세요.

(1)
$$8 : 14 = 16 : \square$$

(   )

(2)
$$4.2 : 2.4 = \square : 4$$

(   )

12 조건 에 맞는 비례식을 완성해 보세요.

조건
• 외항의 곱은 144입니다.
• 비율은 $\frac{1}{4}$입니다.

$$\square : \square = 12 : \square$$

13 직사각형 모양 액자의 가로와 세로의 비는 $18 : 25$ 입니다. 이 액자의 세로가 $100\ cm$일 때 가로는 몇 cm인지 구해 보세요.

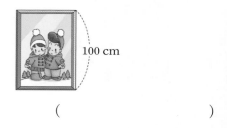
100 cm

(   )

14 소금 $8\ kg$을 얻으려면 바닷물 $160\ L$가 필요합니다. 소금 $5\ kg$을 얻으려면 바닷물 몇 L가 필요한지 풀이 과정을 쓰고 답을 구해 보세요.

풀이

_____

_____

_____

_____

답 _____

15 현아네 집에서 학교와 도서관까지의 거리입니다. 현아가 학교에서 집까지 걸어가는 데 **10**분이 걸렸습니다. 현아가 같은 빠르기로 집에서 도서관까지 가는 데 몇 분 몇 초가 걸리는지 구해 보세요.

학교	도서관
150 m	320 m

(   )

16 현규와 동생의 몸무게의 합은 **95 kg**입니다. 현규와 동생의 몸무게의 비가 **3 : 2**일 때 현규의 몸무게는 몇 **kg**인지 구해 보세요.

(   )

17 **42**를 **20 : 15**로 나누어 보세요.

(,   )

18 귤 **52**개를 서현이와 민수가 **5 : 8**로 나누어 가졌습니다. 두 사람 중에서 누가 귤을 몇 개 더 많이 가졌는지 구해 보세요.

(   ), (   )

19 공책을 형식이와 동준이가 **9 : 5**로 나누어 가졌습니다. 동준이가 가진 공책이 **25**권이라면 전체 공책은 몇 권인지 구해 보세요.

(   )

20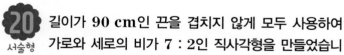
서술형

길이가 **90 cm**인 끈을 겹치지 않게 모두 사용하여 가로와 세로의 비가 **7 : 2**인 직사각형을 만들었습니다. 만든 직사각형의 넓이는 몇 **cm²**인지 풀이 과정을 쓰고 답을 구해 보세요.

풀이

_____

_____

_____

_____

답 _____

01 오른쪽 원에 대한 설명으로 <u>잘못</u> 된 것은 어느 것인가요? (   )

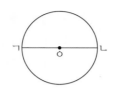

① 선분 ㄱㄴ은 원의 지름입니다.
② 원의 둘레를 원주라고 합니다.
③ 선분 ㄱㅇ은 원의 반지름입니다.
④ 지름이 길어지면 원주는 짧아집니다.
⑤ 원주가 길어지면 반지름도 길어집니다.

02 그림을 보고 물음에 답하세요.

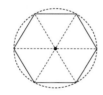

(1) □ 안에 알맞은 수나 말을 써넣으세요.

(정육각형의 둘레) = (원의 [   ]) × 6

   = (원의 지름) × [   ]

(2) ○ 안에 >, =, <를 알맞게 써넣으세요.

(정육각형의 둘레) ◯ (원주)

03 원주가 22 cm, 지름이 7 cm인 원이 있습니다. (원주)÷(지름)은 얼마인지 반올림하여 소수 둘째 자 리까지 나타내어 보세요.

(   )

04 원주를 구해 보세요. (원주율: 3.14)

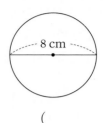

(   )

05 선영이가 만든 피자의 둘레는 몇 cm인지 구해 보세요. (원주율: 3.1)

내가 만든 피자는 반지름이 10 cm인 원 모양이에요.

선영

(   )

06 현우는 48 cm 길이의 노끈을 남김없이 사용하여 원을 만들었습니다. 원의 지름은 몇 cm인지 구해 보세요. (원주율: 3)

(   )

07 바퀴의 지름이 40 m인 대관람차에 5 m 간격으로 관람차가 매달려 있습니다. 모두 몇 대의 관람차가 매달려 있는지 구해 보세요.
(원주율: 3)

(   )

08 원 안의 정사각형과 원 밖의 정사각형의 넓이를 이용하여 반지름이 5 cm인 원의 넓이를 어림하려고 합니다. □ 안에 알맞은 수를 써넣으세요.

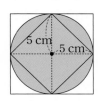

원의 넓이는 □ cm²보다 넓고,

□ cm²보다 좁습니다.

09 원의 넓이를 구해 보세요. (원주율: 3.14)

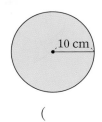

10 cm

( )

10 두 원의 넓이의 차는 몇 cm²인지 구해 보세요.

(원주율: 3)

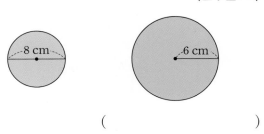

8 cm   6 cm

( )

11 넓이가 27 cm²인 원이 있습니다. 이 원의 반지름은 몇 cm인지 구해 보세요. (원주율: 3)

( )

12 색칠한 부분의 넓이를 구해 보세요. (원주율: 3.1)

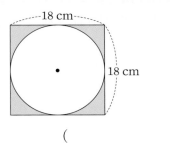

18 cm
18 cm

( )

13 과녁에서 가장 작은 원의 지름은 6 cm이고, 각 원의 반지름은 2 cm씩 커집니다. 8점인 부분의 넓이는 몇 cm²인지 구해 보세요. (원주율: 3)

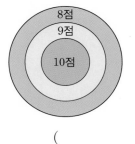

8점
9점
10점

( )

유형 **1** 굴러간 횟수 구하기

01 지름이 **40 cm**인 굴렁쇠를 몇 바퀴 굴렸더니 앞으로 **360 cm**만큼 굴러갔습니다. 굴렁쇠가 굴러간 횟수는 몇 바퀴인지 구해 보세요. (원주율: **3**)

(   )

비법
굴러간 거리를 원주로 나누면 굴러간 횟수를 구할 수 있습니다.

02 지름이 **70 cm**인 굴렁쇠를 몇 바퀴 굴렸더니 앞으로 **1470 cm**만큼 굴러갔습니다. 굴렁쇠가 굴러간 횟수는 몇 바퀴인지 구해 보세요. (원주율: **3**)

(   )

03 반지름이 **30 cm**인 굴렁쇠를 몇 바퀴 굴렸더니 앞으로 **753.6 cm**만큼 굴러갔습니다. 굴렁쇠가 굴러간 횟수는 몇 바퀴인지 구해 보세요. (원주율: **3.14**)

(   )

유형 **2** 둘레의 길이 구하기

04 두 원을 겹치지 않게 이어 붙였습니다. 두 원의 원주의 합은 몇 **cm**인지 구해 보세요. (원주율: **3.1**)

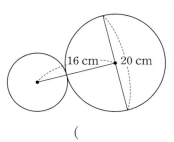

(   )

비법
원의 지름 또는 반지름을 구하여 원주를 구합니다.

05 색칠한 부분의 둘레를 구해 보세요. (원주율: **3**)

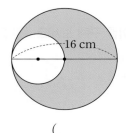

(   )

06 삼각형 ㄱㄴㄷ의 둘레가 **19 cm**입니다. 색칠한 부분의 둘레를 구해 보세요. (원주율: **3.14**)

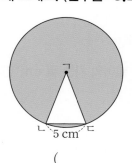

(   )

유형 ❸ 컴퍼스로 그린 원의 넓이 구하기

07 컴퍼스의 침과 연필심 사이를 2 cm만큼 벌려서 그린 원의 넓이는 몇 cm²인지 구해 보세요.

(원주율: 3.14)

(   )

비법
컴퍼스의 침과 연필심 사이의 길이는 원의 반지름입니다.

08 컴퍼스의 침과 연필심 사이를 7 cm만큼 벌려서 그린 원의 넓이는 몇 cm²인지 구해 보세요. (원주율: 3.14)

(   )

09 길이가 6 m인 밧줄을 사용하여 운동장에 원을 그리려고 합니다. 그릴 수 있는 가장 큰 원의 넓이는 몇 m²인지 구해 보세요. (원주율: 3.1)

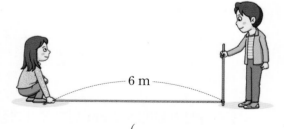

6 m

(   )

유형 ❹ 원의 넓이(원주)가 주어질 때 원주(원의 넓이) 구하기

10 넓이가 147 cm²인 원의 원주는 몇 cm인지 구해 보세요. (원주율: 3)

(   )

비법
원의 반지름을 먼저 구한 후 원주를 구합니다.

11 넓이가 192 cm²인 원의 원주는 몇 cm인지 구해 보세요. (원주율: 3)

(   )

12 원주가 55.8 cm인 원의 넓이는 몇 cm²인지 구해 보세요. (원주율: 3.1)

(   )

5 단원

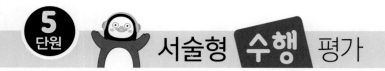

01

원 모양의 접시입니다. (원주)÷(지름)을 각각 계산하여 원주율에 대해 알 수 있는 점을 써 보세요.

접시			
원주(cm)	31.4	47.1	62.8
지름(cm)	10	15	20

알 수 있는 점

_____

_____

_____

02

잘못된 설명을 찾아 기호를 쓰고 바르게 고쳐 보세요.

> ㉠ 원의 크기와 상관없이 원주율은 일정합니다.
> ㉡ 원주율은 끝없이 계속되기 때문에 3, 3.1, 3.14 등으로 어림하여 사용합니다.
> ㉢ 원주율은 원의 반지름에 대한 원주의 비율입니다.

잘못된 것 _____

바르게 고치기

_____

_____

03

반지름이 7 cm인 원의 원주는 몇 cm인지 풀이 과정을 쓰고 답을 구해 보세요. (원주율: 3.1)

풀이

_____

_____

_____

답 _____

04

㉠ 원의 넓이는 ㉡ 원의 넓이의 몇 배인지 풀이 과정을 쓰고 답을 구해 보세요. (원주율: 3)

> ㉠ 반지름이 2 cm인 원
> ㉡ 지름이 2 cm인 원

풀이

_____

_____

답 _____

[05~06] 오른쪽 도형을 보고 물음에 답하세요.

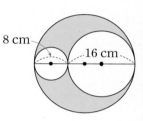

05

색칠한 부분의 둘레는 몇 cm인지 풀이 과정을 쓰고 답을 구해 보세요. (원주율: 3.14)

풀이

_____

_____

_____

답 _____

06

색칠한 부분의 넓이는 몇 cm²인지 풀이 과정을 쓰고 답을 구해 보세요. (원주율: 3.14)

풀이

_____

_____

_____

답 _____

07 넓이가 251.1 cm²인 원 모양의 호두파이를 만들려고 합니다. 호두파이의 지름을 몇 cm로 해야 하는지 풀이 과정을 쓰고 답을 구해 보세요. (원주율: 3.1)

풀이

답 _____

08 원 모양인 윗면의 반지름이 3 cm인 음료수 캔 4개를 그림과 같이 끈으로 한 번 둘러 묶었습니다. 사용한 끈의 길이는 몇 cm인지 풀이 과정을 쓰고 답을 구해 보세요. (단, 매듭의 길이는 생각하지 않습니다.)

(원주율: 3)

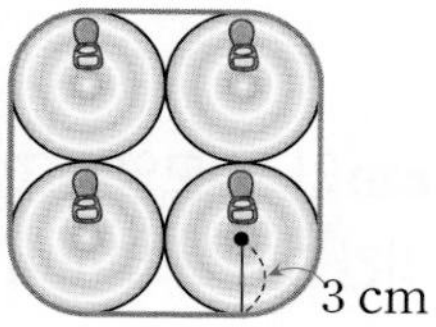

3 cm

풀이

답 _____

09 큰 원의 원주는 작은 원의 원주의 2배입니다. 작은 원의 원주가 25.12 cm일 때 큰 원의 넓이는 몇 cm²인지 풀이 과정을 쓰고 답을 구해 보세요.

(원주율: 3.14)

풀이

답 _____

10 과녁을 보고 노란색, 빨간색, 초록색이 차지하는 부분의 넓이는 각각 몇 cm²인지 풀이 과정을 쓰고 답을 구해 보세요. (원주율: 3.1)

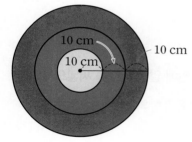

풀이

답 노란색 _____
　　빨간색 _____
　　초록색 _____

5 단원

[01~02] 한 변의 길이가 1 cm인 정육각형, 지름이 2 cm인 원, 한 변의 길이가 2 cm인 정사각형을 보고 물음에 답하세요.

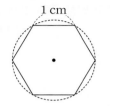
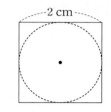

01 정육각형의 둘레와 정사각형의 둘레를 수직선에 표시하고 원주가 얼마쯤 될지 수직선에 표시해 보세요.

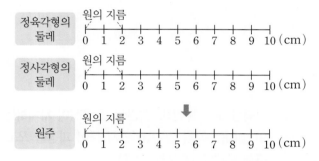

02 □ 안에 알맞은 수를 써넣으세요.

(정육각형의 둘레) < (원주)

(원주) < (정사각형의 둘레)

↓

(원의 지름) × □ < (원주)

(원주) < (원의 지름) × □

03 지름이 4 cm인 원의 원주가 12.56 cm입니다. 원주율을 구해 보세요.

(원주율) = (원주) ÷ (지름)

= □ ÷ □ = □

04 다음 중 옳지 않은 것은 어느 것인가요? ( )

① 원주율은 항상 일정합니다.
② 원의 둘레를 원주라고 합니다.
③ 지름은 (원주) × (원주율)입니다.
④ 지름이 길어지면 원주도 길어집니다.
⑤ 원의 지름에 대한 원주의 비율을 원주율이라고 합니다.

05 원주를 구해 보세요. (원주율: 3.1)

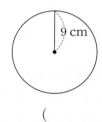

9 cm

( )

06 지름이 8 cm인 원 모양의 고리를 2바퀴 굴렸습니다. 고리가 굴러간 거리는 몇 cm인지 구해 보세요.

(원주율: 3.14)

( )

07 큰 원부터 차례로 기호를 써 보세요. (원주율: 3)

㉠ 반지름이 13 cm인 원
㉡ 지름이 29 cm인 원
㉢ 원주가 81 cm인 원

( )

08 원주가 94.2 cm인 원의 반지름은 몇 cm인지 구해 보세요. (원주율: 3.14)

(   )

09 색칠한 부분의 둘레를 구해 보세요. (원주율: 3.1)

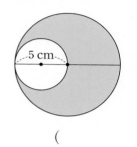

(   )

10 원주가 48 cm인 원과 원주가 21 cm인 원이 있습니다. 두 원의 지름의 차는 몇 cm인지 구해 보세요.

(원주율: 3)

(   )

11 서술형 오른쪽 그림과 같은 모양을 만들려고 합니다. 파란색으로 색칠한 부분의 둘레는 몇 cm인지 풀이 과정을 쓰고 답을 구해 보세요.

(원주율: 3)

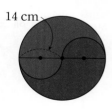

풀이

_____

_____

_____

_____

답 _____

12 원 안의 정사각형의 넓이와 원 밖의 정사각형의 넓이를 구하여 반지름이 12 cm인 원의 넓이를 어림하려고 합니다. □ 안에 알맞은 수를 써넣으세요.

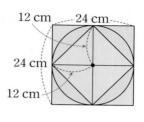

$\boxed{}$ cm² < (원의 넓이)

(원의 넓이) < $\boxed{}$ cm²

13 원 안의 초록색 모눈과 원 밖의 빨간색 선 안쪽 모눈의 칸수를 구하여 원의 넓이를 어림하려고 합니다. □ 안에 알맞은 수를 써넣으세요.

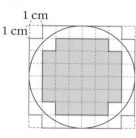

$\boxed{}$ cm² < (원의 넓이)

(원의 넓이) < $\boxed{}$ cm²

14 원을 한없이 잘라서 이어 붙여 직사각형을 만들었습니다. □ 안에 알맞은 수를 써넣으세요. (원주율: 3)

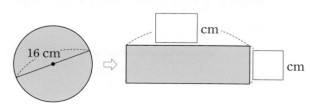

15 원의 넓이를 구해 보세요. (원주율: 3)

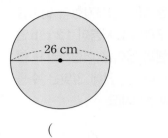

26 cm

(   )

16 직사각형 모양의 종이를 잘라 만들 수 있는 가장 큰 원의 넓이는 몇 cm^2인지 구해 보세요. (원주율: 3.1)

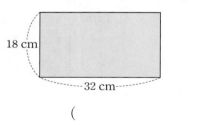

18 cm

32 cm

(   )

17 길이가 43.4 cm인 끈을 겹치지 않게 붙여서 원을 만들었습니다. 만든 원의 넓이는 몇 cm^2인지 구해 보세요. (원주율: 3.1)

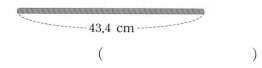

43.4 cm

(   )

18 색칠한 부분의 넓이를 구해 보세요. (원주율: 3)

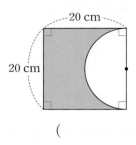

20 cm

20 cm

(   )

19 색칠한 부분의 넓이를 구해 보세요. (원주율: 3.14)

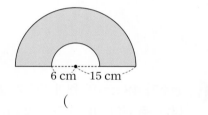

6 cm   15 cm

(   )

20 색칠한 부분의 넓이는 몇 cm^2인지 풀이 과정을 쓰고 답을 구해 보세요. (원주율: 3.1)

서술형

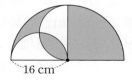

16 cm

풀이

_____

_____

_____

_____

답 _____

정답과 풀이 69쪽

01 원기둥에서 □ 안에 각 부분의 이름을 써넣으세요.

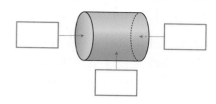

04 한 변을 기준으로 직사각형 모양의 종이를 돌려 원기둥을 만들었습니다. 원기둥의 밑면의 지름과 높이를 구해 보세요. (원주율: 3)

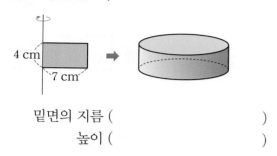

밑면의 지름 (   )

높이 (   )

02 주어진 모양의 종이를 한 변을 기준으로 돌려서 만든 입체도형의 이름을 각각 써 보세요.

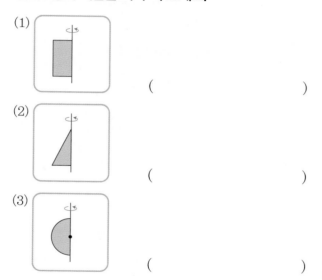

(1) (   )

(2) (   )

(3) (   )

05 원기둥의 전개도에서 선분 ㄱㄴ의 길이는 원기둥의 무엇과 같은지 써 보세요.

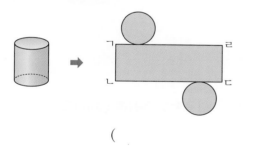

(   )

03 원기둥의 높이는 몇 cm인지 구해 보세요.

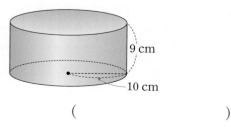

9 cm

10 cm

(   )

06 원기둥의 전개도를 찾아 ○표 하세요.

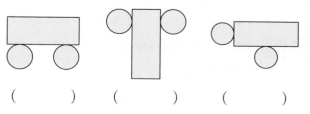

(   )   (   )   (   )

07 원기둥과 원기둥의 전개도를 보고 □ 안에 알맞은 수를 써넣으세요. (원주율: 3.1)

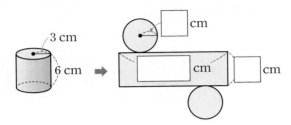

08 원뿔은 어느 것인가요? ( )

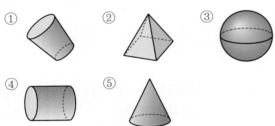

[09~10] 원뿔을 보고 물음에 답하세요.

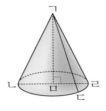

09 원뿔에서 높이인 선분을 찾아 써 보세요.

( )

10 선분 ㄱㄴ의 길이가 8 cm일 때 선분 ㄱㄷ의 길이는 몇 cm인가요?

( )

11 원기둥과 원뿔에 대한 설명으로 옳지 <u>않은</u> 것은 어느 것인가요? ( )

① 원뿔에서 모선의 길이는 모두 같습니다.
② 원기둥과 원뿔의 밑면은 원입니다.
③ 원기둥과 원뿔의 밑면은 2개씩입니다.
④ 원기둥과 원뿔의 옆면은 굽은 면입니다.
⑤ 원뿔은 모선이 무수히 많습니다.

12 구의 반지름은 몇 cm인가요?

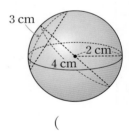

( )

13 구에 대한 설명으로 옳은 것을 모두 찾아 기호를 써 보세요.

㉠ 구의 중심은 1개입니다.
㉡ 구에서 반지름은 지름의 2배입니다.
㉢ 구를 앞에서 본 모양은 정사각형입니다.
㉣ 구를 어느 방향에서 보아도 모양이 같습니다.

( )

유형 ① 돌려 만든 원기둥의 밑면의 지름 구하기

01 한 변을 기준으로 직사각형 모양의 종이를 돌려 만든 원기둥의 밑면의 지름은 몇 cm인지 구해 보세요.

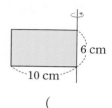

6 cm
10 cm

(   )

비법
직사각형에서 기준이 되는 변이 원기둥의 높이가 됩니다.

02 한 변을 기준으로 직사각형 모양의 종이를 돌려 만든 원기둥의 밑면의 지름은 몇 cm인지 구해 보세요.

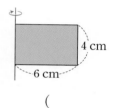

4 cm
6 cm

(   )

03 한 변을 기준으로 직사각형 모양의 종이를 돌려 만든 원기둥의 밑면의 둘레는 몇 cm인지 구해 보세요.
(원주율: 3.1)

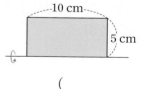

10 cm
5 cm

(   )

유형 ② 원기둥의 전개도에서 옆면의 넓이 구하기

04 한 밑면의 둘레가 30 cm인 원기둥의 전개도입니다. 옆면의 넓이는 몇 cm^2인지 구해 보세요.

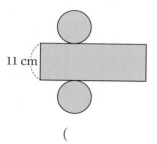

11 cm

(   )

비법
옆면의 가로는 밑면의 둘레와 같고, 옆면의 세로는 원기둥의 높이와 같습니다.

05 한 밑면의 둘레가 28.26 cm이고, 높이가 8 cm인 원기둥의 옆면의 넓이는 몇 cm^2인지 구해 보세요.

(   )

06 원기둥과 원기둥의 전개도를 보고 원기둥의 옆면의 넓이를 구해 보세요. (원주율: 3)

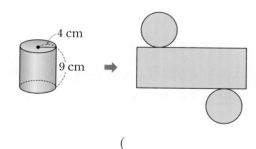

4 cm
9 cm

(   )

유형 **3** 앞에서 본 모양의 넓이 구하기

07 원기둥을 앞에서 본 모양의 넓이는 몇 cm^2인지 구해 보세요.

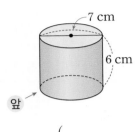
7 cm
6 cm
앞

( )

비법
원기둥을 앞에서 본 모양은 직사각형입니다.

08 원뿔을 앞에서 본 모양의 넓이는 몇 cm^2인지 구해 보세요.

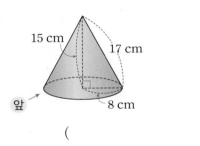
15 cm
17 cm
앞
8 cm

( )

09 지름의 길이가 **14 cm**인 구를 앞에서 본 모양의 넓이는 몇 cm^2인지 구해 보세요. (원주율: 3)

( )

유형 **4** 돌리기 전 평면도형의 둘레 구하기

10 평면도형의 한 변을 기준으로 돌려 만든 입체도형입니다. 돌리기 전의 평면도형의 둘레는 몇 **cm**인지 구해 보세요.

5 cm
12 cm

( )

비법
어떤 평면도형을 돌렸는지 알아본 후 각 변의 길이를 생각해 봅니다.

11 평면도형의 한 변을 기준으로 돌려 만든 입체도형입니다. 돌리기 전의 평면도형의 둘레는 몇 **cm**인지 구해 보세요.

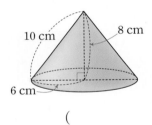
10 cm
8 cm
6 cm

( )

12 지름을 기준으로 반원을 돌려 만든 입체도형입니다. 돌리기 전의 평면도형의 둘레는 몇 **cm**인지 구해 보세요. (원주율: 3)

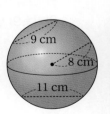
9 cm
8 cm
11 cm

( )

정답과 풀이 71쪽

01 입체도형이 원기둥이 아닌 이유를 써 보세요.

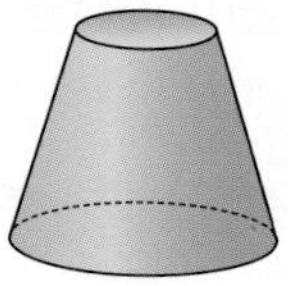

이유

---

02 원기둥의 전개도가 아닌 이유를 써 보세요.

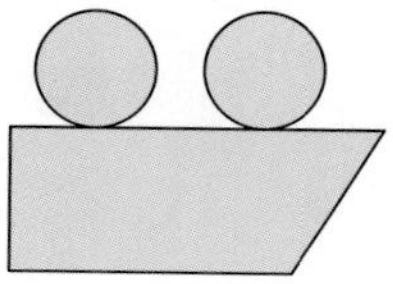

이유

---

03 원뿔의 높이와 모선의 길이의 차는 몇 cm인지 풀이 과정을 쓰고 답을 구해 보세요.

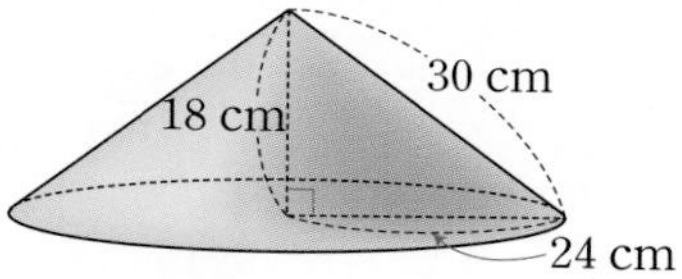
30 cm
18 cm
24 cm

풀이

답

---

04 한 변을 기준으로 직사각형 모양의 종이를 돌려 만든 원기둥의 한 밑면의 넓이는 몇 cm^2인지 풀이 과정을 쓰고 답을 구해 보세요. (원주율: 3)

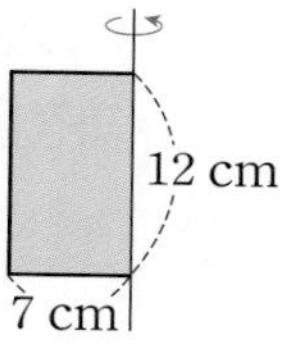
12 cm
7 cm

풀이

답

---

05 04번에서 만들어지는 원기둥을 만들기 위해 전개도를 그리려고 합니다. 그릴 원기둥의 전개도에서 옆면의 가로와 세로는 몇 cm인지 풀이 과정을 쓰고 답을 구해 보세요. (원주율: 3)

풀이

답 가로: , 세로:

---

06 원기둥과 원뿔의 공통점과 차이점을 한 가지씩 써 보세요.

공통점

차이점

07 조건을 만족하는 원기둥의 높이는 몇 cm인지 풀이 과정을 쓰고 답을 구해 보세요.

조건
• 앞에서 본 모양이 정사각형입니다.
• 밑면의 반지름은 7 cm입니다.

풀이

_____

_____

_____

_____

답 _____

08 어떤 평면도형의 한 변을 기준으로 돌려 만든 입체도형입니다. 돌리기 전 평면도형의 넓이는 몇 cm²인지 풀이 과정을 쓰고 답을 구해 보세요.

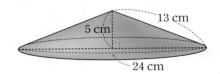

13 cm
5 cm
24 cm

풀이

_____

_____

_____

_____

답 _____

09 구를 똑같이 반으로 잘랐을 때 나오는 한 면의 넓이는 몇 cm²인지 풀이 과정을 쓰고 답을 구해 보세요.
(원주율: 3.14)

12 cm

풀이

_____

_____

_____

_____

답 _____

10 높이가 15 cm인 원기둥의 옆면의 넓이가 930 cm²입니다. 원기둥의 밑면의 지름은 몇 cm인지 풀이 과정을 쓰고 답을 구해 보세요. (원주율: 3.1)

풀이

_____

_____

_____

_____

답 _____

01 원기둥은 어느 것인가요? (　　　)

① 　② 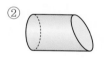　③

④ 　⑤

02 원기둥에서 □ 안에 각 부분의 이름을 써넣으세요.

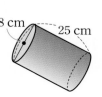

[03~04] 원기둥을 보고 물음에 답하세요.

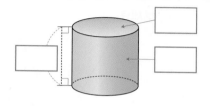

03 원기둥의 높이는 몇 **cm**인가요?

(　　　　　　　)

04 원기둥의 한 밑면의 넓이는 몇 **cm²**인가요?

(원주율: 3)

(　　　　　　　)

05 원기둥에 대한 설명으로 옳은 것을 모두 찾아 기호를 써 보세요.

> ㉠ 밑면은 평평한 면입니다.
> ㉡ 밑면은 2개입니다.
> ㉢ 두 밑면에 수직인 선분의 길이를 높이라고 합니다.
> ㉣ 두 밑면은 서로 수직입니다.

(　　　　　　　)

06 가와 나를 비교하여 빈칸에 알맞게 써넣으세요.

가 　나

입체도형	가	나
밑면의 모양		
밑면의 수(개)		

07 원기둥의 전개도로 알맞은 것은 어느 것인가요?

(　　　　　　　)

① 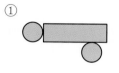　②

③ 　④

⑤

08 서술형 원기둥의 전개도의 둘레는 몇 cm인지 풀이 과정을 쓰고 답을 구해 보세요. (원주율: 3)

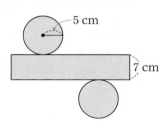

5 cm

7 cm

풀이

_____

_____

_____

_____

답 _____

09 조건 을 만족하는 원기둥의 높이는 몇 cm인지 구해 보세요. (원주율: 3)

조건

• 원기둥의 전개도에서 옆면의 둘레는 88 cm입니다.
• 원기둥의 높이와 밑면의 지름은 같습니다.

( )

10 입체도형의 이름을 써 보세요.

( )

11 원뿔의 각 부분의 이름을 <u>잘못</u> 나타낸 것을 모두 고르세요. ( )

① 원뿔의 꼭짓점
② 모선
③ 높이
④ 옆면
⑤ 밑면

12 원뿔과 팔각뿔에 대한 설명으로 옳은 것을 모두 찾아 기호를 써 보세요.

㉠ 두 도형 모두 밑면이 1개입니다.
㉡ 옆면이 모두 굽은 면입니다.
㉢ 두 도형은 모두 꼭짓점이 있습니다.
㉣ 밑면의 모양이 같습니다.

( )

13 원뿔과 원기둥의 높이의 차는 몇 cm인지 구해 보세요.

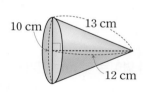 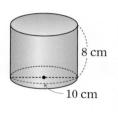

10 cm 13 cm

12 cm

8 cm

10 cm

( )

14 원뿔의 모선에 대한 설명으로 잘못된 것을 찾아 기호를 써 보세요.

> ㉠ 원뿔에서 모선은 1개입니다.
> ㉡ 한 원뿔에서 모선의 길이는 모두 같습니다.
> ㉢ 모선의 길이는 높이보다 항상 깁니다.

( )

[15~16] 한 변을 기준으로 직각삼각형 모양의 종이를 돌려 원뿔을 만들었습니다. 물음에 답하세요.

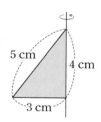

15 원뿔의 모선의 길이는 몇 cm인가요?

( )

16 원뿔을 위에서 본 모양의 넓이는 몇 cm²인가요?

(원주율: 3.1)

( )

17 구를 찾아 기호를 써 보세요.

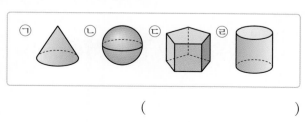

( )

18 수가 많은 것부터 차례로 기호를 써 보세요.

> ㉠ 구의 중심의 수   ㉡ 원기둥의 밑면의 수
> ㉢ 구의 꼭짓점의 수   ㉣ 원뿔의 모선의 수

( )

19 어느 방향에서 보아도 본 모양이 원인 입체도형의 이름을 써 보세요.

( )

20 두 입체도형을 앞에서 본 모양의 둘레의 차는 몇 cm인지 풀이 과정을 쓰고 답을 구해 보세요.
서술형

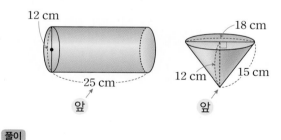

풀이

_____

_____

_____

_____

답 _____

MEMO

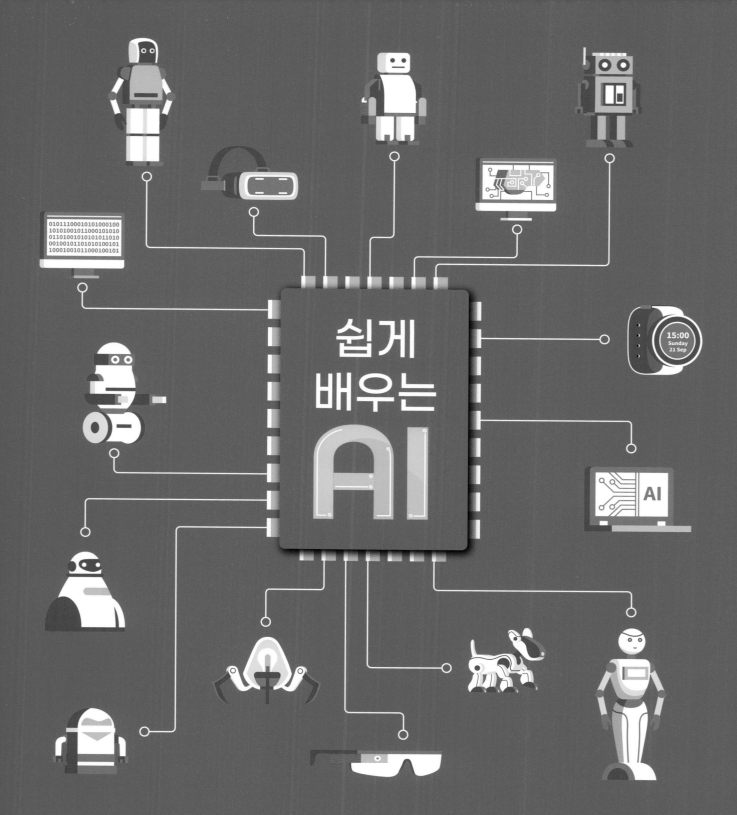

쉽게
배우는
AI

교육과정과 융합한
쉽게 배우는
인공지능(AI) 입문서

초등

중학

고교

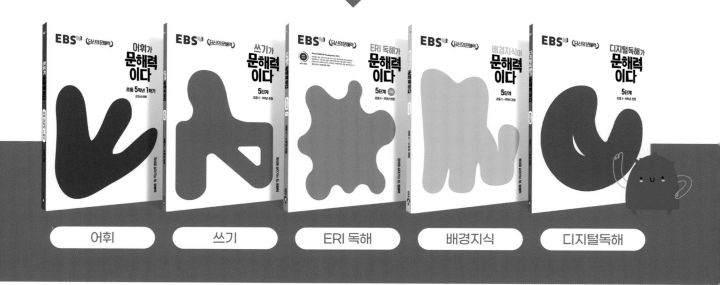

효과가 상상 이상입니다.

예전에는 아이들의 어휘 학습을 위해 학습지를 만들어 주기도 했는데,
이제는 이 교재가 있으니 어휘 학습 고민은 해결되었습니다.
아이들에게 아침 자율 활동으로 할 것을 제안하였는데,
"선생님, 더 풀어도 되나요?"라는 모습을 보면,
아이들의 기초 학습 습관 형성에도 큰 도움이 되고 있다고 생각합니다.

ㄷ초등학교 안OO 선생님

어휘 공부의 힘을 느꼈습니다.

학습에 자신감이 없던 학생도 이미 배운 어휘가 수업에 나왔을 때 반가워합니다.
어휘를 먼저 학습하면서 흥미도가 높아지고
동기 부여가 되는 것을 보면서 어휘 공부의 힘을 느꼈습니다.

ㅂ학교 김OO 선생님

학생들 스스로 뿌듯해해요.

처음에는 어휘 학습을 따로 한다는 것 자체가 부담스러워했지만,
공부하는 내용에 대해 이해도가 높아지는 경험을 하면서
스스로 뿌듯해하는 모습을 볼 수 있었습니다.

ㅅ초등학교 손OO 선생님

앞으로도 활용할 계획입니다.

학생들에게 확인 문제의 수준이 너무 어렵지 않으면서도
교과서에 나오는 낱말의 뜻을 확실하게 배울 수 있었고,
주요 학습 내용과 관련 있는 낱말의 뜻과 용례를
정확하게 공부할 수 있어서 효과적이었습니다.

ㅅ초등학교 지OO 선생님

학교 선생님들이 확인한
어휘가 문해력이다의 학습 효과!
직접 경험해 보세요

학기별 교과서 어휘 완전 학습
<어휘가 문해력이다>
—— 예비 초등 ~ 중학 3학년 ——

BOOK 3
풀이책

BOOK 3 풀이책으로 채점해 보고,
틀린 문제의 해설도 확인해 보세요.

초|등|부|터
EBS

교과서 기본과 응용 문제를
한 번에 잡는 **교과서 기본+응용**

BOOK 3
풀이책

6-2

초|등|부|터
EBS

만점왕
수학 플러스

교과서 기본과 응용 문제를
한 번에 잡는 **교과서 기본+응용**

BOOK 3
풀이책

6-2

1단원 분수의 나눗셈

교과서 **개념** 다지기

01 (1) 5 (2) 5　　　　**02** 6, 2, 6, 2, 3

03 (1) 2, $2\frac{1}{2}$ (2) 5, 2, 2 (3) 5, 2, $\frac{5}{2}$, $2\frac{1}{2}$

04 (1) 3, 7, $\frac{3}{7}$ (2) 5, 3, $\frac{5}{3}$, $1\frac{2}{3}$ (3) 11, 4, $\frac{11}{4}$, $2\frac{3}{4}$

05 (1) 6 (2) 6, 6 (3) 6, 6, 6

06 8, 9, 8, 9, $\frac{8}{9}$

교과서 **넘어** 보기

01 (1) 6 (2) 6　　　　**02** (1) 3 (2) 5 (3) 7

03 8명　　　　**04** 4, 2, 2

05 ㉤, ㉢, ㉠　　　　**06** $\frac{20}{21} \div \frac{5}{21} = 4$, 4상자

07 $2\frac{1}{2}\left(=\frac{5}{2}\right)$　　　　**08** 9, 4, $\frac{9}{4}$, $2\frac{1}{4}$

09 (1) $\frac{3}{7}$ (2) $2\frac{4}{5}\left(=\frac{14}{5}\right)$　　　**10**

11 $\frac{6}{7} \div \frac{5}{7} = 1\frac{1}{5}$, $1\frac{1}{5}\left(=\frac{6}{5}\right)$배

12 ㉤　　　　**13** 예 , $2\frac{1}{3}\left(=\frac{7}{3}\right)$컵 $\frac{1}{8}$ L

14 8

15 $\frac{32}{36} \div \frac{27}{36} = 32 \div 27 = \frac{32}{27} = 1\frac{5}{27}$

16 $2\frac{1}{10}\left(=\frac{21}{10}\right)$, $\frac{10}{21}$　　　**17** $1\frac{2}{25}\left(=\frac{27}{25}\right)$배

18 10 km　　　　**19** ㉤

20 $\frac{3}{8} \div \frac{1}{5} = 1\frac{7}{8}$, $1\frac{7}{8}\left(=\frac{15}{8}\right)$배

교과서 속 **응용 문제**

21 $\frac{8}{9}$, $\frac{2}{9}$, 4　　　　**22** $\frac{6}{7}$, $\frac{2}{7}$, 3

23 $\frac{6}{11}$, $\frac{3}{11}$, 2　　　　**24** $\frac{7}{8} \div \frac{3}{8}$, $\frac{7}{9} \div \frac{3}{9}$

25 $\frac{11}{12} \div \frac{7}{12}$, $\frac{11}{13} \div \frac{7}{13}$, $\frac{11}{14} \div \frac{7}{14}$

26 $\frac{5}{8} \div \frac{3}{8}$

02 (1) $\frac{3}{5} \div \frac{1}{5} = 3 \div 1 = 3$

(2) $\frac{5}{13} \div \frac{1}{13} = 5 \div 1 = 5$

(3) $\frac{7}{16} \div \frac{1}{16} = 7 \div 1 = 7$

03 $\frac{8}{9} \div \frac{1}{9} = 8$(명)

05 ㉠ $\frac{6}{7} \div \frac{3}{7} = 6 \div 3 = 2$

㉤ $\frac{8}{11} \div \frac{2}{11} = 8 \div 2 = 4$

㉢ $\frac{12}{13} \div \frac{4}{13} = 12 \div 4 = 3$

06 $\frac{20}{21} \div \frac{5}{21} = 20 \div 5 = 4$(상자)

07 $\frac{5}{7} \div \frac{2}{7} = 5 \div 2 = \frac{5}{2} = 2\frac{1}{2}$

08 $\frac{9}{11} \div \frac{4}{11} = 9 \div 4 = \frac{9}{4} = 2\frac{1}{4}$

09 (1) $\frac{3}{16} \div \frac{7}{16} = 3 \div 7 = \frac{3}{7}$

(2) $\frac{14}{21} \div \frac{5}{21} = 14 \div 5 = \frac{14}{5} = 2\frac{4}{5}$

10 • $\frac{13}{17} \div \frac{4}{17} = 13 \div 4 = \frac{13}{4} = 3\frac{1}{4}$

• $\frac{7}{13} \div \frac{6}{13} = 7 \div 6 = \frac{7}{6} = 1\frac{1}{6}$

• $\frac{3}{8} \div \frac{5}{8} = 3 \div 5 = \frac{3}{5}$

11 $\dfrac{6}{7} \div \dfrac{5}{7} = 6 \div 5 = \dfrac{6}{5} = 1\dfrac{1}{5}$ (배)

12 ㉠ $\dfrac{9}{13} \div \dfrac{6}{13} = 9 \div 6 = \dfrac{9}{6} = \dfrac{3}{2} = 1\dfrac{1}{2}$

㉡ $\dfrac{3}{11} \div \dfrac{2}{11} = 3 \div 2 = \dfrac{3}{2} = 1\dfrac{1}{2}$

㉢ $\dfrac{8}{17} \div \dfrac{3}{17} = 8 \div 3 = \dfrac{8}{3} = 2\dfrac{2}{3}$

13 오른쪽에 $\dfrac{3}{8}$ L씩 색칠하면 2컵과 $\dfrac{1}{3}$컵에 채울 수 있습니다. ➡ $2\dfrac{1}{3}\left(=\dfrac{7}{3}\right)$컵

14 $\dfrac{4}{5} = \dfrac{8}{10}$이므로 $\dfrac{4}{5}$에 $\dfrac{1}{10}$이 8번 들어갑니다.

➡ $\dfrac{4}{5} \div \dfrac{1}{10} = 8$

15 분모를 통분한 후 분자끼리 나누어 몫을 분수로 나타냅니다.

16 $\dfrac{3}{5} \div \dfrac{2}{7} = \dfrac{21}{35} \div \dfrac{10}{35} = 21 \div 10 = \dfrac{21}{10} = 2\dfrac{1}{10}$

$\dfrac{5}{12} \div \dfrac{7}{8} = \dfrac{10}{24} \div \dfrac{21}{24} = 10 \div 21 = \dfrac{10}{21}$

17 $\dfrac{9}{10} \div \dfrac{5}{6} = \dfrac{27}{30} \div \dfrac{25}{30} = 27 \div 25 = \dfrac{27}{25} = 1\dfrac{2}{25}$ (배)

18 $\dfrac{5}{7} \div \dfrac{1}{14} = \dfrac{10}{14} \div \dfrac{1}{14} = 10 \div 1 = 10$ (km)

19 ㉠ $\dfrac{3}{4} \div \dfrac{7}{12} = \dfrac{9}{12} \div \dfrac{7}{12} = 9 \div 7 = \dfrac{9}{7} = 1\dfrac{2}{7}$

㉡ $\dfrac{2}{3} \div \dfrac{5}{7} = \dfrac{14}{21} \div \dfrac{15}{21} = 14 \div 15 = \dfrac{14}{15}$

㉢ $\dfrac{2}{5} \div \dfrac{3}{8} = \dfrac{16}{40} \div \dfrac{15}{40} = 16 \div 15 = \dfrac{16}{15} = 1\dfrac{1}{15}$

20 $\dfrac{3}{8} \div \dfrac{1}{5} = \dfrac{15}{40} \div \dfrac{8}{40} = 15 \div 8 = \dfrac{15}{8} = 1\dfrac{7}{8}$ (배)

21 $\dfrac{8}{9} \div \dfrac{2}{9} = 8 \div 2 = 4$

22 $\dfrac{6}{7} \div \dfrac{2}{7} = 6 \div 2 = 3$

23 $\dfrac{6}{11} \div \dfrac{3}{11} = 6 \div 3 = 2$

24 $7 \div 3 = \dfrac{7}{\square} \div \dfrac{3}{\square}$으로 나타낼 때 $\dfrac{7}{\square}$과 $\dfrac{3}{\square}$은 진분수이므로 분모는 분자 7, 3보다 커야 합니다.

10보다 작은 수 중 7보다 큰 수인 8과 9가 분모가 될 수 있습니다.

25 $11 \div 7 = \dfrac{11}{\square} \div \dfrac{7}{\square}$로 나타낼 때 $\dfrac{11}{\square}$과 $\dfrac{7}{\square}$은 진분수이므로 분모는 분자 11, 7보다 커야 합니다.

15보다 작은 수 중 11보다 큰 수인 12, 13, 14가 분모가 될 수 있습니다.

26 첫 번째와 두 번째 조건을 만족하고 분모가 같은 나눗셈식은 $\dfrac{5}{6} \div \dfrac{3}{6}$, $\dfrac{5}{7} \div \dfrac{3}{7}$, $\dfrac{5}{8} \div \dfrac{3}{8}$, $\dfrac{5}{9} \div \dfrac{3}{9}$, $\dfrac{5}{10} \div \dfrac{3}{10}$입니다.

이 중 두 분수의 차가 $\dfrac{1}{4}$인 나눗셈식은

$\dfrac{5}{8} - \dfrac{3}{8} = \dfrac{2}{8} = \dfrac{1}{4}$이므로 $\dfrac{5}{8} \div \dfrac{3}{8}$입니다.

교과서 **개념** 다지기   15~17쪽

01 (1) 8, $\dfrac{2}{3}$ (2) 2, 3, 12 (3) 12 kg

02 (1) 5, 7, 20, $1\dfrac{1}{20}$ (2) $\dfrac{9}{7}$, $\dfrac{45}{56}$

03 (1) $\dfrac{\overset{1}{2}}{5} \times \dfrac{7}{\underset{3}{6}} = \dfrac{7}{15}$

(2) $\dfrac{\overset{3}{9}}{11} \times \dfrac{4}{\underset{1}{3}} = \dfrac{12}{11} = 1\dfrac{1}{11}$

04 (1) 10, 54, 10, 54, 27, $5\dfrac{2}{5}$ (2) $\dfrac{9}{2}$, 27, $5\dfrac{2}{5}$

05 (1) $\overset{2}{4} \times \dfrac{11}{\underset{3}{6}} = \dfrac{22}{3} = 7\dfrac{1}{3}$ (2) $\dfrac{9}{4} \times \dfrac{7}{\underset{1}{3}} = \dfrac{21}{4} = 5\dfrac{1}{4}$

(3) $\dfrac{5}{2} \div \dfrac{3}{5} = \dfrac{5}{2} \times \dfrac{5}{3} = \dfrac{25}{6} = 4\dfrac{1}{6}$

27 $(10 \div 2) \times 7 = 35$

28 ✕ (교차 연결선)

29 16

30 (1) 18　(2) 60

31 ㉡, ㉢, ㉠

32 $6 \div \dfrac{3}{4} = 8$, 8명

33 20 kg

34 $2, \dfrac{2}{5}, 2 \bigg/ \dfrac{2}{5}, 1\dfrac{1}{5}\left(=\dfrac{6}{5}\right), 6, 1\dfrac{1}{5}$

35 $2, 3, \dfrac{3}{2}, 6, 1\dfrac{1}{5}$　**36** ㉢

37 (위에서부터) $1\dfrac{1}{9}\left(=\dfrac{10}{9}\right), \dfrac{5}{9}$

38 $1\dfrac{3}{11}\left(=\dfrac{14}{11}\right)$배　**39** $\dfrac{9}{20}$ L

40 (1) $10, 10, 3, \dfrac{10}{3}, 3\dfrac{1}{3}$　(2) $\dfrac{8}{3}, 10, 3\dfrac{1}{3}$

41 방법1 $1\dfrac{2}{9} \div \dfrac{4}{5} = \dfrac{11}{9} \div \dfrac{4}{5} = \dfrac{55}{45} \div \dfrac{36}{45}$
$= 55 \div 36 = \dfrac{55}{36} = 1\dfrac{19}{36}$

방법2 $1\dfrac{2}{9} \div \dfrac{4}{5} = \dfrac{11}{9} \div \dfrac{4}{5} = \dfrac{11}{9} \times \dfrac{5}{4} = \dfrac{55}{36} = 1\dfrac{19}{36}$

42 12　**43** $4\dfrac{1}{5}$

44 $2\dfrac{1}{4} \div \dfrac{5}{8} = \dfrac{9}{4} \div \dfrac{5}{8} = \dfrac{9}{\underset{1}{4}} \times \dfrac{\overset{2}{8}}{5} = \dfrac{18}{5} = 3\dfrac{3}{5}$

45 12인분　**46** 7번

교과서 속 응용 문제

47 7000원　**48** 6000원

49 20000원　**50** 4 km

51 가 전기자전거　**52** 18 km

27 $\blacksquare \div \dfrac{\blacktriangle}{\bullet} = (\blacksquare \div \blacktriangle) \times \bullet$

28 ・$9 \div \dfrac{3}{4} = (9 \div 3) \times 4 = 3 \times 4 = 12$

・$16 \div \dfrac{4}{5} = (16 \div 4) \times 5 = 4 \times 5 = 20$

・$4 \div \dfrac{2}{7} = (4 \div 2) \times 7 = 2 \times 7 = 14$

29 $10 \div \dfrac{5}{8} = (10 \div 5) \times 8 = 2 \times 8 = 16$

30 (1) $4 \div \dfrac{2}{9} = (4 \div 2) \times 9 = 2 \times 9 = 18$

(2) $8 \div \dfrac{2}{15} = (8 \div 2) \times 15 = 4 \times 15 = 60$

31 ㉠ $14 \div \dfrac{7}{8} = (14 \div 7) \times 8 = 2 \times 8 = 16$

㉡ $15 \div \dfrac{5}{7} = (15 \div 5) \times 7 = 3 \times 7 = 21$

㉢ $16 \div \dfrac{8}{9} = (16 \div 8) \times 9 = 2 \times 9 = 18$

32 $6 \div \dfrac{3}{4} = (6 \div 3) \times 4 = 2 \times 4 = 8$(명)

33 $8 \div \dfrac{2}{5} = (8 \div 2) \times 5 = 4 \times 5 = 20$ (kg)

34 $\dfrac{4}{5} \div \dfrac{2}{3} = \dfrac{\overset{2}{4}}{5} \times \dfrac{1}{\underset{1}{2}} \times 3 = \dfrac{2}{5} \times 3 = \dfrac{6}{5} = 1\dfrac{1}{5}$ (kg)

35 $\dfrac{4}{5} \div \dfrac{2}{3} = \dfrac{4}{5} \times \dfrac{1}{2} \times 3 = \dfrac{\overset{2}{4}}{5} \times \dfrac{3}{\underset{1}{2}} = \dfrac{6}{5} = 1\dfrac{1}{5}$ (kg)

36 나눗셈을 곱셈으로 나타내고 나누는 분수의 분모와 분자를 바꾸어 계산합니다.

37 $\dfrac{4}{9} \div \dfrac{4}{5} = \dfrac{\overset{1}{4}}{9} \times \dfrac{5}{\underset{1}{4}} = \dfrac{5}{9}$

$\dfrac{8}{9} \div \dfrac{4}{5} = \dfrac{\overset{2}{8}}{9} \times \dfrac{5}{\underset{1}{4}} = \dfrac{10}{9} = 1\dfrac{1}{9}$

38 $\dfrac{10}{11} \div \dfrac{5}{7} = \dfrac{\overset{2}{10}}{11} \times \dfrac{7}{\underset{1}{5}} = \dfrac{14}{11} = 1\dfrac{3}{11}$(배)

39 $\dfrac{3}{8} \div \dfrac{5}{6} = \dfrac{3}{\underset{4}{8}} \times \dfrac{\overset{3}{6}}{5} = \dfrac{9}{20}$ (L)

40 (2) $\dfrac{5}{4} \div \dfrac{3}{8} = \dfrac{5}{\underset{1}{4}} \times \dfrac{\overset{2}{8}}{3} = \dfrac{10}{3} = 3\dfrac{1}{3}$

41 방법1 대분수를 가분수로 바꾸고 분모를 통분하여 계산합니다.

방법 2 대분수를 가분수로 바꾸고 분수의 곱셈으로 나타내어 계산합니다.

42 ㉠ $6\dfrac{3}{4} \div \dfrac{3}{8} = \dfrac{27}{4} \div \dfrac{3}{8} = \dfrac{54}{8} \div \dfrac{3}{8} = 54 \div 3 = 18$

㉡ $\dfrac{27}{5} \div \dfrac{9}{10} = \dfrac{27}{5} \times \overset{2}{\underset{1}{\dfrac{10}{9}}} = 6$

$\Rightarrow 18 - 6 = 12$

43 $3 \div \dfrac{5}{7} = 3 \times \dfrac{7}{5} = \dfrac{21}{5} = 4\dfrac{1}{5}$

44 대분수를 가분수로 나타내어 계산하지 않았습니다.

45 $5\dfrac{1}{3} \div \dfrac{4}{9} = \dfrac{16}{3} \div \dfrac{4}{9} = \overset{4}{\underset{1}{\dfrac{16}{3}}} \times \overset{3}{\underset{1}{\dfrac{9}{4}}} = 12$(인분)

46 물통에 물을 가득 채우기 위해 더 부어야 할 물의 양은

$10 - \dfrac{2}{3} = 9\dfrac{1}{3}$ (L)입니다.

$9\dfrac{1}{3} \div 1\dfrac{2}{5} = \dfrac{28}{3} \div \dfrac{7}{5} = \overset{4}{\underset{1}{\dfrac{28}{3}}} \times \dfrac{5}{7} = \dfrac{20}{3} = 6\dfrac{2}{3}$

이므로 그릇으로 6번 부으면 $1\dfrac{2}{5}$ L의 $\dfrac{2}{3}$ 만큼 더 부어야 합니다.

따라서 물을 최소 $6 + 1 = 7$(번) 부어야 합니다.

47 (딸기 1 kg의 가격)=(딸기의 가격)÷(딸기의 양)

$= 6000 \div \dfrac{6}{7} = (6000 \div 6) \times 7 = 7000$(원)

48 (젤리 1 kg의 가격)=(젤리의 가격)÷(젤리의 양)

$= 4000 \div \dfrac{2}{3} = (4000 \div 2) \times 3 = 6000$(원)

49 돼지고기 1근은 600 g이므로 $\dfrac{600}{1000} = \dfrac{3}{5}$ (kg)입니다.

(돼지고기 1 kg의 가격)

$=$ (돼지고기의 가격)÷(돼지고기의 양)

$= 12000 \div \dfrac{3}{5} = (12000 \div 3) \times 5 = 20000$(원)

50 (경유 1 L로 갈 수 있는 거리)

$= 2\dfrac{4}{7} \div \dfrac{9}{14} = \dfrac{18}{7} \div \dfrac{9}{14} = \overset{2}{\underset{1}{\dfrac{18}{7}}} \times \overset{2}{\underset{1}{\dfrac{14}{9}}} = 4$ (km)

51 (가 전기자전거가 1시간 충전해서 갈 수 있는 거리)

$= 2\dfrac{2}{3} \div \dfrac{3}{5} = \dfrac{8}{3} \div \dfrac{3}{5} = \dfrac{8}{3} \times \dfrac{5}{3} = \dfrac{40}{9} = 4\dfrac{4}{9}$ (km)

(나 전기자전거가 1시간 충전해서 갈 수 있는 거리)

$= 3\dfrac{1}{3} \div \dfrac{6}{7} = \dfrac{10}{3} \div \dfrac{6}{7} = \overset{5}{\dfrac{10}{3}} \times \underset{3}{\dfrac{7}{6}} = \dfrac{35}{9}$

$= 3\dfrac{8}{9}$ (km)

따라서 가 전기자전거가 더 멀리 갈 수 있습니다.

52 (휘발유 1 L로 갈 수 있는 거리)

$= 8\dfrac{2}{5} \div \dfrac{14}{15} = \dfrac{42}{5} \div \dfrac{14}{15} = \overset{3}{\underset{1}{\dfrac{42}{5}}} \times \overset{3}{\underset{1}{\dfrac{15}{14}}} = 9$ (km)

(휘발유 2 L로 갈 수 있는 거리)

$= 9 \times 2 = 18$ (km)

응용력 높이기

22~25쪽

대표 응용 1 $\dfrac{1}{3}$, $\dfrac{1}{3}$, 3, $\dfrac{4}{12}$, 3, 4, $\dfrac{3}{4}$

1-1 $\dfrac{11}{12}$　　　　　**1-2** $\dfrac{5}{6}$

대표 응용 2 5, 7, 21, 10, 13, 26, 21, 26, 22, 23, 24, 25

2-1 10, 11, 12　　　　　**2-2** 3

대표 응용 3 가로, 20, 35, 20, $\dfrac{6}{35}$, $\dfrac{8}{7}$, $1\dfrac{1}{7}$

3-1 $\dfrac{7}{10}$ m　　　　　**3-2** $1\dfrac{13}{22}\left(=\dfrac{35}{22}\right)$ cm

대표 응용 4 큰에 ○표, 작은에 ○표, 6, 3, 6, 3, 6, 3, 14

4-1 8, 2 / 20　　　　　**4-2** $3\dfrac{19}{32}\left(=\dfrac{115}{32}\right)$

1-1 $\square \times \dfrac{3}{5} = \dfrac{11}{20}$, $\square = \dfrac{11}{20} \div \dfrac{3}{5} = \dfrac{11}{\overset{}{20}_{4}} \times \dfrac{\overset{1}{5}}{3} = \dfrac{11}{12}$

1-2 어떤 수를 $\square$라 하면 $\dfrac{8}{15} \times \square = \dfrac{4}{9}$입니다.

$\square = \dfrac{4}{9} \div \dfrac{8}{15} = \dfrac{\overset{1}{4}}{\underset{3}{9}} \times \dfrac{\overset{5}{15}}{\underset{2}{8}} = \dfrac{5}{6}$

2-1 $2\dfrac{4}{5} \div \dfrac{2}{7} = \dfrac{14}{5} \div \dfrac{2}{7} = \dfrac{\overset{7}{14}}{5} \times \dfrac{7}{\underset{1}{2}} = \dfrac{49}{5} = 9\dfrac{4}{5}$

$9\dfrac{4}{5} < \square < 13$에서 $\square$ 안에 들어갈 수 있는 자연수는 10, 11, 12입니다.

2-2 $5 \div \dfrac{1}{\square} = 5 \times \square$이고 $10 \div \dfrac{5}{9} = (10 \div 5) \times 9 = 18$이 므로 $5 \times \square < 18$입니다.

$\square$ 안에 들어갈 수 있는 자연수는 1, 2, 3이고 이 중에 서 가장 큰 수는 3입니다.

3-1 (평행사변형의 넓이)=(밑변의 길이)×(높이)이므로 (밑변의 길이)=(평행사변형의 넓이)÷(높이)입니다.

(밑변의 길이)$= \dfrac{7}{18} \div \dfrac{5}{9} = \dfrac{7}{\underset{2}{18}} \times \dfrac{\overset{1}{9}}{5} = \dfrac{7}{10}$ (m)

3-2 (사다리꼴의 넓이)

$= ((윗변의 길이)+(아랫변의 길이)) \times (높이) \div 2$

➡ (높이)=(사다리꼴의 넓이)×2

$\div ((윗변의 길이)+(아랫변의 길이))$

(높이)$= 6\dfrac{1}{8} \times 2 \div \left(3\dfrac{2}{5} + 4\dfrac{3}{10} \right)$

$= 6\dfrac{1}{8} \times 2 \div 7\dfrac{7}{10} = \dfrac{49}{8} \times 2 \div \dfrac{77}{10}$

$= \dfrac{\overset{7}{49}}{\underset{4}{\underset{2}{8}}} \times \overset{1}{2} \times \dfrac{\overset{5}{10}}{\underset{11}{77}} = \dfrac{35}{22} = 1\dfrac{13}{22}$ (cm)

4-1 계산 결과가 가장 크려면 나누어지는 수는 가장 큰 수 이고 나누는 수는 가장 작은 수이어야 합니다. 나누어지는 수에 8, 나누는 수의 분자에 2를 넣으면

$8 \div \dfrac{2}{5} = (8 \div 2) \times 5 = 20$입니다.

4-2 만들 수 있는 가장 큰 대분수는 $5\dfrac{3}{4}$이고 가장 작은 대분수는 $1\dfrac{3}{5}$입니다.

$5\dfrac{3}{4} \div 1\dfrac{3}{5} = \dfrac{23}{4} \div \dfrac{8}{5} = \dfrac{23}{4} \times \dfrac{5}{8}$

$= \dfrac{115}{32} = 3\dfrac{19}{32}$

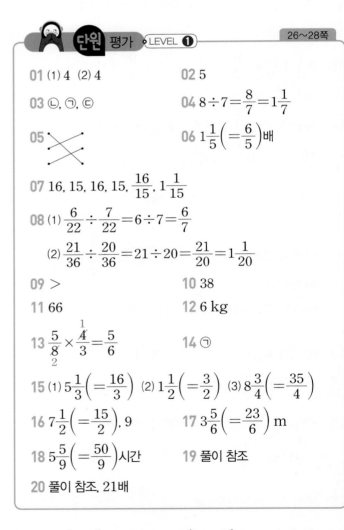

단원 평가 LEVEL ❶   26~28쪽

01 (1) 4 (2) 4   **02** 5

03 ㉢, ㉠, ㉡   **04** $8 \div 7 = \dfrac{8}{7} = 1\dfrac{1}{7}$

05 ✕

06 $1\dfrac{1}{5}\left(= \dfrac{6}{5} \right)$배

07 16, 15, 16, 15, $\dfrac{16}{15}$, $1\dfrac{1}{15}$

08 (1) $\dfrac{6}{22} \div \dfrac{7}{22} = 6 \div 7 = \dfrac{6}{7}$

(2) $\dfrac{21}{36} \div \dfrac{20}{36} = 21 \div 20 = \dfrac{21}{20} = 1\dfrac{1}{20}$

09 >   **10** 38

11 66   **12** 6 kg

13 $\dfrac{5}{8} \times \dfrac{\overset{1}{4}}{\underset{2}{}} = \dfrac{5}{6}$ **14** ㉠

15 (1) $5\dfrac{1}{3}\left(= \dfrac{16}{3} \right)$ (2) $1\dfrac{1}{2}\left(= \dfrac{3}{2} \right)$ (3) $8\dfrac{3}{4}\left(= \dfrac{35}{4} \right)$

16 $7\dfrac{1}{2}\left(= \dfrac{15}{2} \right)$, 9   **17** $3\dfrac{5}{6}\left(= \dfrac{23}{6} \right)$ m

18 $5\dfrac{5}{9}\left(= \dfrac{50}{9} \right)$시간   **19** 풀이 참조

20 풀이 참조, 21배

01 (1) $\dfrac{4}{5}$는 $\dfrac{1}{5}$이 4개이므로 $\dfrac{4}{5}$에는 $\dfrac{1}{5}$이 4번 들어갑니다.

02 $\dfrac{10}{11} \div \dfrac{2}{11} = 10 \div 2 = 5$

03 ㉠ $\frac{3}{4} \div \frac{1}{4} = 3$, ㉡ $\frac{12}{17} \div \frac{6}{17} = 2$, ㉢ $\frac{8}{9} \div \frac{2}{9} = 4$

2<3<4이므로 작은 것부터 차례로 기호를 쓰면 ㉡, ㉠, ㉢입니다.

04 분모가 같은 분수의 나눗셈은 분자끼리 나누는 것과 같습니다.

05 • $\frac{7}{15} \div \frac{14}{15} = 7 \div 14 = \frac{\overset{1}{7}}{\underset{2}{14}} = \frac{1}{2}$

• $\frac{9}{17} \div \frac{5}{17} = 9 \div 5 = \frac{9}{5} = 1\frac{4}{5}$

• $\frac{4}{13} \div \frac{2}{13} = 4 \div 2 = 2$

06 $\frac{6}{11} \div \frac{5}{11} = 6 \div 5 = \frac{6}{5} = 1\frac{1}{5}$ (배)

07 분모를 통분한 다음 분자끼리 나눕니다.

08 분모를 통분한 다음 분자끼리 나눕니다.

09 $\frac{4}{5} \div \frac{4}{7} = \frac{28}{35} \div \frac{20}{35} = 28 \div 20 = \frac{28}{20} = \frac{7}{5} = 1\frac{2}{5}$

$\frac{5}{9} \div \frac{2}{3} = \frac{5}{9} \div \frac{6}{9} = 5 \div 6 = \frac{5}{6}$

➡ $1\frac{2}{5} > \frac{5}{6}$

10 $12 \div \frac{3}{7} = (12 \div 3) \times 7 = 4 \times 7 = 28$이므로

㉠$=3$, ㉡$=7$, ㉢$=28$입니다.

➡ ㉠$+$㉡$+$㉢$=3+7+28=38$

11 $18 \div \frac{3}{11} = (18 \div 3) \times 11 = 6 \times 11 = 66$

12 $4 \div \frac{2}{3} = (4 \div 2) \times 3 = 2 \times 3 = 6$ (kg)

13 나눗셈을 곱셈으로 나타내고 나누는 분수의 분모와 분자를 바꾸어 계산합니다.

14 ㉠ $\frac{4}{7} \div \frac{5}{6} = \frac{4}{7} \times \frac{6}{5} = \frac{24}{35}$

㉡ $\frac{5}{7} \div \frac{2}{3} = \frac{5}{7} \times \frac{3}{2} = \frac{15}{14} = 1\frac{1}{14}$

15 (1) $2 \div \frac{3}{8} = 2 \times \frac{8}{3} = \frac{16}{3} = 5\frac{1}{3}$

(2) $\frac{5}{4} \div \frac{5}{6} = \frac{\overset{1}{5}}{4} \times \frac{\overset{3}{6}}{\underset{2}{5}} = \frac{3}{2} = 1\frac{1}{2}$

(3) $3\frac{3}{4} \div \frac{3}{7} = \frac{15}{4} \div \frac{3}{7} = \frac{\overset{5}{15}}{4} \times \frac{7}{\underset{1}{3}} = \frac{35}{4} = 8\frac{3}{4}$

16 $6 \div \frac{4}{5} = \overset{3}{6} \times \frac{5}{\underset{2}{4}} = \frac{15}{2} = 7\frac{1}{2}$

$7\frac{1}{2} \div \frac{5}{6} = \frac{15}{2} \div \frac{5}{6} = \frac{\overset{3}{15}}{\underset{1}{2}} \times \frac{\overset{3}{6}}{\underset{1}{5}} = 9$

17 $\frac{23}{9} \div \frac{2}{3} = \frac{23}{\underset{3}{9}} \times \frac{\overset{1}{3}}{2} = \frac{23}{6} = 3\frac{5}{6}$ (m)

18 (보조배터리를 모두 충전했을 때 사용할 수 있는 시간)
$=$(보조배터리를 사용할 수 있는 시간)
　$\div$(보조배터리가 충전된 정도)

$= 3\frac{1}{3} \div \frac{3}{5} = \frac{10}{3} \div \frac{3}{5} = \frac{10}{3} \times \frac{5}{3} = \frac{50}{9}$

$= 5\frac{5}{9}$(시간)

19 **이유** 예 대분수를 가분수로 나타내어 계산하지 않았습니다. ··· 50 %

바르게 계산 $2\frac{2}{5} \div \frac{2}{3} = \frac{12}{5} \div \frac{2}{3} = \frac{\overset{6}{12}}{5} \times \frac{3}{\underset{1}{2}}$

$= \frac{18}{5} = 3\frac{3}{5}$ ··· 50 %

20 예 ㉠ $10 \div \frac{5}{7} = (10 \div 5) \times 7 = 14$ ··· 30 %

㉡ $\frac{4}{9} \div \frac{2}{3} = \frac{\overset{2}{4}}{\underset{3}{9}} \times \frac{\overset{1}{3}}{\underset{1}{2}} = \frac{2}{3}$ ··· 30 %

➡ ㉠ $\div$ ㉡ $= 14 \div \frac{2}{3} = (14 \div 2) \times 3 = 21$(배)

··· 40 %

01 6, 2, 6, 2, 3

02 ㉢

03 9

04 $3\dfrac{3}{4}\left(=\dfrac{15}{4}\right)$, $\dfrac{8}{13}$

05 $4\dfrac{2}{3}\left(=\dfrac{14}{3}\right)$

06 $\dfrac{10}{11}\div\dfrac{8}{11}$, $\dfrac{10}{12}\div\dfrac{8}{12}$

07 1, 2, 3

08 $\dfrac{16}{20}\div\dfrac{15}{20}=16\div15=\dfrac{16}{15}=1\dfrac{1}{15}$

09 $2\dfrac{2}{15}\left(=\dfrac{32}{15}\right)$

10 $1\dfrac{1}{4}\left(=\dfrac{5}{4}\right)$배

11 ✕ ㅡ

12 (1) 10　(2) 36

13 ㉡

14 5개

15 $2\dfrac{1}{12}\left(=\dfrac{25}{12}\right)$

16 $8\dfrac{1}{4}\left(=\dfrac{33}{4}\right)$ km

17 10개

18 $1\dfrac{1}{2}\left(=\dfrac{3}{2}\right)$배

19 풀이 참조, 8 cm

20 풀이 참조, 3

---

02 ㉠ $\dfrac{3}{5}\div\dfrac{1}{5}=3\div1=3$

　　㉡ $\dfrac{15}{16}\div\dfrac{3}{16}=15\div3=5$

　　㉢ $\dfrac{10}{13}\div\dfrac{5}{13}=10\div5=2$

03 $\dfrac{\square}{14}\div\dfrac{1}{14}=\square\div1=9$ ➡ $\square=9\times1=9$

04 $\dfrac{15}{17}\div\dfrac{4}{17}=15\div4=\dfrac{15}{4}=3\dfrac{3}{4}$

　　$\dfrac{8}{19}\div\dfrac{13}{19}=8\div13=\dfrac{8}{13}$

05 어떤 수를 □라 하면 $\dfrac{3}{17}\times\square=\dfrac{14}{17}$,

　　$\square=\dfrac{14}{17}\div\dfrac{3}{17}=14\div3=\dfrac{14}{3}=4\dfrac{2}{3}$입니다.

06 $10\div8=\dfrac{10}{\square}\div\dfrac{8}{\square}$로 나타낼 때 $\dfrac{10}{\square}$과 $\dfrac{8}{\square}$은 진분수

　　이므로 분모는 13보다 작은 수 중 10보다 큰 수인 11,

　　12가 될 수 있습니다.

　　따라서 나눗셈식은 $\dfrac{10}{11}\div\dfrac{8}{11}$, $\dfrac{10}{12}\div\dfrac{8}{12}$입니다.

07 $\dfrac{7}{18}\div\dfrac{13}{18}=7\div13=\dfrac{7}{13}$

　　$\dfrac{16}{17}\div\dfrac{5}{17}=16\div5=\dfrac{16}{5}=3\dfrac{1}{5}$

　　$\dfrac{7}{13}<\square<3\dfrac{1}{5}$이므로 □ 안에 들어갈 수 있는 자연수

　　는 1, 2, 3입니다.

09 분모를 40으로 통분하면 $\dfrac{16}{40}$, $\dfrac{32}{40}$, $\dfrac{25}{40}$, $\dfrac{15}{40}$입니다.

　　가장 큰 수는 $\dfrac{4}{5}$, 가장 작은 수는 $\dfrac{3}{8}$입니다.

　　➡ $\dfrac{4}{5}\div\dfrac{3}{8}=\dfrac{32}{40}\div\dfrac{15}{40}=32\div15=\dfrac{32}{15}=2\dfrac{2}{15}$

10 $\dfrac{5}{18}\div\dfrac{2}{9}=\dfrac{5}{18}\div\dfrac{4}{18}=5\div4=\dfrac{5}{4}=1\dfrac{1}{4}$(배)

11 $10\div\dfrac{5}{7}=(10\div5)\times7=2\times7=14$

　　$18\div\dfrac{3}{8}=(18\div3)\times8=6\times8=48$

12 (1) $6\div\dfrac{3}{5}=(6\div3)\times5=2\times5=10$

　　(2) $8\div\dfrac{2}{9}=(8\div2)\times9=4\times9=36$

13 ㉠ $12\div\dfrac{3}{5}=(12\div3)\times5=20$

　　㉡ $15\div\dfrac{5}{6}=(15\div5)\times6=18$

　　㉢ $16\div\dfrac{4}{5}=(16\div4)\times5=20$

14 $\dfrac{3}{4}\div\dfrac{2}{5}=\dfrac{3}{4}\times\dfrac{5}{2}=\dfrac{15}{8}=1\dfrac{7}{8}$

　　$\dfrac{9}{11}\div\dfrac{4}{33}=\dfrac{9}{11}\times\dfrac{\overset{3}{\cancel{33}}}{4}=\dfrac{27}{4}=6\dfrac{3}{4}$

　　$1\dfrac{7}{8}<\square<6\dfrac{3}{4}$이므로 □ 안에 들어갈 수 있는 자연수

　　는 2, 3, 4, 5, 6으로 5개입니다.

15 수 카드 2장을 골라 만들 수 있는 진분수는 $\dfrac{2}{5}$, $\dfrac{2}{6}$, $\dfrac{5}{6}$

　　입니다. 이 중에서 가장 큰 진분수는 $\dfrac{5}{6}$이고, 두 번째

로 큰 진분수는 $\dfrac{2}{5}$ 입니다.

➡ $\dfrac{5}{6} \div \dfrac{2}{5} = \dfrac{5}{6} \times \dfrac{5}{2} = \dfrac{25}{12} = 2\dfrac{1}{12}$

16 $6 \div \dfrac{8}{11} = \overset{3}{6} \times \dfrac{11}{\underset{4}{8}} = \dfrac{33}{4} = 8\dfrac{1}{4}$ (km)

17 $\dfrac{8}{3} \div \dfrac{4}{15} = \dfrac{40}{15} \div \dfrac{4}{15} = 40 \div 4 = 10$(개)

18 (고양이의 무게)＋(강아지의 무게)

$= 4\dfrac{1}{6} + 6\dfrac{1}{3} = 4\dfrac{1}{6} + 6\dfrac{2}{6} = 10\dfrac{3}{6} = 10\dfrac{1}{2}$ (kg)

(염소의 무게)÷(고양이와 강아지 무게의 합)

$= 15\dfrac{3}{4} \div 10\dfrac{1}{2} = \dfrac{63}{4} \div \dfrac{21}{2} = \dfrac{\overset{3}{63}}{\underset{2}{4}} \times \dfrac{\overset{1}{2}}{\underset{1}{21}} = \dfrac{3}{2}$

$= 1\dfrac{1}{2}$ (배)

19 ㉔ (삼각형의 넓이)＝(밑변의 길이)×(높이)÷2이므로
(밑변의 길이)＝(삼각형의 넓이)×2÷(높이)입니다.

(밑변의 길이)$= \dfrac{1}{\underset{1}{2}} \times \overset{1}{2} \div \dfrac{3}{8} = 1 \div \dfrac{3}{8} = 1 \times \dfrac{8}{3}$

$= \dfrac{8}{3} = 2\dfrac{2}{3}$ (cm) ⋯ ⌜70 %⌝

(정삼각형의 둘레)＝(정삼각형의 한 변의 길이)×3

$= 2\dfrac{2}{3} \times 3 = \dfrac{8}{\underset{1}{3}} \times \overset{1}{3} = 8$ (cm)

⋯ ⌜30 %⌝

20 ㉔ 어떤 수를 □라 하면 □$\times 1\dfrac{1}{4} = 4\dfrac{1}{6}$ 입니다.

$\square = 4\dfrac{1}{6} \div 1\dfrac{1}{4} = \dfrac{25}{6} \div \dfrac{5}{4} = \dfrac{25}{\underset{3}{6}} \times \dfrac{\overset{2}{4}}{\underset{1}{5}}$

$= \dfrac{10}{3} = 3\dfrac{1}{3}$ ⋯ ⌜50 %⌝

따라서 어떤 수 $3\dfrac{1}{3}$ 을 $1\dfrac{1}{9}$ 로 나누면

$3\dfrac{1}{3} \div 1\dfrac{1}{9} = \dfrac{10}{3} \div \dfrac{10}{9} = \dfrac{\overset{1}{10}}{\underset{1}{3}} \times \dfrac{\overset{3}{9}}{\underset{1}{10}} = 3$입니다.

⋯ ⌜50 %⌝

---

② 단원　소수의 나눗셈

교과서 개념 다지기　34~36쪽

01 245, 7 / 245, 245, 35, 35
02 (1) 10, 96, 16, 6 / 6　(2) 100, 384, 8, 48 / 48
03 (1) 54, 9, 54, 9, 6　(2) 6, 54
04 (1) 184, 23, 184, 23, 8　(2) 8, 184
05 (위에서부터) 100, 250, 2.5, 100
06 (위에서부터) 10, 6, 6.7, 10

교과서 넘어 보기　37~40쪽

01 ㉔

0 0.1 0.2 0.3 0.4 0.5 0.6 0.7 0.8 0.9 1 1.1 1.2 1.3 1.4, 7번

02 312, 4, 312, 4 / 312, 312, 78, 78
03 372, 4, 372, 4 / 372, 372, 93, 93
04 (위에서부터) 100, 8, 8, 100
05 17, ⌜방법⌝ ㉔ 나누어지는 수와 나누는 수를 똑같이 10배 하여 자연수의 나눗셈으로 계산합니다.
06 ㉡, ㉢
07 (1) 36, 4, 9　(2) 612, 51, 12
08 (1) $\dfrac{49}{10} \div \dfrac{7}{10} = 49 \div 7 = 7$

(2) $\dfrac{117}{100} \div \dfrac{13}{100} = 117 \div 13 = 9$

09 (1) 6　(2) 8　　　　　　**10** 28
11 4　　　　　　　　　　　**12** 5컵
13 34분
14 100, 552, 240, 2.3 또는 10, 55.2, 24, 2.3
15 (1) 1.7　(2) 3.2
16

```
       6.7            또는          6.7
 4.3)2 8.8̲.1               4.3 0)2 8.8 1̲ 0
     2 5 8                        2 5 8 0
     ─────                        ───────
       3 0 1                        3 0 1 0
       3 0 1                        3 0 1 0
     ─────                        ───────
           0                              0
```

⌜이유⌝ ㉔ 소수점을 옮겨서 계산한 경우 몫의 소수점은 옮긴 위치에 찍어야 합니다.

17 2.8, 4 **18** <
19 ㉠, ㉢ **20** 2.8배

17 2.8, 4 **18** <
19 ㉠, ㉢ **20** 2.8배

교과서 속 **응용 문제**

21 $93.6 \div 0.3 = 312$ **22** $1.82 \div 0.07 = 26$
23 $1.26 \div 0.14 = 9$ **24** 2
25 2.8 **26** 8.9배

---

01 1.4를 0.2씩 덜어 내면 7번 덜어 낼 수 있습니다.

02 1 cm는 10 mm입니다.
31.2와 0.4를 10배씩 하면 312와 4입니다.

03 1 m는 100 cm입니다.
3.72와 0.04를 100배씩 하면 372와 4입니다.

04 나누어지는 수와 나누는 수를 똑같이 100배 합니다.

05 나누어지는 수와 나누는 수가 소수 한 자리 수이므로 각각 10배 하여 자연수로 나타낸 나눗셈과 몫이 같습니다.

06 • 115와 5를 각각 $\frac{1}{10}$배 하면 11.5와 0.5가 됩니다.
• 115와 5를 각각 $\frac{1}{100}$배 하면 1.15와 0.05가 됩니다.

07 (1) 나누어지는 수와 나누는 수를 똑같이 10배 합니다.
➡ $3.6 \div 0.4 = 36 \div 4 = 9$
(2) 나누어지는 수와 나누는 수를 똑같이 100배 합니다.
➡ $6.12 \div 0.51 = 612 \div 51 = 12$

08 소수를 분수로 고친 후 분자끼리 나눕니다.

09 (1)
$$0.6) \overline{3.6} \quad 6$$
$$\underline{3\ 6}$$
$$0$$

(2)
$$0.52) \overline{4.16} \quad 8$$
$$\underline{4\ 16}$$
$$0$$

10 $16.8 \div 0.6 = \dfrac{168}{10} \div \dfrac{6}{10} = 168 \div 6 = 28$

11 $0.72 < 2.88$이므로

12 $2.88 \div 0.72 = \dfrac{288}{100} \div \dfrac{72}{100} = 288 \div 72 = 4$

12 $1.5 \div 0.3 = 15 \div 3 = 5$(컵)

13 (걸리는 시간)
= (집에서 공원까지의 거리) ÷ (1분 동안 가는 거리)
= $50.32 \div 1.48$
= 34(분)

14 $552 \div 240 = 2.3$ ➡ $5.52 \div 2.4 = 2.3$
또는 $55.2 \div 24 = 2.3$ ➡ $5.52 \div 2.4 = 2.3$

15 나누어지는 수와 나누는 수의 소수점을 오른쪽으로 똑같이 옮겨서 자연수의 나눗셈을 이용해 계산합니다.

(1)
$$0.7) \overline{1.19} \quad 1.7 \quad 또는 \quad 0.70) \overline{1.190} \quad 1.7$$
$$\underline{7} \qquad\qquad \underline{7\ 0}$$
$$4\ 9 \qquad\qquad 4\ 9\ 0$$
$$\underline{4\ 9} \qquad\qquad \underline{4\ 9\ 0}$$
$$0 \qquad\qquad 0$$

(2)
$$8.3) \overline{26.56} \quad 3.2 \quad 또는 \quad 8.30) \overline{26.560} \quad 3.2$$
$$\underline{2\ 4\ 9} \qquad\qquad \underline{2\ 4\ 9\ 0}$$
$$1\ 6\ 6 \qquad\qquad 1\ 6\ 6\ 0$$
$$\underline{1\ 6\ 6} \qquad\qquad \underline{1\ 6\ 6\ 0}$$
$$0 \qquad\qquad 0$$

17 $5.88 \div 2.1 = 2.8$,
$2.8 \div 0.7 = 4$

18 $8.64 \div 1.2 = 7.2$,
$6.75 \div 0.9 = 7.5$
➡ $7.2 < 7.5$

19 ㉠ $2.94 \div 0.6 = 294 \div 60 = 4.9$
㉡ $29.4 \div 0.06 = 2940 \div 6 = 490$
㉢ $29.4 \div 6 = 294 \div 60 = 4.9$
➡ ㉠, ㉢의 계산 결과가 4.9로 같습니다.

20 800 mL = 0.8 L
(지윤이가 마신 우유의 양) ÷ (민혁이가 마신 우유의 양)
= $2.24 \div 0.8 = 2.8$(배)

21 나누어지는 수와 나누는 수를 각각 10배 하여 936과 3이 되었으므로 936과 3을 각각 $\frac{1}{10}$배 하면 93.6과 0.3이 됩니다.

$936 \div 3 = 312$ ➡ $93.6 \div 0.3 = 312$

22 나누어지는 수와 나누는 수를 각각 100배 하여 182와 7이 되었으므로 182와 7을 각각 $\frac{1}{100}$배 하면 1.82와 0.07이 됩니다.

$182 \div 7 = 26$ ➡ $1.82 \div 0.07 = 26$

23 나누어지는 수와 나누는 수를 각각 100배 하여 126과 14가 되었으므로 126과 14를 각각 $\frac{1}{100}$배 하면 1.26과 0.14가 됩니다.

$126 \div 14 = 9$ ➡ $1.26 \div 0.14 = 9$

24 가장 큰 수는 9.8, 가장 작은 수는 4.9입니다.

➡ $9.8 \div 4.9 = 2$

25 가장 큰 수는 14.84, 가장 작은 수는 5.3입니다.

➡ $14.84 \div 5.3 = 2.8$

26 모두 m로 나타내면 60 cm=0.6 m, 0.72 m, 5.34 m, 3.42 m입니다.

가장 긴 길이는 5.34 m, 가장 짧은 길이는 0.6 m입니다.

➡ $5.34 \div 0.6 = 8.9$(배)

교과서 **개념** 다지기 · 41~43쪽

01 (1) 270, 6, 270, 6, 45 (2) 45, 24, 30, 30, 0
02 (1) 3.6 (2) 3.62   **03** (1) 4.66 (2) 5 (3) 4.7
04 (1) 2, 0.3 (2) 2, 4, 0.3
05 (1) 4, 12, 1.5 (2) 4명, 1.5 L

---

27 (위에서부터) 10, 6, 6, 10

28 (1) $\dfrac{320}{10} \div \dfrac{8}{10} = 320 \div 8 = 40$

(2) $\dfrac{1200}{100} \div \dfrac{16}{100} = 1200 \div 16 = 75$

29 ㉠   **30** 25

31
$$1.4)\overline{49.0}$$
계산: $3\,5$, $4\,2$, $7\,0$, $7\,0$, 0

이유 예 소수점을 옮겨 계산한 경우 몫의 소수점은 옮긴 위치에 찍어야 합니다.

32 (1) 12, 120, 1200 (2) 34, 340, 3400
33 12개   **34** 2.285
35 (1) 2 (2) 2.3 (3) 2.29   **36** 2.1
37 4.17   **38** 3.09배
39 >   **40** 4, 4, 3.3
41 3, 3.3   **42** 9, 18, 0.1 / 9, 18, 0.1
43 4상자, 2.5 kg   **44** 6 / 6, 4.8
$$12)\overline{76.8}$$
$7\,2$, 4.8

45 **방법 1** 예 $31.2-6-6-6-6-6=1.2$
방법 2 예 5 / 5상자, 1.2 kg
$$6)\overline{31.2}$$
$3\,0$, 1.2

교과서 속 **응용 문제**

46 0.4   **47** 0.04
48 0.03   **49** 9개
50 11개   **51** 6통

27 나누어지는 수와 나누는 수를 똑같이 10배 해도 몫은 같습니다.

28 (1) 분모가 10인 분수로 나타낸 다음 자연수의 나눗셈을 합니다.

(2) 분모가 100인 분수로 나타낸 다음 자연수의 나눗셈을 합니다.

29 나누어지는 수가 같을 때 나누는 수가 작을수록 몫이 큽니다.

$\bigcirc$ $36 \div 0.4 = \dfrac{360}{10} \div \dfrac{4}{10} = 360 \div 4 = 90$

$\bigcirc$ $36 \div 1.5 = \dfrac{360}{10} \div \dfrac{15}{10} = 360 \div 15 = 24$

$\bigcirc$ $36 \div 3.6 = \dfrac{360}{10} \div \dfrac{36}{10} = 360 \div 36 = 10$

$\bigcirc$ $36 \div 7.2 = \dfrac{360}{10} \div \dfrac{72}{10} = 360 \div 72 = 5$

30
```
           2 5
1.2̶8̶) 3 2.0̶0̶
       2 5 6
         6 4 0
         6 4 0
             0
```

31 나누는 수와 나누어지는 수의 소수점을 똑같이 한 자리씩 옮겨서 계산합니다.

32 (1) 나누는 수가 $\dfrac{1}{10}$배, $\dfrac{1}{100}$배가 되면 몫은 10배, 100배가 됩니다.

(2) 나누어지는 수가 10배, 100배가 되면 몫도 10배, 100배가 됩니다.

33 $27 \div 2.25 = \dfrac{2700}{100} \div \dfrac{225}{100} = 2700 \div 225 = 12$(개)

34
```
          2.2 8 5
7) 1 6.0 0 0
     1 4
       2 0
       1 4
         6 0
         5 6
           4 0
           3 5
             5
```
소수점 아래로 0을 쓰면서 몫을 소수 셋째 자리까지 구합니다.

35 (1) 소수 첫째 자리에서 반올림합니다.
$16 \div 7 = 2.2\underline{2}\cdots \Rightarrow 2$

(2) 소수 둘째 자리에서 반올림합니다.
$16 \div 7 = 2.2\underline{8}\cdots \Rightarrow 2.3$

(3) 소수 셋째 자리에서 반올림합니다.
$16 \div 7 = 2.28\underline{5}\cdots \Rightarrow 2.29$

36
```
         2.1 3
6) 1 2.8 0
     1 2
       8
       6
       2 0
       1 8
         2
```
$12.8 \div 6 = 2.1\underline{3}\cdots$이므로 몫을 반올림하여 소수 첫째 자리까지 나타내면 2.1입니다.

37
```
         4.1 6 6
9) 3 7.5 0 0
     3 6
       1 5
         9
         6 0
         5 4
           6 0
           5 4
             6
```
$37.5 \div 9 = 4.16\underline{6}\cdots$이므로 몫을 반올림하여 소수 둘째 자리까지 나타내면 4.17입니다.

38 (수박의 무게)÷(멜론의 무게)$= 6.8 \div 2.2 = 3.09\underline{0}\cdots$이므로 몫을 반올림하여 소수 둘째 자리까지 나타내면 3.09입니다.
따라서 수박의 무게는 멜론의 무게의 3.09배입니다.

39 $22 \div 6 = 3.6\underline{6}\cdots$이므로 몫을 반올림하여 소수 첫째 자리까지 나타내면 3.7입니다.
$3.7 > 3.66\cdots$이므로 $22 \div 6$의 몫을 반올림하여 소수 첫째 자리까지 나타낸 수가 $22 \div 6$의 몫보다 큽니다.

40 15.3에서 4를 3번 빼면 3.3이 남습니다.

41 15.3에서 4를 3번 뺄 수 있으므로 3명에게 나누어 줄 수 있고, 15.3에서 4를 3번 빼고 남는 수가 3.3이므로 리본 3.3 m가 남습니다.

43
```
          4
3) 1 4.5
   1 2
    2.5
```
귤은 4상자에 나누어 담을 수 있고 남는 귤은 2.5 kg입니다.

44 사람 수는 자연수이므로 몫을 자연수까지 구하고 나머지를 알아봅니다.

45 31.2에서 6씩 덜어 내어 계산하는 방법과 31.2÷6을 세로로 계산하는 방법이 있습니다.

46 68÷9=7.55…이므로 몫을 반올림하여 일의 자리까지 나타내면 8, 몫을 반올림하여 소수 첫째 자리까지 나타내면 7.6입니다.
➡ 8−7.6=0.4

47 49.3÷23=2.143…이므로 몫을 반올림하여 소수 첫째 자리까지 나타내면 2.1이고, 몫을 반올림하여 소수 둘째 자리까지 나타내면 2.14입니다.
➡ 2.14−2.1=0.04

48 1.1÷0.7=1.571…이므로 몫을 반올림하여 소수 첫째 자리까지 나타내면 1.6이고, 몫을 반올림하여 소수 둘째 자리까지 나타내면 1.57입니다.
➡ 1.6−1.57=0.03

49 66.4÷8의 몫을 자연수까지만 계산하면 몫은 8이고 2.4가 남습니다.
보리쌀을 한 자루에 8 kg씩 담으면 자루 8개에 담고 남는 보리쌀 2.4 kg을 담을 자루가 1개 더 필요합니다. 따라서 보리쌀을 모두 담으려면 자루는 최소 8+1=9(개) 필요합니다.

50 4.2÷0.4의 몫을 자연수까지만 계산하면 몫은 10이고 0.2가 남습니다.
주스를 한 컵에 0.4 L씩 담으면 컵 10개에 나누어 담고 남는 주스 0.2 L를 담을 컵이 1개 더 필요합니다. 따라서 주스를 모두 나누어 담으려면 컵은 최소 10+1=11(개) 필요합니다.

51 (벽면을 칠하는 데 필요한 페인트의 양)
= (1 m²를 칠하는 데 필요한 페인트의 양)
× (벽면의 넓이)
(100 m²를 칠하는 데 필요한 페인트의 양)
= 0.416×100=41.6 (L)
페인트가 한 통에 7 L씩 들어 있으므로 필요한 페인트 통 수를 구하려면 41.6÷7을 이용합니다.

41.6÷7의 몫을 자연수까지만 구하면 몫은 5이고 6.6이 남습니다.
7 L씩 들어 있는 페인트 5통을 사용하고, 6.6 L를 더 사용해야 벽면 100 m²를 칠할 수 있습니다.
따라서 페인트는 최소 5+1=6(통) 필요합니다.

48~51쪽

응용력 높이기

대표 응용 **1**	4.8, 4.8, 1, 2, 3, 4	
1-1 1, 2, 3		**1-2** 5, 6, 7, 8
대표 응용 **2**	넓이, 가로, 49.8, 8.3, 6	
2-1 4 cm		**2-2** 3.8 cm
대표 응용 **3**	42, 3.5, 12, 12, 11	
3-1 14번		**3-2** 4번
대표 응용 **4**	예 272727, 2, 7, 짝수에 ○표, 7	
4-1 3		**4-2** 9

1-1 5.18÷1.4=3.7
1부터 9까지의 자연수 중에서 3.7보다 작은 자연수를 모두 구하면 1, 2, 3입니다.

1-2 ㉠ 5.98÷1.3=4.6
㉡ 4.14÷0.46=9
1부터 9까지의 자연수 중에서 4.6보다 크고 9보다 작은 자연수를 모두 구하면 5, 6, 7, 8입니다.

2-1 (평행사변형의 넓이)=(밑변의 길이)×(높이)
➡ (높이)=(평행사변형의 넓이)÷(밑변의 길이)
=26÷6.5=4 (cm)

2-2 (삼각형의 넓이)=(밑변의 길이)×(높이)÷2
➡ (높이)=(삼각형의 넓이)×2÷(밑변의 길이)
(삼각형 가의 넓이)=2.8×5.7÷2=7.98 (cm²)
(삼각형 나의 높이)=7.98×2÷4.2=3.8 (cm)

3-1 (자르려는 도막의 수)
= (전체 노끈의 길이)÷(한 도막의 길이)
= 96÷6.4=15(도막)

(잘라야 하는 횟수)=15−1=14(번)

3-2 사용한 철사의 길이를 빼면 남은 철사는
1.95−0.2=1.75 (m)입니다.
(자르려는 도막의 수)
=(남은 전체 철사의 길이)÷(한 도막의 길이)
=1.75÷0.35=5(도막)
(잘라야 하는 횟수)=5−1=4(번)

4-1 42.3÷5.4=7.8333…으로 몫의 소수 둘째 자리부터
3이 반복됩니다.
따라서 몫의 소수 15째 자리 숫자는 3입니다.

4-2 0.2÷1.1=0.181818…로 몫의 소수점 아래 자릿수
가 홀수이면 1이고 소수점 아래 자릿수가 짝수이면 8
인 규칙이 있습니다.
따라서 몫의 소수 30째 자리 숫자는 8, 소수 31째 자
리 숫자는 1이므로 합은 8+1=9입니다.

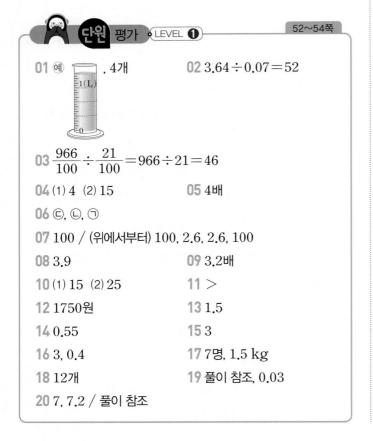

단원평가 • LEVEL ❶   52~54쪽

01 예   , 4개   **02** 3.64÷0.07=52

03 $\frac{966}{100} \div \frac{21}{100}$ =966÷21=46

04 (1) 4 (2) 15   **05** 4배

06 ㉢, ㉡, ㉠

07 100 / (위에서부터) 100, 2.6, 2.6, 100

08 3.9   **09** 3.2배

10 (1) 15 (2) 25   **11** >

12 1750원   **13** 1.5

14 0.55   **15** 3

16 3, 0.4   **17** 7명, 1.5 kg

18 12개   **19** 풀이 참조, 0.03

20 7, 7.2 / 풀이 참조

---

01 1.2 L에서 0.3 L씩 4번 덜어 낼 수 있습니다.

02 364와 7을 각각 $\frac{1}{100}$배 하면 3.64와 0.07이 됩니다.
364÷7=52 ➡ 3.64÷0.07=52

04 (1)
```
            4
0.7 3 ) 2.9 2
        2 9 2
            0
```
(2)
```
          1 5
1.3 ) 1 9.5
        1 3
        6 5
        6 5
          0
```

05 (쌀 수확량)÷(보리쌀 수확량)
=342.88÷85.72=4(배)

06 ㉠ 10.2÷0.6=17
㉡ 6.08÷0.08=76
㉢ 67.8÷0.2=339
➡ ㉢>㉡>㉠

07 나누어지는 수와 나누는 수를 각각 100배 하면 몫은
같습니다.

08 5.46>1.4
➡ 5.46÷1.4=3.9

09 (주황색 끈의 길이)÷(초록색 끈의 길이)
=30.08÷9.4=3.2(배)

10 (1)
```
           1 5
0.8 ) 1 2.0
        8
        4 0
        4 0
          0
```
(2)
```
            2 5
1.3 6 ) 3 4.0 0
        2 7 2
        6 8 0
        6 8 0
            0
```

11 8÷0.25=32, 39÷2.6=15
➡ 32>15

12 (포도주스 1 L의 가격)
=(포도주스 1.2 L의 가격)÷1.2
=2100÷1.2=1750(원)

13

$$
\begin{array}{r}
1.4\,8 \\
4.3\,\overline{)6.4\,0\,0} \\
\underline{4\,3} \\
2\,1\,0 \\
\underline{1\,7\,2} \\
3\,8\,0 \\
\underline{3\,4\,4} \\
3\,6
\end{array}
$$

$6.4 \div 4.3 = 1.48\cdots$이므로 몫을 반올림하여 소수 첫째 자리까지 나타내면 1.5입니다.

14 $6 \div 11 = 0.545\cdots$이므로 몫을 반올림하여 소수 둘째 자리까지 나타내면 0.55입니다.

15 $21.3 \div 18 = 1.1833\cdots$이므로 몫의 소수 셋째 자리 아래 자릿수는 3이 반복됩니다.
따라서 몫의 소수 20째 자리 숫자는 3입니다.

16 $15.4 - 5 - 5 - 5 = 0.4$이므로 몫을 자연수 부분까지 구하면 3이고 남는 수는 0.4입니다.

17

$$
\begin{array}{r}
7 \\
3\,\overline{)2\,2.5} \\
\underline{2\,1} \\
1.5
\end{array}
$$

22.5 kg에서 3 kg씩 7번 덜어 내면 1.5 kg이 남습니다.

18 $78.3 \div 7$의 몫을 자연수까지만 계산하면 몫은 11이고 1.3이 남습니다.
물을 모두 담으려면 7 L씩 작은 물통 11개에 담고, 남은 물 1.3 L도 담아야 하므로 작은 물통은 최소 $11 + 1 = 12$(개) 필요합니다.

19 예 $8.5 \div 11 = 0.772\cdots$
몫을 반올림하여 소수 첫째 자리까지 나타낸 수는 $0.77\cdots$ ➡ 0.8이고, ··· 40 %
몫을 반올림하여 소수 둘째 자리까지 나타낸 수는 $0.772\cdots$ ➡ 0.77입니다. ··· 40 %
따라서 차는 $0.8 - 0.77 = 0.03$입니다. ··· 20 %

20

$$
\begin{array}{r}
7 \\
9\,\overline{)7\,0.2} \\
\underline{6\,3} \\
7.2
\end{array}
$$

나누어 줄 수 있는 사람 수: 7명
남는 끈의 길이: 7.2 cm ··· 50 %

이유 예 사람 수는 소수가 아닌 자연수이므로 몫을 자연수까지만 구해야 합니다. ··· 50 %

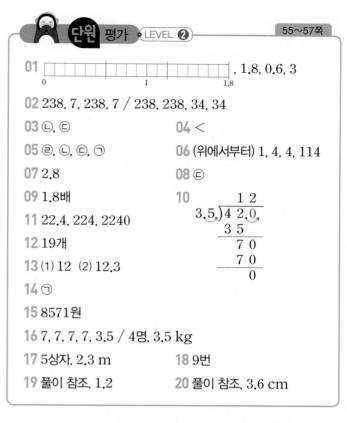

단원 평가 ○LEVEL ② 55~57쪽

01 [number line 0 ~ 1 ~ 1.8] , 1.8, 0.6, 3

02 238, 7, 238, 7 / 238, 238, 34, 34

03 ㉡, ㉢
04 <

05 ㉣, ㉡, ㉢, ㉠
06 (위에서부터) 1, 4, 4, 114

07 2.8
08 ㉢

09 1.8배
10

$$
\begin{array}{r}
1\,2 \\
3.5\,\overline{)4\,2.0} \\
\underline{3\,5} \\
7\,0 \\
\underline{7\,0} \\
0
\end{array}
$$

11 22.4, 224, 2240

12 19개

13 (1) 12 (2) 12.3

14 ㉠

15 8571원

16 7, 7, 7, 7, 3.5 / 4명, 3.5 kg

17 5상자, 2.3 m
18 9번

19 풀이 참조, 1.2
20 풀이 참조, 3.6 cm

---

01 0.6씩 나누어 보면 3묶음으로 묶을 수 있습니다.
1.8에서 0.6씩 3번 덜어 낼 수 있습니다.
➡ $1.8 \div 0.6 = 3$

02 1 m = 100 cm
나누어지는 수와 나누는 수에 똑같은 수를 곱하여도 몫은 같습니다.

03 (소수)÷(소수)는 나누어지는 수와 나누는 수에 똑같이 10배 또는 100배 하여 (자연수)÷(자연수)로 계산합니다.

04 $18.4 \div 2.3 = \dfrac{184}{10} \div \dfrac{23}{10} = 184 \div 23 = 8$
$0.96 \div 0.08 = \dfrac{96}{100} \div \dfrac{8}{100} = 96 \div 8 = 12$
➡ $8 < 12$

05 ㉠ $8.5 \div 0.5 = 17$
㉡ $7.5 \div 0.3 = 25$
㉢ $41.4 \div 2.3 = 18$
㉣ $153.6 \div 4.8 = 32$
➡ $32 > 25 > 18 > 17$

06

$$3.8 \overline{)\begin{array}{c} \boxed{㉠}\;3 \\ 4\;\;9.\boxed{㉡} \\ \underline{3\;\;8} \\ 1\;\;1\;\boxed{㉢} \\ \underline{\boxed{㉣}} \\ 0 \end{array}}$$

- $38 \times ㉠ = 38 \rightarrow ㉠ = 1$
- $38 \times 3 = ㉣ \rightarrow ㉣ = 114$
- $11㉢ - 114 = 0 \rightarrow ㉢ = 4$
- $㉡ = ㉢ = 4$

07 $4.2 < 11.76$

➡ $11.76 \div 4.2 = 2.8$

08 ㉠ $8.25 \div 1.5 = \dfrac{825}{100} \div \dfrac{150}{100} = 825 \div 150 = 5.5$

                                  ㉡

㉢ $825 \div 15 = 55$

㉣ $82.5 \div 15 = \dfrac{825}{10} \div \dfrac{150}{10} = 825 \div 150 = 5.5$

따라서 몫이 다른 것은 ㉢입니다.

09 (집에서 공원까지의 거리)÷(집에서 도서관까지의 거리)

$= 3.78 \div 2.1 = 1.8$(배)

10 몫의 소수점의 위치가 잘못 되었습니다.

소수점을 옮겨 계산한 경우 몫의 소수점은 옮긴 위치에 찍어야 합니다.

11 나누는 수가 $\dfrac{1}{10}$ 배, $\dfrac{1}{100}$ 배가 되면 몫은 10배, 100배가 됩니다.

12 $76 \div 3.8 = 20$이므로 $\square < 20$입니다.

따라서 $\square$ 안에 들어갈 수 있는 자연수는 1부터 19까지로 모두 19개입니다.

13 (1) $8.6 \div 0.7 = 12.2\cdots$이므로 몫을 반올림하여 일의 자리까지 나타내면 12입니다.

(2) $8.6 \div 0.7 = 12.28\cdots$이므로 몫을 반올림하여 소수 첫째 자리까지 나타내면 12.3입니다.

14 $5 \div 3 = 1.666\cdots$이므로 몫을 반올림하여 소수 둘째 자리까지 나타내면 1.67입니다.

$1.67 > 1.666\cdots$이므로 ㉠ > ㉡입니다.

15 (아이스크림 1 kg의 가격)

$=$ (아이스크림의 가격)÷(아이스크림의 무게)

$= 6000 \div 0.7 = 8571.4\cdots$

이므로 몫을 반올림하여 일의 자리까지 나타내면 8571입니다.

따라서 아이스크림 1 kg의 가격은 8571원입니다.

16 $31.5 - 7 - 7 - 7 - 7 = 3.5$

31.5에서 7을 4번 빼면 3.5가 남습니다.

따라서 나누어 줄 수 있는 사람 수는 4명이고, 남는 감자의 양은 3.5 kg입니다.

17 $17.3 \div 3$의 몫을 자연수까지만 계산하면 몫은 5이고 2.3이 남습니다.

따라서 포장할 수 있는 상자 수는 5상자이고, 남는 색 테이프의 길이는 2.3 m입니다.

18

$$6 \overline{)\begin{array}{c} 8 \\ 4\;9.8 \\ \underline{4\;8} \\ 1.8 \end{array}}$$

욕조에 물을 가득 채우려면 최소 $8 + 1 = 9$(번) 부어야 합니다.

19 예 어떤 수를 $\square$라 하면 $\square \times 1.9 = 4.18$,

$\square = 4.18 \div 1.9 = 2.2$입니다. … 50 %

바르게 계산하면 $2.2 \div 1.9 = 1.15\cdots$이므로 몫을 반올림하여 소수 첫째 자리까지 나타내면 1.2입니다.

… 50 %

20 예 (직사각형의 넓이) $= 2.7 \times 1.6 = 4.32$ (cm^2)이므로 마름모의 넓이도 4.32 cm^2입니다. … 50 %

(마름모의 넓이)

$=$ (한 대각선의 길이)×(다른 대각선의 길이)÷2

따라서 마름모의 다른 대각선의 길이는

$4.32 \times 2 \div 2.4 = 8.64 \div 2.4 = 3.6 \text{ (cm)}$입니다.

… 50 %

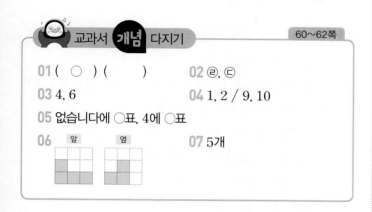

교과서 **개념** 다지기   60~62쪽

01 (○) ( )   02 ㄹ, ㄷ

03 4, 6   04 1, 2 / 9, 10

05 없습니다에 ○표, 4에 ○표

06   07 5개

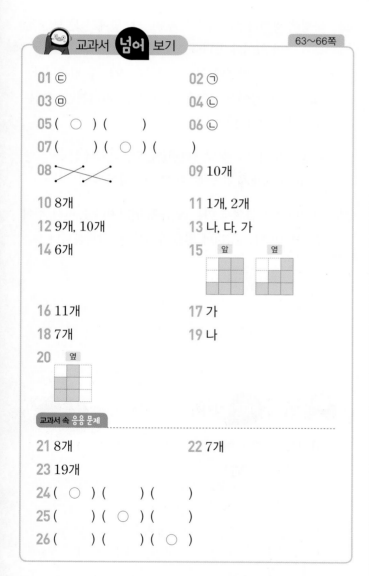

교과서 **넘어** 보기   63~66쪽

01 ㄷ   02 ㄱ

03 ㅁ   04 ㄴ

05 (○) ( )   06 ㄴ

07 ( ) (○) ( )

08 (선 연결)   09 10개

10 8개   11 1개, 2개

12 9개, 10개   13 나, 다, 가

14 6개   15 (앞, 옆)

16 11개   17 가

18 7개   19 나

20 (옆)

교과서 속 **응용 문제**

21 8개   22 7개

23 19개

24 (○) ( ) ( )

25 ( ) (○) ( )

26 ( ) ( ) (○)

01 분수대 정면이 보이므로 ㄷ에서 찍은 것입니다.

02 나무의 뒤로 집이 보이므로 ㄱ에서 찍은 것입니다.

03 왼쪽에 분수대 일부와 나무가, 오른쪽에 건물이 보이므로 ㅁ에서 찍은 것입니다.

04
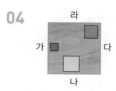

ㄱ은 나에서 찍은 사진입니다.
ㄷ은 다에서 찍은 사진입니다.
ㄴ은 찍을 수 없는 사진입니다.

05 드론에서 찍으면 지붕이 보입니다.

06 창문과 문의 정면이 보이므로 ㄴ에서 찍은 것입니다.

07

첫 번째와 세 번째 쌓기나무 모양은 앞에서 보았을 때 보이는 쌓기나무가 없고 두 번째 모양은 ○표 한 쌓기나무가 보입니다.

08 1층의 쌓기나무가 어떤 모양인지 알아봅니다.

09 1층에 6개, 2층에 3개, 3층에 1개이므로 주어진 모양과 똑같이 쌓는 데 필요한 쌓기나무의 개수는
6＋3＋1＝10(개)입니다.

10 뒤에 숨어 있는 쌓기나무의 개수는 알 수 없습니다. 2층의 쌓기나무는 2개이고 1층의 쌓기나무는 최소 6개이므로 쌓기나무의 개수를 세어 보면 적어도 8개입니다.

11 위에 보이지 않는 1칸에 쌓기나무가 1개 또는 2개 있습니다.

12 보이는 쌓기나무가 8개이고 보이지 않는 쌓기나무가 1개 또는 2개이므로 필요한 쌓기나무는 9개 또는 10개입니다.

13 가: 쌓기나무가 1층에 4개, 2층에 2개, 3층에 1개입니다.
➡ (쌓기나무의 개수)＝4＋2＋1＝7(개)

나: 쌓기나무가 1층에 6개, 2층에 3개, 3층에 1개입니다.
➡ (쌓기나무의 개수)=6+3+1=10(개)
다: 쌓기나무가 1층에 6개, 2층에 2개, 3층에 1개입니다.
➡ (쌓기나무의 개수)=6+2+1=9(개)
따라서 쌓기나무가 많은 것부터 차례로 기호를 쓰면
나, 다, 가입니다.

14 위에서 본 모양에서 1층에 쌓인 쌓기나무는 6개입니다.

15 앞에서 보면 왼쪽부터 1층, 3층, 3층으로 보입니다.
옆에서 보면 왼쪽부터 1층, 2층, 3층으로 보입니다.

16 1층에 6개, 2층에 3개, 3층에 2개이므로 주어진 모양과 똑같이 쌓는 데 필요한 쌓기나무의 개수는
6+3+2=11(개)입니다.

17 앞에서 본 모양을 그려 보면 다음과 같습니다.

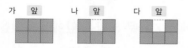

18 위에서 본 모양에서 1층의 쌓기나무는 5개입니다.

앞, 옆에서 본 모양에서 ○ 부분은 쌓기나무가 각각 1개씩이고, △ 부분은 쌓기나무가 3개입니다.
➡ 1+1+3+1+1=7(개)

19 나를 옆에서 본 모양은 오른쪽과 같습니다.

20 앞에서 본 모양에서 ○ 부분은 쌓기나무가 1개씩, △ 부분은 쌓기나무가 3개입니다.

쌓기나무 9개로 만들었으므로 □와 ◇에 쌓인 쌓기나무는 각각 2개입니다.

21 (남는 쌓기나무의 개수)
=(처음 쌓기나무의 개수)−(빼낸 쌓기나무의 개수)
=10−2=8(개)

22 (남는 쌓기나무의 개수)
=(처음 쌓기나무의 개수)−(빼낸 쌓기나무의 개수)
=10−3=7(개)

23 (정육면체 모양에 쌓인 쌓기나무의 개수)
=3×3×3=27(개)
남은 쌓기나무는 1층에 6개, 2층에 1개, 3층에 1개이므로 6+1+1=8(개)입니다.
(빼낸 쌓기나무의 개수)
=(정육면체 모양에 쌓인 쌓기나무의 개수)
　−(남은 쌓기나무의 개수)
=27−8=19(개)

24 구멍에 쌓기나무를 넣으려면 위, 앞, 옆에서 본 모양 중 ㄴ 모양이 있어야 합니다.
두 번째와 세 번째에서는 ㄴ 모양을 찾을 수 없습니다.
참고 각 방향에서 보았을 때 쌓기나무가 3개만 보이는 모양이 있어야 합니다.

25 구멍에 쌓기나무를 넣으려면 위, 앞, 옆에서 본 모양 중 쌓기나무 3개가 한 줄로 된 모양이 있어야 합니다.

26 쌓기나무를 붙여서 만든 모양을 뒤집거나 돌려서 주어진 구멍이 있는 상자에 넣을 수 있는지 살펴봅니다.

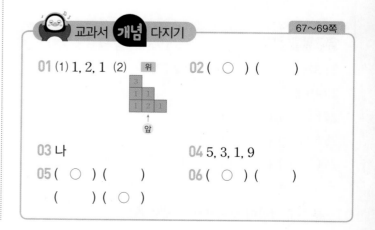

교과서 개념 다지기　67~69쪽

01 (1) 1, 2, 1　(2)

02 (○) (　)

03 나
04 5, 3, 1, 9
05 (○) (　)
　　(　) (○)
06 (○) (　)

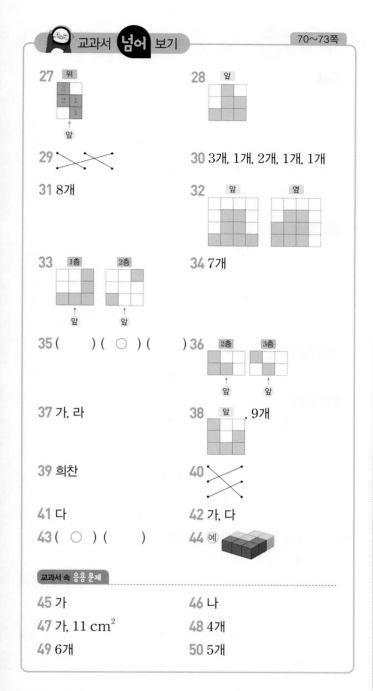

27 위
```
3
2 1
  1
```
↑ 앞

28 앞

29 ╳

30 3개, 1개, 2개, 1개, 1개

31 8개

32 앞　　　옆

33 1층　　2층
↑앞　↑앞

34 7개

35 (　) (○) (　)

36 2층　3층
↑앞　↑앞

37 가, 라

38 앞 , 9개

39 희찬

40 ╳

41 다

42 가, 다

43 (○) (　)

44 예

교과서 속 응용 문제

45 가

46 나

47 가, 11 cm²

48 4개

49 6개

50 5개

---

27 각 자리에 쌓인 쌓기나무의 개수를 세어 위에서 본 모양에 수를 씁니다.

28 쌓기나무를 쌓아 보면 오른쪽과 같습니다.
따라서 앞에서 보면 왼쪽부터 1층, 3층, 2층으로 보입니다.

참고 앞에서 보았을 때 각 줄에서 가장 높이 쌓인 층 즉, 가장 큰 수가 얼마인지 알아봅니다.

29 위에서 본 모양이 서로 같은 쌓기나무입니다.
위에서 본 모양의 각 자리에 쌓인 쌓기나무의 개수를 세어서 비교합니다.

30 앞에서 본 모양을 보면 ㉡과 ㉢에 쌓인 쌓기나무는 각각 1개입니다.
옆에서 본 모양을 보면 ㉠에 쌓인 쌓기나무는 3개, ㉢에 쌓인 쌓기나무는 2개, ㉣에 쌓인 쌓기나무는 1개입니다.

31 3＋1＋2＋1＋1＝8(개)

32 앞에서 보면 1층, 3층, 3층, 1층으로 보이고 옆에서 보면 2층, 3층, 3층으로 보입니다.

33 1층에는 쌓기나무가 5개 있고, 2층에는 쌓기나무 2개가 있습니다.

34 1층에는 쌓기나무가 5개 있고, 2층에는 쌓기나무가 2개 있습니다. ➡ 5＋2＝7(개)

35 1층 모양으로 가능한 것은 첫 번째와 두 번째입니다.
첫 번째 모양은 2층 모양이 　　　 이므로 알맞지 않습니다.

36 1층 모양을 보고 쌓기나무로 쌓은 모양의 뒤에 보이지 않는 쌓기나무가 없다는 것을 알 수 있습니다. 2층에는 쌓기나무가 3개, 3층에는 쌓기나무가 2개 있습니다.

37 2층으로 가능한 모양은 가, 다, 라입니다. 2층에 다 또는 라를 놓으면 3층에 놓을 수 있는 모양이 없습니다.

38 쌓기나무를 층별로 나타낸 모양에서 1층 모양의 ○ 부분은 쌓기나무가 3층까지, ☆ 부분은 쌓기나무가 2층까지, 나머지 부분은 쌓기나무가 1층만 있습니다. 앞에서 보면 왼쪽부터 3층, 1층, 2층으로 보입니다. 똑같은 모양으로 쌓는 데 필요한 쌓기나무는 5＋3＋1＝9(개)입니다.

1층
```
      ☆
  ☆
○
```
↑앞

39 정은: 쌓기나무 3개로 만들 수 있는 모양은 모두 2가지야.
지민: 쌓기나무를 돌리거나 뒤집었을 때 모양이 같은 것은 같은 모양이야.

40 쌓기나무를 돌리거나 뒤집었을 때 같은 것은 같은 모양입니다.

41 가  나 라

42 가와 다 모양으로 다음과 같이 만든 것입니다.

43 보기 의 모양을 다음과 같이 붙일 수 있습니다.

44 보기 의 오른쪽 모양이 되는 부분을 먼저 찾아봅니다.

45 가: 앞에서 보면 왼쪽부터 3층, 3층, 2층으로 보입니다.
　　옆에서 보면 왼쪽부터 3층, 3층, 2층으로 보입니다.
　　나: 앞에서 보면 왼쪽부터 4층, 2층, 2층으로 보입니다.
　　옆에서 보면 왼쪽부터 2층, 4층, 2층으로 보입니다.

46 가: 앞에서 보면 왼쪽부터 3층, 1층, 4층으로 보입니다.
　　옆에서 보면 왼쪽부터 3층, 4층, 1층으로 보입니다.
　　나: 앞에서 보면 왼쪽부터 2층, 4층, 2층으로 보입니다.
　　옆에서 보면 왼쪽부터 2층, 4층, 2층으로 보입니다.

47 가: 앞에서 보면 왼쪽부터 3층, 4층, 4층으로 보입니다.
　　옆에서 보면 왼쪽부터 3층, 4층, 4층으로 보입니다.
　　나: 앞에서 보면 왼쪽부터 2층, 2층, 2층으로 보입니다.
　　옆에서 보면 왼쪽부터 2층, 1층, 2층으로 보입니다.
　　가를 앞에서 보면 쌓기나무 $3+4+4=11$(개)로 보이므로 넓이는 11 cm^2입니다.

48 각 칸에 쓰여 있는 수가 2 이상이면 2층에 쌓기나무가 쌓인 것입니다.

49 각 칸에 쓰여 있는 수가 3 이상이면 3층에 쌓기나무가 쌓인 것입니다.

50 2층에 쌓은 쌓기나무는 4개, 3층에 쌓은 쌓기나무는 1개이므로 개수의 합은 $4+1=5$(개)입니다.

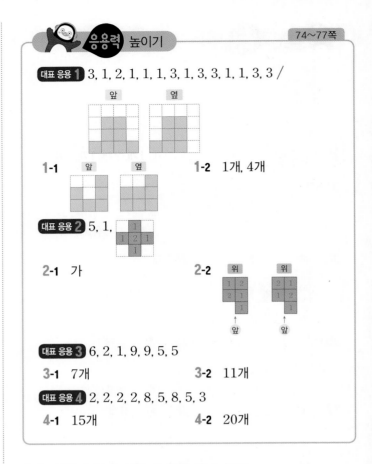

대표 응용 1 3, 1, 2, 1, 1, 1, 3, 1, 3, 3, 1, 1, 3, 3 /

1-1 앞　옆　　**1-2** 1개, 4개

대표 응용 2 5, 1,

2-1 가　　**2-2** 위　위

대표 응용 3 6, 2, 1, 9, 9, 5, 5

3-1 7개　　**3-2** 11개

대표 응용 4 2, 2, 2, 2, 8, 5, 8, 5, 3

4-1 15개　　**4-2** 20개

1-1 얼룩이 묻은 부분에 쌓인 쌓기나무는
$10-(3+1+2+1+1)=2$(개)입니다.

1-2 (초록색 얼룩)+(빨간색 얼룩)
$=11-(1+3+1+1)=5$(개)
앞과 옆에서 본 모양이 서로 같으므로 초록색 얼룩에 놓인 쌓기나무는 1개입니다.
따라서 빨간색 얼룩에 놓인 쌓기나무는 $5-1=4$(개)입니다.

2-1 가, 나, 다는 모두 쌓은 모양이 2층이고, 쌓기나무 5개로 쌓을 때 나, 다는 위에서 본 모양이 정사각형이 아닙니다.
따라서 조건을 만족하는 모양은 가입니다.

2-2 쌓기나무 7개를 사용해야 하는 조건과 위에서 본 모양을 보면 2층 이상에 쌓인 쌓기나무는 2개입니다.
1층에 5개의 쌓기나무를 위에서 본 모양과 같이 놓고 나머지 2개의 위치를 이동하면서 만들어 봅니다.

3-1 1층에 필요한 쌓기나무는 5개, 2층에 필요한 쌓기나무는 3개이므로 똑같은 모양으로 쌓는 데 필요한 쌓기나무는 $5+3=8$(개)입니다.

쌓기나무는 56개이고 $56÷8=7$이므로 주어진 모양과 똑같은 모양을 7개까지 만들 수 있습니다.

3-2 1층에 필요한 쌓기나무는 4개, 2층에 필요한 쌓기나무는 3개, 3층에 필요한 쌓기나무는 2개이므로 똑같은 모양으로 쌓는 데 필요한 쌓기나무는 $4+3+2=9$(개)입니다.

쌓기나무는 100개이고 $100÷9=11…1$이므로 주어진 모양과 똑같은 모양을 11개까지 만들 수 있습니다.

4-1 만들 수 있는 가장 작은 정육면체는 가로, 세로, 높이가 각각 쌓기나무 3개인 모양이므로 필요한 쌓기나무는 $3×3×3=27$(개)입니다.

사용한 쌓기나무가 $7+4+1=12$(개)이므로 더 필요한 쌓기나무는 $27-12=15$(개)입니다.

4-2 쌓기나무로 쌓은 모양을 위에서 본 모양에 수로 나타내면 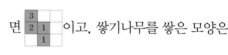이고, 쌓기나무를 쌓은 모양은 입니다.

만들 수 있는 가장 작은 정육면체는 가로, 세로, 높이가 각각 쌓기나무 3개인 모양이므로 필요한 쌓기나무는 $3×3×3=27$(개)입니다.

사용한 쌓기나무가 $3+2+1+1=7$(개)이므로 더 필요한 쌓기나무는 $27-7=20$(개)입니다.

단원 평가 · LEVEL ❶ 78~80쪽

01 ㉣
02 ㉢
03 ㉢
04 8개에 ○표
05 지선
06 9개
07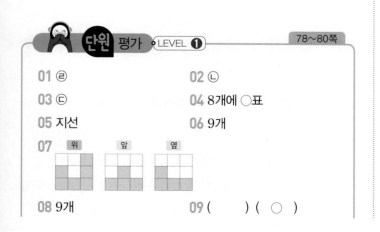
08 9개
09 ( ) (○)

10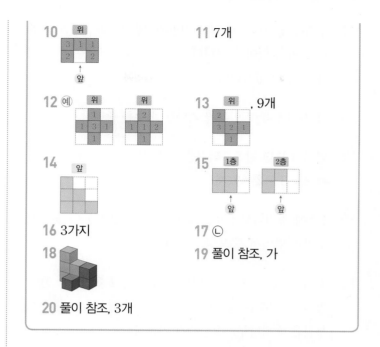
11 7개
12 (예)
13 , 9개
14
15
16 3가지
17 ㉡
18
19 풀이 참조, 가
20 풀이 참조, 3개

---

01 왼쪽부터 초록색, 파란색, 빨간색 컵이 놓여 있으므로 ㉣ 방향에서 찍은 것입니다.

02 왼쪽부터 빨간색, 파란색, 초록색 컵이 놓여 있으므로 ㉡ 방향에서 찍은 것입니다.

03 왼쪽부터 초록색, 빨간색, 파란색 컵이 놓여 있으므로 ㉢ 방향에서 찍은 것입니다.

04 1층에 6개, 2층에 2개이므로 주어진 모양과 똑같이 쌓는 데 필요한 쌓기나무는 8개입니다.

05 은주: 쌓기나무의 개수가 가장 적은 경우는 7개야.
지호: 쌓기나무의 개수를 정확히 알 수 없어.

06 보이는 쌓기나무의 수를 세어 보면 9개입니다. 보이지 않는 곳에 쌓기나무가 있는지 알 수 없으므로 쌓기나무는 최소 9개입니다.

07 쌓기나무 7개로 쌓은 모양이고 2층에 놓인 쌓기나무가 1개이므로 1층에 놓인 쌓기나무는 6개입니다.

08 앞, 옆에서 본 모양에서 ○ 부분은 쌓기나무가 1개씩입니다.

앞에서 본 모양에서 ☆ 부분은 2개이고 △ 부분은 3개입니다. ➡ $1+1+1+1+2+3=9$(개)

09 구멍에 쌓기나무를 넣으려면 위, 앞, 옆에서 본 모양 중 ㄴ 모양이 있어야 합니다. 첫 번째 모양에서는 ㄴ 모양을 찾을 수 없습니다.

10 각 자리에 쌓여 있는 쌓기나무의 수를 씁니다.

11 옆에서 보면 왼쪽부터 2층, 3층, 2층으로 보입니다.
➡ $2+3+2=7$(개)

12 1층에 쌓기나무 5개를 놓고, 나머지 2개를 앞에서 본 모양과 옆에서 본 모양이 같게 놓습니다.

13 쌓기나무를 층별로 나타낸 모양에서 1층 모양의 ☆ 부분은 쌓기나무가 3층까지 있고 ○ 부분은 쌓기나무가 2층까지 있습니다.
나머지 부분은 1층까지만 있습니다.
따라서 똑같은 모양으로 쌓는 데 필요한 쌓기나무는 9개입니다.

14 왼쪽부터 가장 높은 층이 3층, 2층, 1층입니다.

15 2층의 쌓기나무는 3개이고 전체 쌓기나무가 7개이므로 1층에 쌓은 쌓기나무는 $7-3=4$(개)입니다.
〔참고〕 층별로 나타낼 때 층별로 칸의 위치를 맞추어야 합니다.

16 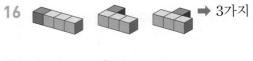 ➡ 3가지

17

19 가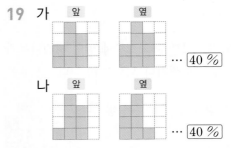
… 40 %
나
… 40 %
⟨예⟩ 앞에서 본 모양과 옆에서 본 모양이 같은 것은 가입니다. … 20 %

20 ⟨예⟩ ㉠에 알맞은 수는
$19-(1+2+3+2+2+2+3)=4$입니다.
… 40 %
3층에 쌓인 쌓기나무의 개수는 위에서 본 모양에서 3 이상인 수가 적힌 자리 개수와 같으므로 3개입니다.
… 60 %

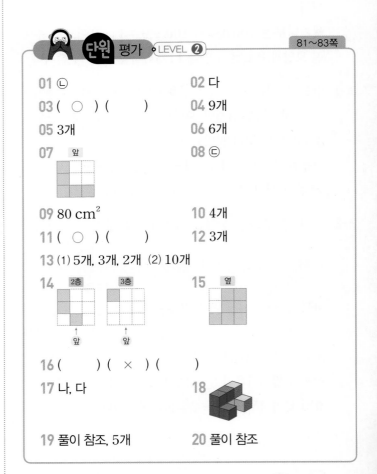

01 ㉠은 ㉭의 위치에서, ㉡은 ㉫의 위치에서, ㉢은 ㉮의 위치에서 찍은 사진입니다.

03 사각뿔의 꼭짓점이 상자의 모서리 가운데에 닿아 있습니다.

04 1층에 5개, 2층에 3개, 3층에 1개이므로 주어진 모양과 똑같이 쌓는 데 필요한 쌓기나무는 $5+3+1=9$(개)입니다.

05 주어진 모양과 똑같이 쌓는 데 필요한 쌓기나무는 1층에 5개, 2층에 1개, 3층에 1개이므로 5+1+1=7(개)입니다.
따라서 더 필요한 쌓기나무는 7-4=3(개)입니다.

06

왼쪽부터 2개, 3개, 1개로 보입니다.
➡ 2+3+1=6(개)

07
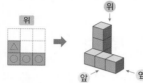
쌓기나무를 옆에서 본 모양에서 ○ 부분은 1개씩, △ 부분은 3개입니다.

08 ㉠을 빼내면 옆에서 본 모양이 달라지고, ㉡을 빼내면 앞과 옆에서 본 모양이 달라집니다. ㉣을 빼내면 앞에서 본 모양이 달라집니다.

09 각 방향에서 보이는 면의 수는
위: 4개, 앞: 3개, 옆: 3개입니다.
(보이는 면의 수의 합)=(4+3+3)×2=20(개)
(쌓기나무 한 면의 넓이)=2×2=4 (cm²)
(쌓은 모양의 겉넓이)
=(쌓기나무 한 면의 넓이)×(보이는 면의 수의 합)
=4×20=80 (cm²)

10 위에서 본 모양의 각 자리에 쌓인 쌓기나무의 개수를 써 보면 오른쪽과 같습니다.
㉠=3, ㉡=1 ➡ ㉠+㉡=3+1=4(개)

11 1층에 숨겨진 쌓기나무가 있음에 주의합니다.

12 앞에서 본 모양을 보면 쌓기나무가 △ 부분은 3개 이하, ♡ 부분은 2개 이하, ☆ 부분은 1개입니다.
옆에서 본 모양을 보면 △ 부분 중 ○ 부분은 3개, □ 부분은 1개, 나머지는 2개입니다.
또 ♡ 부분 중 □ 부분은 1개, 나머지는 2개입니다.

따라서 2층에 쌓인 쌓기나무는 3개입니다.

13 ⑴ 각 층에 그려진 쌓기나무의 개수를 세어 봅니다.
⑵ 5+3+2=10(개)

14 1층 모양을 보고 쌓기나무로 쌓은 모양의 뒤에 보이지 않는 쌓기나무가 없다는 것을 알 수 있습니다.
쌓기나무가 2층에는 3개, 3층에는 1개 있습니다.

15 쌓기나무를 층별로 나타낸 모양에서 1층 모양의 ○ 부분은 쌓기나무가 3층까지, ☆ 부분은 쌓기나무가 2층까지, 나머지 부분은 쌓기나무가 1층만 있습니다.

따라서 쌓기나무 모양을 옆에서 보면 왼쪽부터 1층, 3층, 3층으로 보입니다.

16

17
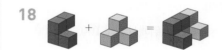

18

19 예 1층에 필요한 쌓기나무는 5개, 2층에 필요한 쌓기나무는 2개, 3층에 필요한 쌓기나무는 1개이므로 똑같은 모양으로 쌓는 데 필요한 쌓기나무는
5+2+1=8(개)입니다. ⋯ 60%
40÷8=5이므로 주어진 모양과 똑같은 모양을 5개까지 만들 수 있습니다. ⋯ 40%

20 예 지워진 부분의 쌓기나무의 개수의 합은
11-(3+2+2)=4(개)입니다. ⋯ 40%
지워진 부분의 수는 (1, 3), (2, 2), (3, 1)이 될 수 있고, (1, 3)과 (3, 1)은 옆에서 본 모양이 같습니다.
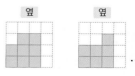
⋯ 60%

4단원 비례식과 비례배분

86~87쪽

 교과서 **개념** 다지기

01 7, 5　　　　　　**02** (3), (4)에 ○표

03 (위에서부터) 5, 30　　**04** (위에서부터) 8, 7

05 (위에서부터) 32, 10 / 32, 4, 3, 8

06 (위에서부터) 15, 2, 12　　**07** 11, 8

교과서 **넘어** 보기

88~91쪽

01 ⑩:⑦, ⑧:⑮, ㉑:㊱, ⑨:②

02 14, 31　　　**03** (위에서부터) 35, 5 / 35

04 (위에서부터) 4, 9 / 9　　**05** 예 60 : 140, 3 : 7

06 ㉡, ㉢　　　**07** 85

08 나

09 잘못 말한 사람 민혁　바르게 고치기 예 가 정사각형과 나 정사각형의 한 변의 길이의 비는 3 : 2야.

10 가, 라　　**11** (위에서부터) 100, 73, 100

12 (1) 예 19 : 16　(2) 예 45 : 8

13 [교차 연결선]　　**14** 예 21 : 16

15 예 후항 $1\frac{3}{5}$을 소수로 바꾸면 1.6이고, 1.5 : 1.6의 전항과 후항에 각각 10을 곱하면 15 : 16입니다. / 예 전항 1.5를 분수로 바꾸면 $\frac{15}{10}$이고, $\frac{15}{10}$: $1\frac{3}{5}$ ➡ $\frac{15}{10}$: $\frac{8}{5}$의 전항과 후항에 각각 10을 곱하면 15 : 16입니다.

16 ④　　　　**17** 예 21 : 2

18 예 61 : 52　　**19** 예 5 : 8

20 예 7, 3 / 7, 3　비교 예 두 비의 비율이 같으므로 두 레몬차의 진하기는 같습니다.

교과서 속 **응용 문제**

21 15 : 25　　　**22** 20

23 22　　　　　**24** 예 4 : 5

25 예 5 : 3　　　**26** 예 10 : 7

01 전항은 기호 ':' 앞에 있는 수이고, 후항은 기호 ':' 뒤에 있는 수입니다. 따라서 전항은 10, 8, 21, 9이고, 후항은 7, 15, 36, 2입니다.

02 비 14 : 31에서 기호 ':' 앞에 있는 14를 전항, 뒤에 있는 31을 후항이라고 합니다.

03 6 : 7의 전항에 5를 곱하였으므로 후항 7에도 5를 곱하면 30 : 35입니다.
6 : 7과 30 : 35의 비율은 같습니다.

04 36 : 16의 후항을 4로 나누었으므로 전항 36도 4로 나누면 9 : 4입니다.
36 : 16과 9 : 4의 비율은 같습니다.

05 30 : 70의 전항과 후항에 0이 아닌 같은 수를 곱하거나 전항과 후항을 0이 아닌 같은 수로 나누어 비율이 같은 비를 구합니다.

$$\overset{\times 2}{30 : 70 \ \underset{\times 2}{\quad} 60 : 140} \qquad \overset{\div 10}{30 : 70 \ \underset{\div 10}{\quad} 3 : 7}$$

06 36 : 24의 전항과 후항을 각각 4로 나누면 9 : 6이 됩니다.
36 : 24의 전항과 후항에 각각 2를 곱하면 72 : 48이 됩니다.
따라서 비율이 같은 비는 ㉡, ㉢입니다.

07 6 : 10의 전항과 후항을 각각 2로 나누면 3 : 5이므로 ㉠=5입니다.
6 : 10의 전항과 후항에 각각 8을 곱하면 48 : 80이므로 ㉡=80입니다.
➡ 5+80=85

08 가 직사각형에서 (가로) : (세로)는 3 : 15이므로

$$\overset{\div 3}{3 : 15 \ \underset{\div 3}{\quad} 1 : 5}$$

나 직사각형에서 (가로) : (세로)는 4 : 12이므로

$$\overset{\div 4}{4 : 12 \ \underset{\div 4}{\quad} 1 : 3}$$

09 가 정사각형과 나 정사각형의 한 변의 길이의 비는 12 : 8이고 전항과 후항을 각각 4로 나누면 3 : 2입니다.

10 가로와 세로의 비인 3 : 2의 전항과 후항에 각각 8을 곱하면 24 : 16, 6을 곱하면 18 : 12, 7을 곱하면 21 : 14, 10을 곱하면 30 : 20입니다. 따라서 비율이 같은 액자는 **가**와 **라**입니다.

11 비의 전항과 후항에 각각 100을 곱합니다.

12 (1) 5.7 : 4.8의 전항과 후항에 각각 10을 곱하면 57 : 48이고, 57 : 48의 전항과 후항을 각각 3으로 나누면 19 : 16입니다.

(2) $\dfrac{9}{4} : \dfrac{2}{5}$의 전항과 후항에 각각 20을 곱하면 45 : 8입니다.

13 • $45 : 36 \xrightarrow[\div 9]{\div 9} 5 : 4$

• $9.1 : 7.8 \xrightarrow[\times 10]{\times 10} 91 : 78 \xrightarrow[\div 13]{\div 13} 7 : 6$

• $2\dfrac{1}{2} : 3\dfrac{1}{3} \Rightarrow \dfrac{5}{2} : \dfrac{10}{3} \xrightarrow[\times 6]{\times 6} 15 : 20 \xrightarrow[\div 5]{\div 5} 3 : 4$

14 $4.2 : 3\dfrac{1}{5}$의 후항을 소수로 바꾸면 3.2입니다.
4.2 : 3.2의 전항과 후항에 각각 10을 곱하면 42 : 32이고, 42 : 32의 전항과 후항을 각각 2로 나누면 21 : 16입니다.

16 ① 2.8 : 1.4의 전항과 후항에 각각 10을 곱한 다음 각각 14로 나누면 2 : 1입니다.
③ 1 : 0.5의 전항과 후항에 각각 2를 곱하면 2 : 1입니다.
④ $\dfrac{1}{2}$: 1의 전항과 후항에 각각 2를 곱하면 1 : 2입니다.
⑤ 8.4 : 4.2의 전항과 후항에 각각 10을 곱한 다음 각각 42로 나누면 2 : 1입니다.

17 흰색과 파란색 페인트 양의 비는 $1\dfrac{3}{4} : \dfrac{1}{6} \Rightarrow \dfrac{7}{4} : \dfrac{1}{6}$ 입니다. $\dfrac{7}{4} : \dfrac{1}{6}$의 전항과 후항에 각각 12를 곱하면 21 : 2입니다.

18 지우와 솔이의 한 뼘 길이의 비는 18.3 : 15.6입니다. 비의 전항과 후항에 각각 10을 곱하면 183 : 156입니다. 183 : 156의 전항과 후항을 각각 3으로 나누면 61 : 52입니다.

19 규민이가 어제와 오늘 마신 우유 양의 비는 $\dfrac{1}{5} : 0.32$입니다.
전항 $\dfrac{1}{5}$을 소수로 바꾸면 0.2이고 0.2 : 0.32의 전항과 후항에 각각 100을 곱하면 20 : 32입니다.
20 : 32의 전항과 후항을 각각 4로 나누면 5 : 8입니다.

20 서현 ➡ 280 : 120의 전항과 후항을 각각 40으로 나누면 7 : 3입니다.
민주 ➡ $\dfrac{7}{10} : 0.3$의 전항과 후항에 각각 10을 곱하면 7 : 3입니다.
서현이와 민주의 비율이 같으므로 두 사람이 만든 레몬차의 진하기는 같습니다.

21 비율이 $\dfrac{3}{5}$일 때 비는 3 : 5입니다.

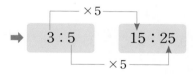

➡ $3 : 5 \xrightarrow[\times 5]{\times 5} 15 : 25$

22 비율이 $0.25 = \dfrac{1}{4}$일 때 비는 1 : 4입니다.
1 : 4의 전항과 후항에 각각 5를 곱하면 5 : 20입니다.
5 : 20의 후항은 20입니다.

23 비율이 $2\dfrac{3}{4} = \dfrac{11}{4}$일 때 비는 11 : 4입니다.
11 : 4의 전항과 후항에 각각 2를 곱하면 22 : 8이므로 전항은 22입니다.

24 (높이) : (밑변의 길이) ➡ $5\frac{1}{5} : 6\frac{1}{2}$ ➡ $\frac{26}{5} : \frac{13}{2}$

$$\frac{26}{5} : \frac{13}{2} \quad 52 : 65 \quad 4 : 5$$

$\times 10$ / $\div 13$

25 (가로) : (세로) ➡ $8\frac{1}{2} : 5.1$ ➡ $\frac{17}{2} : \frac{51}{10}$

$$\frac{17}{2} : \frac{51}{10} \quad 85 : 51 \quad 5 : 3$$

$\times 10$ / $\div 17$

26 (가 직사각형의 넓이)$=8\times5=40\ (\text{cm}^2)$

(나 직사각형의 넓이)$=4\times7=28\ (\text{cm}^2)$

두 직사각형 가와 나의 넓이의 비는 $40 : 28$이고, $40 : 28$의 전항과 후항을 각각 4로 나누면 $10 : 7$입니다.

 교과서 **개념** 다지기   92~95쪽

01 8, 4   **02** (위에서부터) 21, 27, 3

03 (위에서부터) 11, 6, 2   **04** 45, 30

05 4, 10, 40 / 5, 8, 40 / 같습니다

06 (1) ○ (2) ×

07 (1) 24 / 24, 72, 9 (2) 60 / 60, 420, 12

08 (1) 8 (2) 8, 504, 168 (3) 168

09 (1) 16 (2) 8, 8, 24 (3) 24

10 2, 7, 7, 7 / 2, 7, 9, 10 / 2, 7, $\frac{7}{9}$, 35

11 $\frac{5}{8}$, 5000 / $\frac{3}{8}$, 3000

교과서 **넘어** 보기   96~99쪽

27 비례식, 비율, =   **28** ⑦ : 10 = 21 : 30

29 예 $\frac{1}{2}$, $\frac{5}{8}$, 4, 5   **30** ⓛ, ⓔ

31 예 2 : 9 = 10 : 45   **32** 예 $\frac{1}{6} : \frac{1}{9} = 3 : 2$

---

33 예 옳습니다. /

예 틀립니다. 내항은 3, 15이고 외항은 5, 9입니다.

34 예 2 : 4 = 15 : 30   **35** (1) 20 (2) 28

36 예 5 : 20 = 9 : 36   **37** $26\frac{2}{3}\left(=\frac{80}{3}\right)$ 큰술

38 7, 12, 60 / 35초   **39** 6750원

40 (1) 예 4 : 3 (2) 27 m   **41** 3분

42 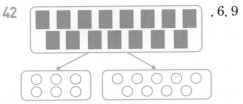 , 6, 9

43 5, 2, $\frac{5}{7}$, 60 / 2, 2, $\frac{2}{7}$, 24

44 $\frac{4}{5}$, 4000 / $\frac{1}{5}$, 1000   **45** 10시간

46 780 cm²

교과서 속 응용 문제

47 $\frac{1}{20}$ **48** ⑦

49 36   **50** 40개, 24개

51 510 m²   **52** 주한, 6 kg

---

27 비율이 같은 두 비를 기호 '='를 사용하여 나타낸 식을 비례식이라고 합니다.

28 비례식에서 바깥쪽에 있는 두 수는 외항이고 안쪽에 있는 두 수는 내항입니다.

29 $\frac{1}{2} : \frac{5}{8}$의 전항과 후항에 각각 8을 곱하면 4 : 5입니다. ➡ $\frac{4}{5}$

$6 : 9 ➡ \frac{6}{9} = \frac{2}{3}$, $4 : 5 ➡ \frac{4}{5}$

비율이 같은 두 비는 $\frac{1}{2} : \frac{5}{8}$, 4 : 5이고 비례식을 세우면 $\frac{1}{2} : \frac{5}{8} = 4 : 5$ 또는 $4 : 5 = \frac{1}{2} : \frac{5}{8}$입니다.

30 ⑦ 두 비를 기호 '='로 연결했으나 6 : 11과 11 : 6의 비율이 같지 않으므로 비례식이 아닙니다.

ⓒ 비를 가지고 만든 식이 아니므로 비례식이 아닙니다.
따라서 비례식은 ⓛ, ⓡ입니다.

31 비율이 $\dfrac{2}{9}=\dfrac{10}{45}$이므로 비는 2 : 9, 10 : 45로 만들
수 있습니다.
두 비의 비율이 같으므로 비례식을 세우면
2 : 9＝10 : 45 또는 10 : 45＝2 : 9입니다.

32 비의 전항과 후항에 각각 6과 9의 최소공배수 18을 곱
하면

$$\underset{\underset{\times 18}{\longrightarrow}}{\overset{\overset{\times 18}{\longrightarrow}}{\dfrac{1}{6}:\dfrac{1}{9}}}\quad 3:2 \text{이므로 } \dfrac{1}{6}:\dfrac{1}{9} \text{을 간단한 자연수의 비}$$

로 나타내면 3 : 2입니다.

➡ $\dfrac{1}{6}:\dfrac{1}{9}=3:2$ 또는 $3:2=\dfrac{1}{6}:\dfrac{1}{9}$

참고 $\begin{array}{r}3\,)\underline{6\quad 9}\\ 2\quad 3\end{array}$ ➡ 최소공배수: $3\times2\times3=18$

33 5 : 3의 비율은 $\dfrac{5}{3}$이고, 15 : 9의 비율은 $\dfrac{15}{9}\left(=\dfrac{5}{3}\right)$
이므로 5 : 3과 15 : 9의 비율은 같습니다.

34 외항이 2와 30인 비례식은 2 : ㉠＝㉡ : 30 또는
30 : ㉠＝㉡ : 2입니다.
내항이 4와 15이므로 만들 수 있는 비례식은
2 : 4＝15 : 30, 2 : 15＝4 : 30, 30 : 4＝15 : 2,
30 : 15＝4 : 2입니다.

35 비례식에서 외항의 곱과 내항의 곱은 같습니다.
⑴ $12\times\square=8\times30$, $12\times\square=240$, $\square=20$
⑵ $7\times60=15\times\square$, $15\times\square=420$, $\square=28$

36 두 수의 곱이 같은 카드를 찾아보면 $5\times36=180$,
$9\times20=180$입니다.
➡ 5 : 20＝9 : 36, 9 : 36＝5 : 20
9 : 5＝36 : 20, 5 : 9＝20 : 36 등 여러 가지 비
례식을 세울 수 있습니다.

37 설탕을 20큰술 넣었을 때 넣어야 하는 식초의 양을 $\square$큰
술이라 하고 비례식을 세우면 3 : 4＝20 : $\square$입니다.

➡ $3\times\square=4\times20$, $3\times\square=80$, $\square=\dfrac{80}{3}=26\dfrac{2}{3}$

38 비례식을 세우면 7 : 12＝■ : 60입니다.
비례식의 성질을 이용하면
$7\times60=12\times■$, $12\times■=420$, ■＝35입니다.

39 사탕 90개를 살 때 필요한 돈을 $\square$원이라 하고 비례식
을 세우면 40 : 3000＝90 : $\square$입니다.
➡ $40\times\square=3000\times90$, $40\times\square=270000$,
$\square=6750$

40 ⑴ 그림에서 가로와 세로를 자로 재어 보면 4 cm,
3 cm이므로 가로와 세로의 비는 4 : 3입니다.
⑵ 실제 텃밭의 가로가 36 m일 때 세로를 $\square$m라 하
고 비례식을 세우면 4 : 3＝36 : $\square$입니다.
➡ $4\times\square=3\times36$, $4\times\square=108$, $\square=27$

41 한 시간 동안 100 L의 물이 나오므로 60분 동안 100 L
의 물이 나온다고 할 수 있습니다.
5 L의 물을 받으려면 필요한 시간을 $\square$분이라 하고 비
례식을 세우면 60 : 100＝$\square$: 5입니다.
➡ $60\times5=100\times\square$, $100\times\square=300$, $\square=3$

42 전체를 2＋3＝5로 나눈 것 중에 민정이가 2만큼, 정
호가 3만큼 갖습니다.

43 $84\times\dfrac{5}{5+2}=84\times\dfrac{5}{7}=60$

$84\times\dfrac{2}{5+2}=84\times\dfrac{2}{7}=24$

44 민호: $5000\times\dfrac{4}{4+1}=5000\times\dfrac{4}{5}=4000$(원)

선우: $5000\times\dfrac{1}{4+1}=5000\times\dfrac{1}{5}=1000$(원)

45 하루는 24시간입니다.

낮: $24\times\dfrac{5}{5+7}=24\times\dfrac{5}{12}=10$(시간)

46 직사각형의 둘레가 112 cm이므로
(가로)＋(세로)＝112÷2＝56 (cm)입니다.
1.5 : 1.3 ➡ 15 : 13이므로

$(가로)=56\times\dfrac{15}{15+13}=56\times\dfrac{15}{28}=30\,(cm)$

$(세로)=56\times\dfrac{13}{15+13}=56\times\dfrac{13}{28}=26\,(cm)$

➡ $(직사각형의\ 넓이)=30\times26=780\,(cm^2)$

47 $6:\dfrac{1}{4}=1.2:\square$

➡ $6\times\square=\dfrac{1}{4}\times1.2,\ 6\times\square=\dfrac{1}{4}\times\dfrac{6}{5},$

$6\times\square=\dfrac{3}{10},\ \square=\dfrac{3}{10}\div6=\dfrac{3}{10}\times\dfrac{1}{6}=\dfrac{1}{20}$

48 ㉠ $\dfrac{1}{3}:\dfrac{3}{4}=\square:6$

➡ $\dfrac{1}{3}\times6=\dfrac{3}{4}\times\square,\ \dfrac{3}{4}\times\square=2,$

$\square=2\div\dfrac{3}{4}=2\times\dfrac{4}{3}=\dfrac{8}{3}$

㉡ $\square:\dfrac{5}{8}=8:3$

➡ $3\times\square=\dfrac{5}{8}\times8,\ 3\times\square=5,\ \square=\dfrac{5}{3}$

$\dfrac{8}{3}>\dfrac{5}{3}$이므로 □ 안에 알맞은 수가 더 큰 것은 ㉠입니다.

49 ㉮ $:52=6:13$

➡ $㉮\times13=52\times6,\ ㉮\times13=312,\ ㉮=24$

$36:27=㉯:9$

➡ $36\times9=27\times㉯,\ 27\times㉯=324,\ ㉯=12$

따라서 $㉮+㉯=24+12=36$입니다.

50 $(수현이네\ 가족\ 수):(경호네\ 가족\ 수)=5:3$

➡ 수현: $64\times\dfrac{5}{5+3}=64\times\dfrac{5}{8}=40(개)$

경호: $64\times\dfrac{3}{5+3}=64\times\dfrac{3}{8}=24(개)$

51 $(사과나무\ 수):(감나무\ 수)=17:13$

➡ 사과나무: $900\times\dfrac{17}{17+13}=900\times\dfrac{17}{30}=510\,(m^2)$

52 일한 시간의 비는 (서연) : (주한)=3 : 4입니다.

서연: $42\times\dfrac{3}{3+4}=42\times\dfrac{3}{7}=18\,(kg)$

주한: $42\times\dfrac{4}{3+4}=42\times\dfrac{4}{7}=24\,(kg)$

따라서 주한이가 $24-18=6\,(kg)$ 더 많이 가지게 됩니다.

응용력 높이기 100~103쪽

대표 응용 1 $\dfrac{1}{5},\ \dfrac{1}{5},$ 예 5 : 3

1-1 예 2 : 7　　　　　　**1-2** 예 4 : 3

대표 응용 2 336, 8, 336, 14, 8, 14, 22

2-1 30　　　　　　**2-2** 8, 10

대표 응용 3 13, 7, 7, 13, 7, 7, 364, 52, 52

3-1 20바퀴　　　　　　**3-2** 48바퀴

대표 응용 4 $\dfrac{3}{3+7},\ \dfrac{3}{10},\ \dfrac{3}{10},\ \dfrac{10}{3},\ 80,\ 80$

4-1 275　　　　　　**4-2** 160만 원

1-1 $●\times7=▲\times2$이므로 ●를 $\dfrac{1}{7}$이라 하면 ▲는 $\dfrac{1}{2}$입니다. ● : ▲를 비로 나타내면 $\dfrac{1}{7}:\dfrac{1}{2}$이므로 간단한 자연수의 비로 나타내면 2 : 7입니다.

1-2 $㉠\times6=㉡\times8$이므로 ㉠을 $\dfrac{1}{6}$이라 하면 ㉡은 $\dfrac{1}{8}$입니다. ㉠ : ㉡을 비로 나타내면 $\dfrac{1}{6}:\dfrac{1}{8}$이므로 자연수의 비로 나타내면 8 : 6입니다. 각 항을 2로 나누어 간단한 자연수의 비로 나타내면 4 : 3입니다.

2-1 내항의 곱: $15\times●=75,\ ●=5$

비례식에서 외항의 곱과 내항의 곱은 같으므로

외항의 곱: $3\times★=75,\ ★=25$

➡ $●+★=5+25=30$

2-2 외항의 곱을 □라 할 때 $12\times★=\square$이므로 □는 12의 배수입니다.

비례식에서 외항의 곱과 내항의 곱이 같으므로

$15\times●=\square$이므로 □는 15의 배수입니다.

12와 15의 최소공배수가 60이고 □는 12와 15의 공배수 중 100보다 크고 150보다 작은 수이므로 120입니다.

$12 \times ★ = 120$, $★ = 10$

$15 \times ● = 120$, $● = 8$

3-1 ㉮와 ㉯의 톱니 수의 비가 $15 : 27$ ➡ $5 : 9$이므로 ㉮와 ㉯의 회전수의 비는 $9 : 5$입니다.

㉮가 36바퀴 도는 동안 ㉯가 □바퀴 돈다고 하고 비례식을 세우면 $9 : 5 = 36 : □$입니다.

➡ $9 \times □ = 5 \times 36$, $9 \times □ = 180$, $□ = 20$

따라서 ㉯는 20바퀴 돕니다.

3-2 ㉯의 톱니 수는 ㉮의 톱니 수보다 65개 더 적으므로 $156 - 65 = 91$(개)입니다.

㉮와 ㉯의 톱니 수의 비가 $156 : 91$ ➡ $12 : 7$이므로 ㉮와 ㉯의 회전수의 비는 $7 : 12$입니다.

㉮가 28바퀴 도는 동안 ㉯가 □바퀴 돈다고 하고 비례식을 세우면 $7 : 12 = 28 : □$입니다.

➡ $7 \times □ = 12 \times 28$, $7 \times □ = 336$, $□ = 48$

따라서 ㉯는 48바퀴 돕니다.

4-1 어떤 수를 □라 하면

$□ \times \dfrac{6}{6+5} = 150$, $□ \times \dfrac{6}{11} = 150$,

$□ = 150 \div \dfrac{6}{11} = 150 \times \dfrac{11}{6} = 275$

4-2 200만 : 120만을 간단한 자연수의 비로 나타내면 $5 : 3$입니다.

나누기 전 회사에서 얻은 이익금을 □만 원이라 하면 ㉯가 받은 이익금은 60만 원이므로

$□ \times \dfrac{3}{5+3} = 60$, $□ \times \dfrac{3}{8} = 60$,

$□ = 60 \div \dfrac{3}{8} = 60 \times \dfrac{8}{3} = 160$

따라서 나누기 전 회사에서 얻은 전체 이익금은 160만 원입니다.

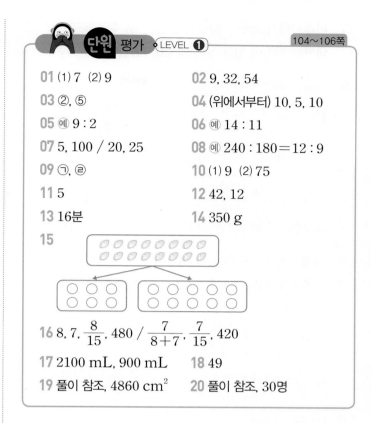

단원 평가 LEVEL ❶

01 (1) 7 (2) 9

02 9, 32, 54

03 ②, ⑤

04 (위에서부터) 10, 5, 10

05 예 $9 : 2$

06 예 $14 : 11$

07 5, 100 / 20, 25

08 예 $240 : 180 = 12 : 9$

09 ㉠, ㉣

10 (1) 9 (2) 75

11 5

12 42, 12

13 16분

14 350 g

15

16 $8, 7, \dfrac{8}{15}, 480$ / $\dfrac{7}{8+7}, \dfrac{7}{15}, 420$

17 2100 mL, 900 mL

18 49

19 풀이 참조, 4860 cm²

20 풀이 참조, 30명

01 (1) 비 $5 : 7$에서 후항은 기호 ':' 뒤에 있는 7입니다.

(2) 비 $9 : 4$에서 전항은 기호 ':' 앞에 있는 9입니다.

02 $16 : 18$의 전항과 후항을 각각 2로 나누면 $8 : 9$,

$16 : 18$의 전항과 후항에 각각 2를 곱하면 $32 : 36$,

$16 : 18$의 전항과 후항에 각각 3을 곱하면 $48 : 54$입니다.

03 밑변의 길이와 높이의 비 $2 : 1$의 전항과 후항에 각각 5를 곱하면 $10 : 5$, 6을 곱하면 $12 : 6$입니다.

따라서 비율이 같은 삼각형은 ②, ⑤입니다.

04 $0.5 : 1.6$의 전항과 후항에 각각 10을 곱하면 $5 : 16$입니다.

05 $3\dfrac{3}{5} : 0.8$의 전항을 소수로 나타내면 3.6입니다.

$3.6 : 0.8$의 전항과 후항에 각각 10을 곱하면 $36 : 8$이고 $36 : 8$의 전항과 후항을 각각 4로 나누면 $9 : 2$입니다.

06 수박과 멜론의 무게의 비는 $2.1 : 1.65$입니다.

$2.1 : 1.65$의 전항과 후항에 각각 100을 곱하면 $210 : 165$이고, $210 : 165$의 전항과 후항을 각각 15로 나누면 $14 : 11$입니다.

07 비례식에서 외항은 바깥쪽에 있는 두 수로 5, 100이고 내항은 안쪽에 있는 두 수 20, 25입니다.

08 비율을 각각 구하면

$15:6 \Rightarrow \dfrac{15}{6}=\dfrac{5}{2}$, $240:180 \Rightarrow \dfrac{240}{180}=\dfrac{4}{3}$

$12:9 \Rightarrow \dfrac{12}{9}=\dfrac{4}{3}$, $5:3 \Rightarrow \dfrac{5}{3}$

비율이 같은 비는 $\dfrac{4}{3}$로 같은 $240:180$과 $12:9$입니다.

$\Rightarrow 240:180=12:9$ 또는 $12:9=240:180$

09 비례식에서 외항의 곱과 내항의 곱은 같습니다.

㉠ $6\times4=24$, $8\times3=24 \Rightarrow$ 옳은 비례식

㉡ $16\times1.6=25.6$, $7\times0.7=4.9$

㉢ $\dfrac{1}{2}\times3=\dfrac{3}{2}$, $\dfrac{1}{3}\times2=\dfrac{2}{3}$

㉣ $\dfrac{2}{5}\times15=6$, $2\times3=6 \Rightarrow$ 옳은 비례식

10 (1) $27:12=\square:4$

$\Rightarrow 27\times4=12\times\square$, $12\times\square=108$, $\square=9$

(2) $2:15=10:\square$

$\Rightarrow 2\times\square=15\times10$, $2\times\square=150$, $\square=75$

11 외항의 곱인 ㉠과 ㉡의 곱이 20이므로 내항의 곱도 20입니다.

$\Rightarrow 4\times★=20$, $★=5$

〔참고〕 비례식에서 외항 또는 내항의 수가 주어져 있지 않을 때에는 외항의 곱과 내항의 곱이 같다는 비례식의 성질을 이용하여 해결합니다.

12 $7:2$의 비율은 $\dfrac{7}{2}$이고

$\dfrac{7}{2}=\dfrac{14}{4}=\dfrac{21}{6}=\dfrac{28}{8}=\dfrac{35}{10}=\dfrac{42}{12}=\cdots$입니다.

비율이 같은 비는 비율이 $\dfrac{42}{12}\left(=\dfrac{7}{2}\right)$인 $42:12$입니다. 따라서 $7:2$와 $42:12$의 비율이 같으므로 비례식을 완성하면 $7:2=42:12$입니다.

13 10 km를 가는 데 걸리는 시간을 $\square$분이라 하고 비례식을 세우면 $8:5=\square:10$입니다.

$\Rightarrow 8\times10=5\times\square$, $5\times\square=80$, $\square=16$

따라서 10 km를 가는 데 걸리는 시간은 16분입니다.

14 바닷물 14 L를 증발시킬 때 얻을 수 있는 소금을 $\square$ g이라 하고 비례식을 세우면

$3:75=14:\square$입니다.

$\Rightarrow 3\times\square=75\times14$, $3\times\square=1050$, $\square=350$

따라서 얻을 수 있는 소금은 350 g입니다.

15 전체를 $3+5=8$로 나눈 것 중의 3만큼(6개), 5만큼(10개)입니다.

16 900을 $8:7$로 나누면

$900\times\dfrac{8}{8+7}$, $900\times\dfrac{7}{8+7}$입니다.

$\Rightarrow 900\times\dfrac{8}{15}=480$, $900\times\dfrac{7}{15}=420$

17 $14:6$을 간단한 자연수의 비로 나타내면 $7:3$입니다.

3 L$=3000$ mL를 $7:3$으로 나눕니다.

김치찌개: $3000\times\dfrac{7}{7+3}=3000\times\dfrac{7}{10}$

$=2100$ (mL)

부대찌개: $3000\times\dfrac{3}{7+3}=3000\times\dfrac{3}{10}$

$=900$ (mL)

18 어떤 수를 $\square$라 하면 $\square\times\dfrac{2}{2+5}=14$입니다.

$\square\times\dfrac{2}{7}=14$, $\square=14\div\dfrac{2}{7}=14\times\dfrac{7}{2}=49$입니다.

19 ⑩ 액자의 세로를 $\square$ cm라 하고 비례식을 세우면

$5:3=90:\square$입니다. … 〔30 %〕

$\Rightarrow 5\times\square=3\times90$, $5\times\square=270$, $\square=54$ … 〔40 %〕

(액자의 넓이)$=90\times54=4860$ (cm^2) … 〔30 %〕

20 ⑩ (남학생 수)$=270\times\dfrac{5}{5+4}=270\times\dfrac{5}{9}=150$(명)

… 〔40 %〕

(여학생 수)$=270\times\dfrac{4}{5+4}=270\times\dfrac{4}{9}=120$(명)

… 〔40 %〕

따라서 남학생은 여학생보다 $150-120=30$(명) 더 많습니다. … $\boxed{20\ \%}$

단원 평가 LEVEL ❷

01 (○)( ) 02 ⓒ
(○)( )
03 0

04 8

05 (1) 예 64 : 21 (2) 예 5 : 9

06 예 2 : 3 07 ⓒ

08 (위에서부터) (1) 10, 7, 11 (2) 4, 24, 4

09 예 $5:4=\dfrac{1}{4}:\dfrac{1}{5}$ 10 1

11 20, 4 12 9600원

13 81 cm² 14 오후 4시 39분

15 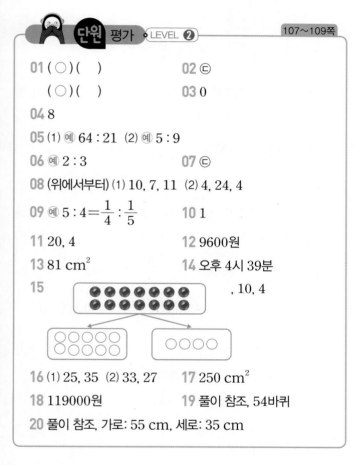 , 10, 4

16 (1) 25, 35 (2) 33, 27 17 250 cm²

18 119000원 19 풀이 참조, 54바퀴

20 풀이 참조, 가로: 55 cm, 세로: 35 cm

01 비에서 후항은 기호 ':' 뒤에 있는 수입니다.

02 ㉠ 9 : 6에서 기호 ':' 앞에 있는 9가 전항, 뒤에 있는 6이 후항입니다.

ⓛ 48 : 36의 전항과 후항을 각각 2로 나누면 24 : 18이 되므로 24 : 18과 비율이 같습니다.

ⓒ 5 : 4의 전항과 후항에 각각 3을 곱하면 15 : 12이므로 15 : 16과 비율이 다릅니다.

03 비의 전항과 후항에 0이 아닌 같은 수를 곱하여도 비율은 같습니다.

전항과 후항에 0을 곱한다면 비율이 0 : 0이 되므로 비율이 같은 비를 구할 수 없습니다.

04 후항이 20이고 비율이 $\dfrac{2}{5}$인 비의 전항을 □라 하면

$\dfrac{\square}{20}=\dfrac{2}{5}$입니다.

$20\div4=5$이므로 $\square\div4=2$, $\square=8$입니다.

05 (1) 비 $5\dfrac{1}{3}:1\dfrac{3}{4}$을 가분수로 바꾸면 $\dfrac{16}{3}:\dfrac{7}{4}$입니다.

$\dfrac{16}{3}:\dfrac{7}{4}$의 전항과 후항에 각각 12를 곱하면

64 : 21입니다.

(2) 비 1.5 : 2.7의 전항과 후항에 각각 10을 곱하면 15 : 27입니다. 15 : 27의 전항과 후항을 각각 3으로 나누면 5 : 9입니다.

06 수정이가 캔 고구마의 무게와 민수가 캔 고구마의 무게의 비는 $2\dfrac{1}{3}:3.5$이므로 3.5를 분수로 바꾸면

$\dfrac{7}{3}:\dfrac{35}{10}$입니다.

$\dfrac{7}{3}:\dfrac{35}{10}$의 전항과 후항에 각각 30을 곱하고 35로 나누면

$$\underset{\times 30}{\overset{\times 30}{\dfrac{7}{3}:\dfrac{35}{10}}}\ \overset{\div 35}{\underset{\div 35}{70:105}}\ \ 2:3입니다.$$

07 비례식에서 바깥쪽에 있는 두 수는 외항이고 안쪽에 있는 두 수는 내항입니다.

08 비의 전항과 후항에 0이 아닌 같은 수를 곱하거나 0이 아닌 같은 수로 나눕니다.

09 비를 간단한 자연수의 비로 나타내면

$\dfrac{1}{4}:\dfrac{1}{5}$ ➡ 5 : 4, 70 : 120 ➡ 7 : 12이므로

비율이 같은 두 비는 비율이 $\dfrac{5}{4}$인 5 : 4와 $\dfrac{1}{4}:\dfrac{1}{5}$입니다.

➡ $5:4=\dfrac{1}{4}:\dfrac{1}{5}$ 또는 $\dfrac{1}{4}:\dfrac{1}{5}=5:4$

참고 주어진 네 비의 비율을 각각 구하면

$5:4 \Rightarrow \dfrac{5}{4}$, $12:7 \Rightarrow \dfrac{12}{7}$, $\dfrac{1}{4}:\dfrac{1}{5} \Rightarrow \dfrac{5}{4}$,

$70:120 \Rightarrow \dfrac{7}{12}$ 입니다.

10
· $\dfrac{3}{14}:3=\dfrac{6}{7}:\bigcirc$

$\Rightarrow \dfrac{3}{14}\times\bigcirc=3\times\dfrac{6}{7}$, $\dfrac{3}{14}\times\bigcirc=\dfrac{18}{7}$,

$\bigcirc=\dfrac{18}{7}\div\dfrac{3}{14}=\dfrac{18}{7}\times\dfrac{14}{3}=12$

· $5.2:10=\bigcirc:25$

$\Rightarrow 5.2\times25=10\times\bigcirc$, $10\times\bigcirc=130$, $\bigcirc=13$

따라서 ㉠과 ㉡의 차는 $\bigcirc-\bigcirc=13-12=1$입니다.

11 비례식 $35:\bigcirc=7:\bigcirc$에서 외항의 곱이 140이므로

$35\times\bigcirc=140$, $\bigcirc=4$입니다.

비례식에서 외항의 곱과 내항의 곱이 같으므로

$\bigcirc\times7=140$, $\bigcirc=20$입니다.

12 어른의 입장료를 □원이라 하고 비례식을 세우면

$8:5=\square:6000$입니다.

$\Rightarrow 8\times6000=5\times\square$, $5\times\square=48000$, $\square=9600$

13 마름모의 대각선 중 길이가 더 긴 대각선의 길이를 □cm 라 하고 비례식을 세우면 $2:9=6:\square$입니다.

$\Rightarrow 2\times\square=9\times6$, $2\times\square=54$, $\square=27$

(마름모의 넓이)

$=$(한 대각선의 길이)$\times$(다른 대각선의 길이)$\times\dfrac{1}{2}$

$=6\times27\times\dfrac{1}{2}=81\ (\text{cm}^2)$

14 오전 10시부터 오후 5시까지는 7시간입니다.

7시간 동안 느려지는 시간을 □분이라 하고 비례식을 세우면 $1:3=7:\square$입니다.

$\Rightarrow 1\times\square=3\times7$, $\square=21$

따라서 오늘 오후 5시에 이 시계가 가리키는 시각은 5시보다 21분 늦은 오후 4시 39분입니다.

15 $14\times\dfrac{5}{5+2}=14\times\dfrac{5}{7}=10$(개)

$14\times\dfrac{2}{5+2}=14\times\dfrac{2}{7}=4$(개)

16 (1) $60\times\dfrac{5}{5+7}=60\times\dfrac{5}{12}=25$

$60\times\dfrac{7}{5+7}=60\times\dfrac{7}{12}=35$

(2) $60\times\dfrac{11}{11+9}=60\times\dfrac{11}{20}=33$

$60\times\dfrac{9}{11+9}=60\times\dfrac{9}{20}=27$

17 세로가 같은 직사각형이므로 두 직사각형의 넓이의 비는 가로의 비인 $25:11$과 같습니다.

$\Rightarrow$ 가의 넓이: $360\times\dfrac{25}{25+11}=360\times\dfrac{25}{36}$

$=250\ (\text{cm}^2)$

18 지현이네 가족과 영민이네 가족 수의 비는 $5:2$입니다. 전체 여행 경비를 □원이라 하면

$\square\times\dfrac{5}{5+2}=85000$, $\square\times\dfrac{5}{7}=85000$,

$\square=85000\div\dfrac{5}{7}=85000\times\dfrac{7}{5}=119000$입니다.

19 예 톱니바퀴 ㉯가 24바퀴 도는 동안에 톱니바퀴 ㉮가 □바퀴를 돈다고 하고 비례식을 세우면

$9:4=\square:24$입니다. … 40 %

$\Rightarrow 9\times24=4\times\square$, $4\times\square=216$, $\square=54$

따라서 톱니바퀴 ㉮는 54바퀴 돕니다. … 60 %

20 방법1 예 직사각형의 둘레가 180 cm이므로

(가로)+(세로)$=180\div2=90\ (\text{cm})$입니다.

가로: $90\times\dfrac{11}{11+7}=90\times\dfrac{11}{18}=55\ (\text{cm})$ … 50 %

방법2 예 직사각형의 세로를 □cm라 하고 비례식을 세우면 $7:18=\square:90$입니다.

비의 성질을 이용하면 90은 18의 5배이므로

$\square=7\times5=35$입니다. … 50 %

5 단원 원의 넓이

교과서 개념 다지기   112~114쪽

01 (위에서부터) 원주, 원의 지름
02 3, 4에 ○표   03 원주율
04 6.28, 2, 3.14   05 (1) 3 (2) 3.1 (3) 3.14
06 지름, 7, 21.7   07 2, 5, 2, 31
08 33, 3, 11   09 2, 3, 4

교과서 넘어 보기   115~118쪽

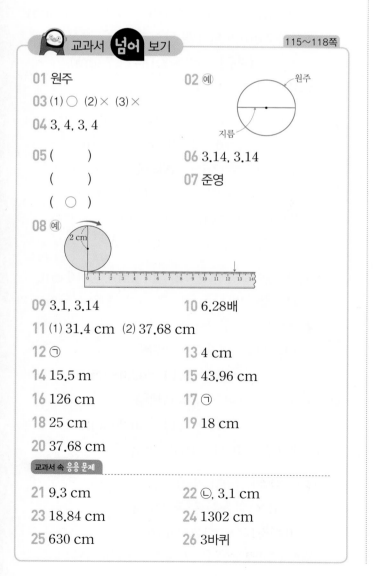

01 원주
02 예)
03 (1) ○ (2) × (3) ×
04 3, 4, 3, 4
05 ( )
　 ( )
　 (○)
06 3.14, 3.14
07 준영
08 예) 2 cm
09 3.1, 3.14   10 6.28배
11 (1) 31.4 cm (2) 37.68 cm
12 ㉠   13 4 cm
14 15.5 m   15 43.96 cm
16 126 cm   17 ㉠
18 25 cm   19 18 cm
20 37.68 cm

교과서 속 응용 문제

21 9.3 cm   22 ㉡, 3.1 cm
23 18.84 cm   24 1302 cm
25 630 cm   26 3바퀴

02 원의 지름: 원 위의 두 점을 이은 선분 중에서 원의 중심을 지나는 선분

　　원주: 원의 둘레

03 (2) 원의 지름이 짧아진다는 것은 원의 크기가 작아진다는 뜻이므로 원주도 짧아집니다.
　(3) 원주는 지름보다 깁니다.

04 원의 지름이 4 cm이므로 원의 반지름은 2 cm입니다.
　• (정육각형의 둘레)=2×6=12 (cm)이고
　　12=4×3이므로
　　(정육각형의 둘레)=(원의 지름)×3
　　(정육각형의 둘레)<(원주)이므로
　　(원의 지름)×3<(원주)
　• (정사각형의 둘레)=4×4=16 (cm)이고
　　16=4×4이므로
　　(정사각형의 둘레)=(원의 지름)×4
　　(원주)<(정사각형의 둘레)이므로
　　(원주)<(원의 지름)×4
　원주는 원의 지름의 3배보다 길고 4배보다 짧습니다.

05 지름이 2 cm인 원의 원주는 지름의 3배인 6 cm보다 길고, 지름의 4배인 8 cm보다 짧으므로 원주와 가장 비슷한 것은 세 번째 그림입니다.

06 원주율은 지름에 대한 원주의 비율로 (원주)÷(지름)을 계산하면 원주율을 구할 수 있습니다.
　• (원주)÷(지름)=25.12÷8=3.14
　• (원주)÷(지름)=47.1÷15=3.14

07 준영: (원주율)=(원주)÷(지름)

08 반지름이 2 cm인 원의 지름은 4 cm입니다.
　원주는 지름의 약 3.14배이므로 지름이 4 cm인 원의 원주는 4×3.14=12.56 (cm)입니다.

09 원 모양의 시계의 둘레가 원주이므로
　원주가 75.4 cm, 지름이 24 cm입니다.
　(원주)÷(지름)=75.4÷24=3.141…이므로 반올림하여 소수 첫째 자리까지 나타내면 3.1이고, 반올림하여 소수 둘째 자리까지 나타내면 3.14입니다.

10 (지름)=(반지름)×2이므로
(원주)=3.14×(반지름)×2=(반지름)×6.28입니다. 따라서 원주는 반지름의 6.28배입니다.

11 (1) (원주)=(지름)×(원주율)=10×3.14=31.4 (cm)
(2) (원주)=(반지름)×2×(원주율)
=6×2×3.14=37.68 (cm)

12 ㉠ 반지름이 3 cm인 원의 지름은 3×2=6 (cm)입니다.
(원주)=(지름)×(원주율)=6×3=18 (cm)
㉡ (원주)=(지름)×(원주율)=5×3=15 (cm)
➡ 18 cm>15 cm

13 (원주율)=(원주)÷(지름)이므로
(지름)=(원주)÷(원주율)입니다.
➡ (지름)=12.56÷3.14=4 (cm)

14 원 모양의 중심을 연결한 선분의 길이가 원의 지름입니다. 원 모양의 둘레는 원주이므로
(지름)×(원주율)=5×3.1=15.5 (m)입니다.

15 컴퍼스를 7 cm만큼 벌려서 그린 원의 반지름은 7 cm입니다.
(원주)=(반지름)×2×(원주율)
=7×2×3.14=43.96 (cm)

16 (원주)=(지름)×(원주율)=(반지름)×2×(원주율)
(큰 원의 반지름)=15+6=21 (cm)
➡ (큰 원의 원주)=21×2×3=126 (cm)

17 ㉠ 접시의 원주)=(지름)×(원주율)
=28×3.1=86.8 (cm)
원주를 비교하면 86.8 cm>80.6 cm이므로 ㉠ 접시가 더 큽니다.
다른 풀이 ㉡ 접시의 지름)=(원주)÷(원주율)
=80.6÷3.1=26 (cm)
지름을 비교하면 28 cm>26 cm이므로 ㉠ 접시가 더 큽니다.

18 (지름)=(원주)÷(원주율)=155÷3.1=50 (cm)
➡ (반지름)=50÷2=25 (cm)

19 고리가 한 바퀴 굴러간 거리는 고리의 원주와 같습니다.
(고리의 지름)=(원주)÷(원주율)
=54÷3=18 (cm)

20 큰 원: (반지름)=12 cm
(원주)=(반지름)×2×(원주율)
=12×2×3.14=75.36 (cm)
작은 원: (반지름)=12÷2=6 (cm)
(원주)=(반지름)×2×(원주율)
=6×2×3.14=37.68 (cm)
따라서 두 원의 원주의 차는
75.36-37.68=37.68 (cm)입니다.

21 (반지름이 5 cm인 원의 원주)
=(반지름)×2×(원주율)=5×2×3.1=31 (cm)
(지름이 7 cm인 원의 원주)
=(지름)×(원주율)=7×3.1=21.7 (cm)
➡ 31-21.7=9.3 (cm)

22 ㉠ 원의 원주)=(반지름)×2×(원주율)
=6×2×3.1=37.2 (cm)
㉡ 원의 원주)=(지름)×(원주율)
=13×3.1=40.3 (cm)
37.2 cm<40.3 cm이므로 ㉡의 원주가
40.3-37.2=3.1 (cm) 더 깁니다.

23 지름을 알아보면 ㉠ 9×2=18 (cm), ㉡ 16 cm, ㉢ 11×2=22 (cm)이므로 가장 큰 원은 ㉢이고 가장 작은 원은 ㉡입니다.
(㉢ 원의 원주)=(지름)×(원주율)
=22×3.14=69.08 (cm)
(㉡ 원의 원주)=(지름)×(원주율)
=16×3.14=50.24 (cm)
➡ 69.08-50.24=18.84 (cm)

24 (훌라후프가 굴러간 거리)
=(지름)×(원주율)×(굴러간 횟수)
=70×3.1×6=1302 (cm)
참고 (훌라후프가 1바퀴 굴러간 거리)=(원주)

25 (원주)＝(반지름)×2×(원주율)

(타이어가 1바퀴 굴러간 거리)

$=21 \times 2 \times 3 = 126$ (cm)

➡ (타이어가 5바퀴 굴러간 거리)

$=126 \times 5 = 630$ (cm)

26 (굴렁쇠를 1바퀴 굴렸을 때 간 거리)

＝(굴렁쇠의 원주)

$=100 \times 3.14 = 314$ (cm)

➡ (굴렁쇠가 굴러간 횟수)

＝(전체 나아간 거리)÷(굴렁쇠의 원주)

$=942 \div 314 = 3$(바퀴)

교과서 **개념** 다지기　119~121쪽

01 (1) 10, 10, 50 (2) 10, 10, 100 (3) 50, 100

02 (1) 21, 45 (2) 21, 45

03 (왼쪽에서부터) 반지름, (원주)$\times \dfrac{1}{2}$

04 원주, 반지름 / 반지름, 반지름, 원주율

05 3, 3, 28.26

06 $4 \times 4 \times 3$, 48 / $8 \times 8 \times 3$, 192

07 (1) 4배에 ○표 (2) 9배에 ○표

08 10, 10, 5, 5, 300, 75, 225

교과서 **넘어** 보기　122~125쪽

27 (1) 12, 12, 72 (2) 12, 12, 144 (3) 72, 144

28 (1) 32칸 (2) 60칸 (3) 예 46 cm²

29 126, 168

30 27.9 cm

31 9 cm

32 251.1 cm²

33 200.96 cm²

34 113.04 cm²

35 2, 12 / 5, 77.5 / 10, 314

36 379.94 cm²

37 ㉡, ㉠, ㉢

38 507 cm²

39 362.7 cm²

40 307.72 cm²

41 25 cm²

42 81 cm²

43 930 cm²

44 45.9 cm²

45 (1) 27, 108, 243 (2) 4, 9

46 62.8 cm²

교과서 속 응용문제

47 6 cm

48 12 cm

49 18 cm, 56.52 cm

50 99 cm²

51 나, 97.34 cm²

52 120.9 cm²

27 (1) 원 안의 정사각형은 대각선의 길이가 각각 12 cm 인 마름모와 같습니다.

➡ $12 \times 12 \div 2 = 72$ (cm²)

(2) 원 밖의 정사각형은 한 변의 길이가 12 cm입니다.

➡ $12 \times 12 = 144$ (cm²)

(3) 원의 넓이는 원 안의 정사각형의 넓이 72 cm²보다 넓고, 원 밖의 정사각형의 넓이 144 cm²보다 좁습 니다.

➡ 72 cm²＜(원의 넓이)

(원의 넓이)＜144 cm²

28 (1) 주황색 모눈은 $8 \times 4 = 32$(칸)입니다.

(2) 초록색 선 안쪽 모눈은 $15 \times 4 = 60$(칸)입니다.

(3) 32 cm²＜(원의 넓이)

(원의 넓이)＜60 cm²

원의 넓이는 46 cm²라고 어림할 수 있습니다.

29 원 안의 정육각형의 넓이는 삼각형 ㄱㅇㄷ 6개의 넓이 와 같으므로 $21 \times 6 = 126$ (cm²)이고, 원 밖의 정육 각형의 넓이는 삼각형 ㅇㅂㄹ 6개의 넓이와 같으므로 $28 \times 6 = 168$ (cm²)입니다.

➡ 126 cm²＜(원의 넓이)

(원의 넓이)＜168 cm²

30 (직사각형의 가로)＝(원주)$\times \dfrac{1}{2}$

$=18 \times 3.1 \times \dfrac{1}{2} = 27.9$ (cm)

31 직사각형의 세로의 길이는 원의 반지름과 같습니다.
원의 지름이 18 cm이므로 반지름은
$18 \div 2 = 9$ (cm)입니다.

32 (직사각형의 넓이)＝(가로)×(세로)
$= 27.9 \times 9 = 251.1$ (cm^2)

33 (원의 넓이)＝(반지름)×(반지름)×(원주율)
$= 8 \times 8 \times 3.14 = 200.96$ (cm^2)

34 (원의 넓이)＝(반지름)×(반지름)×(원주율)
$= 6 \times 6 \times 3.14 = 113.04$ (cm^2)

35 (반지름)＝(지름)÷2
(원의 넓이)＝(반지름)×(반지름)×(원주율)
• 지름이 4 cm인 원: 반지름 2 cm,
(원의 넓이)＝$2 \times 2 \times 3 = 12$ (cm^2)
• 지름이 10 cm인 원: 반지름 5 cm
(원의 넓이)＝$5 \times 5 \times 3.1 = 77.5$ (cm^2)
• 지름이 20 cm인 원: 반지름 10 cm
(원의 넓이)＝$10 \times 10 \times 3.14 = 314$ (cm^2)

36 (지름)＝(원주)÷(원주율)
$= 69.08 \div 3.14 = 22$ (cm)
원의 지름이 22 cm이므로 원의 반지름은 11 cm입니다.
➡ (원의 넓이)＝$11 \times 11 \times 3.14 = 379.94$ (cm^2)

37 ㉠ (원의 넓이)＝$15 \times 15 \times 3.1 = 697.5$ (cm^2)
㉡ (지름)＝(원주)÷(원주율)
$= 124 \div 3.1 = 40$ (cm)
➡ (원의 넓이)＝$20 \times 20 \times 3.1 = 1240$ (cm^2)
㉢ (원의 넓이)＝607.6 cm^2
따라서 넓은 원부터 차례로 쓰면 ㉡, ㉠, ㉢입니다.

38 직사각형의 가로가 40 cm, 세로가 26 cm이므로 만들 수 있는 가장 큰 원의 지름은 26 cm입니다.
반지름은 $26 \div 2 = 13$ (cm)이므로 원의 넓이는
$13 \times 13 \times 3 = 507$ (cm^2)입니다.

39 큰 원의 반지름은 9 cm이고, 작은 원의 반지름은
$15 - 9 = 6$ (cm)입니다.
(큰 원의 넓이)＝$9 \times 9 \times 3.1 = 251.1$ (cm^2)
(작은 원의 넓이)＝$6 \times 6 \times 3.1 = 111.6$ (cm^2)
➡ $251.1 + 111.6 = 362.7$ (cm^2)

40 큰 원의 지름은 28 cm이므로 반지름은 14 cm입니다.
작은 원의 지름은 큰 원의 반지름과 같으므로 14 cm이고, 반지름은 7 cm입니다.
(큰 원의 넓이)＝$14 \times 14 \times 3.14 = 615.44$ (cm^2)
(작은 원의 넓이)＝$7 \times 7 \times 3.14 = 153.86$ (cm^2)
➡ (색칠한 부분의 넓이)＝$615.44 - 153.86 \times 2$
$= 615.44 - 307.72$
$= 307.72$ (cm^2)

41 색칠한 부분의 넓이는 정사각형의 넓이에서 지름이 10 cm인 원의 넓이를 뺀 것과 같습니다.
(원의 반지름)＝$10 \div 2 = 5$ (cm)
(색칠한 부분의 넓이)
＝(정사각형의 넓이)－(원의 넓이)
＝$10 \times 10 - 5 \times 5 \times 3 = 100 - 75 = 25$ (cm^2)

42 색칠한 부분의 넓이는 정사각형의 넓이에서 지름이 18 cm인 원의 넓이를 뺀 것과 같습니다.
지름이 18 cm인 원의 반지름은 9 cm입니다.
(색칠한 부분의 넓이)
＝(정사각형의 넓이)－(원의 넓이)
＝$18 \times 18 - 9 \times 9 \times 3 = 324 - 243 = 81$ (cm^2)

43 (도형의 넓이)
＝(반지름이 20 cm인 반원의 넓이)
＋(지름이 20 cm인 원의 넓이)
＝$20 \times 20 \times 3.1 \div 2 + 10 \times 10 \times 3.1$
＝$620 + 310 = 930$ (cm^2)

44 직각삼각형의 밑변의 길이는 원의 반지름과 같으므로 6 cm입니다.

(도형의 넓이)

$$=(원의 넓이의 \frac{1}{4})+(직각삼각형의 넓이)$$

$$=6\times6\times3.1\times\frac{1}{4}+6\times6\times\frac{1}{2}$$

$$=27.9+18$$

$$=45.9 \ (cm^2)$$

45 (1) (가 원의 넓이)$=3\times3\times3=27 \ (cm^2)$
　　(나 원의 넓이)$=6\times6\times3=108 \ (cm^2)$
　　(다 원의 넓이)$=9\times9\times3=243 \ (cm^2)$
　(2) 나 원의 넓이는 가 원의 넓이의 $108\div27=4$(배),
　　다 원의 넓이는 가 원의 넓이의 $243\div27=9$(배)입니다.

46 6점인 부분의 넓이는 반지름이 6 cm인 원의 넓이에서 반지름이 4 cm인 원의 넓이를 뺀 것과 같습니다.
　(반지름이 6 cm인 원의 넓이)
　$=6\times6\times3.14=113.04 \ (cm^2)$
　(반지름이 4 cm인 원의 넓이)
　$=4\times4\times3.14=50.24 \ (cm^2)$
　➡ (6점인 부분의 넓이)$=113.04-50.24$
　　　　　　　　　　　$=62.8 \ (cm^2)$

47 (원의 넓이)$=$(반지름)$\times$(반지름)$\times$(원주율)이므로 원의 반지름을 $\square$ cm라 하면
　$\square\times\square\times3.1=27.9$, $\square\times\square=9$, $\square=3$입니다.
　따라서 원의 지름은 $3\times2=6 \ (cm)$입니다.

48 (원의 넓이)$=$(반지름)$\times$(반지름)$\times$(원주율)이므로 원의 반지름을 $\square$ cm라 하면
　$\square\times\square\times3=432$, $\square\times\square=144$, $\square=12$입니다.
　따라서 원의 반지름이 12 cm이므로 컴퍼스를 벌린 길이는 12 cm입니다.

49 (원의 넓이)$=$(반지름)$\times$(반지름)$\times$(원주율)이므로 원의 반지름을 $\square$ cm라 하면
　$\square\times\square\times3.14=254.34$,
　$\square\times\square=81$, $\square=9$입니다.

(지름)$=$(반지름)$\times2=9\times2=18 \ (cm)$
(원주)$=$(지름)$\times$(원주율)$=18\times3.14=56.52 \ (cm)$

50 (원 가의 넓이)$=7\times7\times3=147 \ (cm^2)$
　(반지름)$=$(원주)$\div$(원주율)$\div2$이므로
　(원 나의 반지름)$=24\div3\div2=4 \ (cm)$
　(원 나의 넓이)$=4\times4\times3=48 \ (cm^2)$
　➡ (두 원의 넓이의 차)$=147-48=99 \ (cm^2)$

51 (원 나의 반지름)$=100.48\div3.14\div2=16 \ (cm)$
　(원 나의 넓이)$=16\times16\times3.14=803.84 \ (cm^2)$
　따라서 원 나가 $803.84-706.5=97.34 \ (cm^2)$ 더 넓습니다.

52 (원 가의 넓이)$=5\times5\times3.1=77.5 \ (cm^2)$
　(원 나의 반지름)$=49.6\div3.1\div2=8 \ (cm)$
　(원 나의 넓이)$=8\times8\times3.1=198.4 \ (cm^2)$
　(원 다의 넓이)$=6\times6\times3.1=111.6 \ (cm^2)$
　따라서 가장 넓은 원과 가장 좁은 원의 넓이의 차는
　$198.4-77.5=120.9 \ (cm^2)$입니다.

응용력 높이기 126~129쪽

대표 응용 1 2, 4, 4, 192
1-1 $6358.5 \ cm^2$　　　　**1-2** $225 \ cm^2$
대표 응용 2 5, 4, 5, 2, 3, 10, 4, 30, 40, 70
2-1 126 cm　　　　**2-2** 59.12 cm
대표 응용 3 20, 60, 10, 2, 10, 60, $=$
3-1 $=$　　　　**3-2** 5
대표 응용 4 49.6, 3.1, 16, 16, 8, 8, 8, 198.4
4-1 $310 \ cm^2$　　　　**4-2** $706.5 \ cm^2$

1-1 반지름을 3배로 늘이면 원의 넓이는 처음 원의 넓이의 $3\times3=9$(배)가 됩니다.
　따라서 늘인 원의 넓이는 $706.5\times9=6358.5 \ (cm^2)$입니다.

1-2 반지름을 2배로 늘이면 원의 넓이는 처음 원의 넓이의
$2 \times 2 = 4$(배)가 됩니다.

(늘인 원의 넓이)$= 75 \times 4 = 300 \ (\text{cm}^2)$

➡ (넓이의 차)$= 300 - 75 = 225 \ (\text{cm}^2)$

2-1 사용한 끈의 길이는 (곡선 부분)+(직선 부분)입니다.
곡선 부분은 반지름이 9 cm인 원의 원주와 같고 직선
부분은 지름 4개의 길이와 같습니다.

(곡선 부분의 길이)$= 9 \times 2 \times 3 = 54 \ (\text{cm})$

(직선 부분의 길이)$= 18 \times 4 = 72 \ (\text{cm})$

➡ (사용한 끈의 길이)$= 54 + 72 = 126 \ (\text{cm})$

2-2 곡선 부분의 길이의 합은 통조림 1개의 원 모양인 면의
원주와 같고, 직선 부분의 길이의 합은 지름의 3배와
같습니다.

(사용한 끈의 길이)

$=$(곡선 부분의 길이)+(직선 부분의 길이)

$\quad +$(매듭의 길이)

$=$(지름이 8 cm인 원의 원주)$+$(지름)$\times 3 + 10$

$= 8 \times 3.14 + 8 \times 3 + 10$

$= 25.12 + 24 + 10 = 59.12 \ (\text{cm})$

3-1 (빨간색 선의 길이)$= 12 \times 3.1 = 37.2 \ (\text{cm})$
파란색 선의 길이는 지름이 3 cm인 원의 원주의 4배
입니다.

(파란색 선의 길이)$= 3 \times 3.1 \times 4 = 37.2 \ (\text{cm})$

➡ (빨간색 선의 길이)$=$(파란색 선의 길이)

3-2 ㉠ $15 \times$(원주율) (cm)

㉡ $\square \times$(원주율)$\times 3 \ (\text{cm})$

$15 = \square \times 3$이므로 $\square = 5$입니다.

4-1 만들 수 있는 가장 큰 원의 원주는 직사각형의 둘레와
같습니다.

(직사각형의 둘레)$= (17 + 14) \times 2 = 62 \ (\text{cm})$

(원의 지름)$= 62 \div 3.1 = 20 \ (\text{cm})$

(원의 반지름)$= 20 \div 2 = 10 \ (\text{cm})$

(원의 넓이)$= 10 \times 10 \times 3.1 = 310 \ (\text{cm}^2)$

4-2 원 한 개를 만드는 데 사용한 끈의 길이가
$188.4 \div 2 = 94.2 \ (\text{cm})$이므로 원의 원주는
94.2 cm입니다.

(원의 지름)$= 94.2 \div 3.14 = 30 \ (\text{cm})$

(원의 반지름)$= 30 \div 2 = 15 \ (\text{cm})$

(원의 넓이)$= 15 \times 15 \times 3.14 = 706.5 \ (\text{cm}^2)$

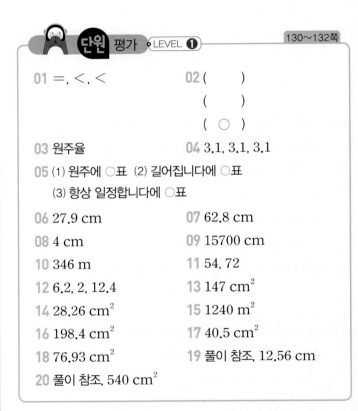

단원 평가 ◆LEVEL ❶   130~132쪽

01 $=, <, <$
02 ( )
( )
(◯)
03 원주율
04 3.1, 3.1, 3.1
05 (1) 원주에 ◯표 (2) 길어집니다에 ◯표
(3) 항상 일정합니다에 ◯표
06 27.9 cm
07 62.8 cm
08 4 cm
09 15700 cm
10 346 m
11 54, 72
12 6.2, 2, 12.4
13 147 cm^2
14 28.26 cm^2
15 1240 m^2
16 198.4 cm^2
17 40.5 cm^2
18 76.93 cm^2
19 풀이 참조, 12.56 cm
20 풀이 참조, 540 cm^2

01 • (원의 지름)$\times 4$는 정사각형의 둘레와 같습니다.
• 원주는 정사각형의 둘레보다 작습니다.

02 지름이 3 cm인 원의 원주는 지름의 3배인 9 cm보다
길고, 지름의 4배인 12 cm보다 짧으므로 원주와 가장
비슷한 것은 세 번째 그림입니다.

03 원의 지름에 대한 원주의 비율은 원주율이라고 합니다.
원주율은 (원주)$\div$(지름)으로 구할 수 있습니다.

04 단추: (원주율)$=$(원주)$\div$(지름)
$= 9.4 \div 3 = 3.13\cdots$ ➡ 3.1

냄비 뚜껑: (원주율)=(원주)÷(지름)

$$=88÷28=3.14\cdots \Rightarrow 3.1$$

접시: (원주율)=(원주)÷(지름)

$$=37.7÷12=3.14\cdots \Rightarrow 3.1$$

원의 크기에 상관없이 원주율은 일정합니다.

05 (1) 원의 둘레를 원주라고 합니다.

(2) 원의 지름이 길어지면 원주도 길어집니다.

(3) 원의 크기가 커져도 원주율은 항상 일정합니다.

06 (원주)=(지름)×(원주율)=$9×3.1=27.9$ (cm)

07 (원주)=(반지름)×2×(원주율)

$$=10×2×3.14=62.8 \text{ (cm)}$$

08 (원주율)=(원주)÷(지름)이므로

(지름)=(원주)÷(원주율)입니다.

(지름)=$12.56÷3.14=4$ (cm)

09 (바퀴 자의 원주)=(지름)×(원주율)

$$=50×3.14=157 \text{ (cm)}$$

(집에서 도서관까지의 거리)

$$=157×100=15700 \text{ (cm)}$$

10 양쪽 반원 부분을 모으면 지름이 60 m인 원이 됩니다.

(땅의 둘레)=$60×3.1+80×2$

$$=186+160=346 \text{ (m)}$$

11 (원 안의 정육각형의 넓이)

=(삼각형 ㄹㅇㅂ의 넓이)×$6=9×6=54$ (cm²)

(원 밖의 정육각형의 넓이)

=(삼각형 ㄱㅇㄷ의 넓이)×$6=12×6=72$ (cm²)

➡ 54 cm² < (원의 넓이)

(원의 넓이) < 72 cm²

12 (직사각형의 가로)=(원주)×$\dfrac{1}{2}$

$$=(\text{반지름})×2×(\text{원주율})×\dfrac{1}{2}$$

$$=2×2×3.1×\dfrac{1}{2}=6.2 \text{ (cm)}$$

(직사각형의 세로)=(원의 반지름)=2 cm

13 (원의 넓이)

=(반지름)×(반지름)×(원주율)

$$=7×7×3=147 \text{ (cm}^2\text{)}$$

14 컴퍼스를 벌린 길이는 원의 반지름과 같습니다.

반지름이 3 cm인 원의 넓이는

$3×3×3.14=28.26$ (cm²)입니다.

15 지름이 40 m인 원의 반지름은 $40÷2=20$ (m)입니다.

(호수의 넓이)=$20×20×3.1=1240$ (m²)

16 (지름)=(원주)÷(원주율)=$49.6÷3.1=16$ (cm)

(반지름)=(지름)÷$2=16÷2=8$ (cm)

(원의 넓이)=$8×8×3.1=198.4$ (cm²)

17 원의 반지름은 직사각형의 가로와 같으므로 9 cm입니다.

(색칠한 부분의 넓이)

=(직사각형의 넓이)-(반원의 넓이)

$$=9×18-9×9×3÷2$$

$$=162-121.5=40.5 \text{ (cm}^2\text{)}$$

18

(빨간색 부분의 넓이)

=(반지름이 7 cm인 반원의 넓이)

$$=7×7×3.14÷2=76.93 \text{ (cm}^2\text{)}$$

19 예 (원 가의 원주)=$8×3.14=25.12$ (cm) ⋯ 40 %

(원 나의 원주)=$6×2×3.14=37.68$ (cm)

⋯ 40 %

두 원 가와 나의 원주의 차는

$37.68-25.12=12.56$ (cm)입니다. ⋯ 20 %

20 예 (초록색 부분의 넓이)

=(반지름이 18 cm인 원의 넓이)

-(반지름이 12 cm인 원의 넓이) ⋯ 30 %

$$=18×18×3-12×12×3$$

$$=972-432=540 \text{ (cm}^2\text{)} \cdots 70 \%$$

01 6, 3 / <　　　　　02 6배

03 ©　　　　　　　　04 =

05 68.2 cm　　　　　06 43.96 cm

07 3 cm　　　　　　08 ©

09 21대　　　　　　10 46.5 cm

11 (1) 8, 8, 32　(2) 8, 8, 64　(3) 32, 64

12 예 74 cm²　　　　13 28 cm², 예 28 cm²

14 12 cm　　　　　15 254.34 cm²

16 ©, ©, ©, ㉠　　17 39.6 cm²

18 151.9 cm²　　　19 풀이 참조, 50.24 cm²

20 풀이 참조, 576 cm²

---

01 정육각형의 한 변의 길이는 원의 반지름과 같습니다.
(정육각형의 둘레)＝(원의 반지름)×6
　　　　　　　　＝(원의 지름)×3
정육각형의 둘레는 원의 원주보다 짧습니다.

02 지름이 8 cm이므로 반지름은 4 cm입니다.
➡ (거울의 둘레)÷(반지름)＝24÷4＝6(배)

03 © 원의 크기에 상관없이 원주율은 항상 일정합니다.

04 • 왼쪽 타이어: 94.2÷30＝3.14
• 오른쪽 타이어: 125.6÷40＝3.14
두 타이어의 (원주)÷(지름)은 3.14로 같습니다.

05 (원주)＝(지름)×(원주율)
　　　　＝22×3.1＝68.2 (cm)

06 (지름)＝(반지름)×2＝7×2＝14 (cm)
(원주)＝(지름)×(원주율)
　　　　＝14×3.14＝43.96 (cm)

07 (원주율)＝(원주)÷(지름)이므로
(지름)＝(원주)÷(원주율)입니다.
(지름)＝18÷3＝6 (cm)
(반지름)＝6÷2＝3 (cm)

08 원주의 길이로 원의 크기를 비교합니다.
㉠ 반지름이 8 cm이므로 지름의 길이는 16 cm입니다.
(원주)＝16×3＝48 (cm)
© (원주)＝17×3＝51 (cm)
57＞51＞48이므로 크기가 가장 큰 원은 ©입니다.
다른 풀이 지름의 길이로 원의 크기를 비교합니다.
㉠ (지름)＝8×2＝16 (cm)
© (지름)＝(원주)÷(원주율)
　　　　＝57÷3＝19 (cm)
19＞17＞16이므로 크기가 가장 큰 원은 ©입니다.

09 (대관람차의 원주)＝35×3＝105 (m)
(관람차의 수)
＝(대관람차의 원주)÷(관람차의 간격)
＝105÷5＝21(대)

10 둘레의 길이가 60 cm인 정사각형 한 변의 길이는
60÷4＝15 (cm)입니다.
한 변의 길이가 15 cm인 정사각형 안에 그릴 수 있는
가장 큰 원의 지름은 15 cm입니다.
(지름이 15 cm인 원의 원주)＝15×3.1
　　　　　　　　　　　　　＝46.5 (cm)

11 (1) 원 안의 정사각형의 두 대각선은 지름이므로 두 대
각선의 길이는 같습니다.
따라서 원 안의 정사각형은 마름모라고 할 수 있습
니다.
(마름모의 넓이)
＝(한 대각선의 길이)×(다른 대각선의 길이)÷2
＝8×8÷2＝32 (cm²)
(2) 원 밖의 정사각형의 한 변의 길이는 원의 지름의 길
이와 같습니다.
(원 밖의 정사각형의 넓이)＝8×8＝64 (cm²)
(3) (원 안의 정사각형의 넓이)＜(원의 넓이)
　　　　　(원의 넓이)＜(원 밖의 정사각형의 넓이)

12 60 cm²＜(원의 넓이)
　　　　(원의 넓이)＜88 cm²
이므로 원의 넓이는 74 cm²라고 어림할 수 있습니다.

13 (팔각형의 넓이)

　　=(큰 정사각형의 넓이)−(작은 삼각형의 넓이)×4

　　=$6×6−2×2÷2×4=36−8=28$ (cm^2)

14 (직사각형의 가로)=(원주)×$\dfrac{1}{2}$

　　(원주)=(직사각형의 가로)×2

　　　　　=$37.68×2=75.36$ (cm)

　　(지름)=(원주)÷3.14

　　　　　=$75.36÷3.14=24$ (cm)

　　(반지름)=(지름)÷2=$24÷2=12$ (cm)

15 (원의 반지름)=(지름)÷2=$18÷2=9$ (cm)

　　(원의 넓이)=(반지름)×(반지름)×(원주율)

　　　　　　　=$9×9×3.14=254.34$ (cm^2)

16 ㉠ (원의 넓이)=$10×10×3=300$ (cm^2)

　　㉡ (반지름)=$22÷2=11$ (cm)

　　　(원의 넓이)=$11×11×3=363$ (cm^2)

　　㉢ (지름)=(원주)÷(원주율)=$78÷3=26$ (cm)

　　　(반지름)=$26÷2=13$ (cm)

　　　(원의 넓이)=$13×13×3=507$ (cm^2)

　　$507>432>363>300$이므로 넓은 원부터 차례로
기호를 쓰면 ㉢, ㉣, ㉡, ㉠입니다.

17 원의 반지름은 $12÷2=6$ (cm)이고 마름모의 두 대
각선의 길이는 각각 12 cm입니다.

　　(색칠한 부분의 넓이)

　　=(원의 넓이)−(마름모의 넓이)

　　=$6×6×3.1−12×12÷2$

　　=$111.6−72=39.6$ (cm^2)

18 반원 안에 있는 원의 지름은 반원의 반지름과 같으므로
$28÷2=14$ (cm)입니다.

　　(색칠한 부분의 넓이)

　　=(바깥쪽 반원의 넓이)−(안쪽 원의 넓이)

　　=$14×14×3.1÷2−7×7×3.1$

　　=$303.8−151.9$

　　=151.9 (cm^2)

19 예 (반지름이 3 cm인 원의 넓이)

　　　=$3×3×3.14=28.26$ (cm^2) … 40 %

　　(반지름이 5 cm인 원의 넓이)

　　=$5×5×3.14=78.5$ (cm^2) … 40 %

　　(넓이의 차)=$78.5−28.26=50.24$ (cm^2)… 20 %

20 예 (큰 원의 반지름)=$96÷3÷2=16$ (cm) … 20 %

　　(색칠하지 않은 부분의 넓이)

　　=(반지름이 8 cm인 원의 넓이) … 20 %

　　(색칠한 부분의 넓이)

　　=(반지름이 16 cm인 원의 넓이)

　　　−(반지름이 8 cm인 원의 넓이)

　　=$16×16×3−8×8×3$

　　=$768−192$

　　=576 (cm^2) … 60 %

교과서 **개념** 다지기

138~139쪽

01 다

02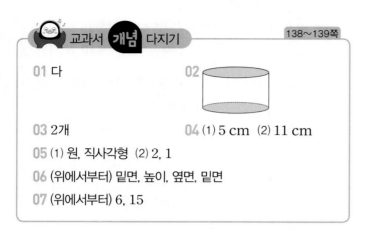

03 2개

04 (1) 5 cm (2) 11 cm

05 (1) 원, 직사각형 (2) 2, 1

06 (위에서부터) 밑면, 높이, 옆면, 밑면

07 (위에서부터) 6, 15

교과서 **넘어** 보기

140~143쪽

01 가, 바

02 (왼쪽에서부터) 옆면 / 밑면, 높이, 밑면

03 원, 2

04 12 cm

05

○	○
○	○
○	
	○
○	
	○

06 ④

07 9 cm

08 예 두 밑면이 합동이 아닙니다.

09 50 cm²

10 선분 ㄱㄹ, 선분 ㄴㄷ

11 8 cm

12 예리

13 예 두 밑면이 합동이 아니고, 옆면이 직사각형이 아닙니다.

14 (위에서부터) 2, 12.4, 6

15 76 cm

16 12

17 예

```
1 cm
1 cm
     ┌ 2 cm ┐
    (     )

    ┌─ 12 cm ─┐
    │          │ 5 cm
    └──────────┘

    (          )
```

18 904.32 cm²

19 84 cm, 15 cm

20 8 cm

교과서 속 **응용 문제**

21 48 cm, 12 cm

22 21 cm

23 94 cm

24 11 cm

25 4 cm

26 15 cm

01 나는 두 밑면이 합동이 아닙니다.
다는 밑면이 사각형인 사각기둥입니다.
라는 두 밑면이 평행하지 않고 합동이 아닙니다.
마는 밑면이 오각형인 오각기둥입니다.

02 원기둥에서 서로 평행하고 합동인 두 면을 밑면, 두 밑면과 만나는 면을 옆면, 두 밑면에 수직인 선분의 길이를 높이라고 합니다.

03 원기둥의 밑면의 모양은 원이고, 밑면의 수는 2개입니다.

04 원기둥의 높이는 두 밑면에 수직인 선분의 길이이므로 12 cm입니다.

05 ㉢ 원기둥에는 꼭짓점과 모서리가 없습니다.
㉣ 각기둥의 밑면은 다각형입니다.
㉤ 원기둥의 밑면은 원입니다.
㉥ 각기둥의 옆면은 평평한 면입니다.

06 ④ 원기둥의 두 밑면은 서로 평행합니다.

07 직사각형의 가로를 기준으로 직사각형 모양의 종이를 돌려 만든 원기둥의 높이는 직사각형의 가로의 길이와 같습니다.

09 돌리기 전의 직사각형은 가로가 원기둥의 밑면의 반지름과 같고 세로가 원기둥의 높이와 같습니다.
돌리기 전의 직사각형은 가로가 $10 \div 2 = 5$ (cm), 세로가 10 cm이므로 넓이는 $5 \times 10 = 50$ (cm²)입니다.

10 원기둥의 전개도에서 밑면의 둘레는 원주로 직사각형의 가로의 길이와 같습니다.

11 선분 ㄹㄷ의 길이는 원기둥의 높이와 같습니다.

12 유준: 옆면이 직사각형이 아닙니다.
서정: 두 밑면이 같은 쪽에 있습니다.
세훈: 두 밑면이 서로 합동이 아닙니다.

13 원기둥의 전개도는 두 밑면이 합동이고 옆면이 직사각형이어야 합니다.

14 원기둥의 전개도에서 옆면의 가로의 길이는 밑면의 둘레와 같으므로 $2 \times 2 \times 3.1 = 12.4$ (cm)입니다.
옆면의 세로의 길이는 원기둥의 높이와 같으므로 6 cm입니다.

15 원기둥의 전개도에서 옆면의 가로의 길이는 밑면의 둘레와 같으므로 $5 \times 2 \times 3.1 = 31$ (cm)입니다.
따라서 옆면의 둘레는 $(31 + 7) \times 2 = 76$ (cm)입니다.

16 원기둥의 전개도에서 옆면의 가로의 길이는 밑면의 둘레와 같으므로 (지름) $\times 3.1 =$ (옆면의 가로)입니다.
$\square \times 3.1 = 37.2$, $\square = 12$

17 원기둥의 밑면의 모양은 원이고 2개가 있으며 옆면의 세로의 길이는 원기둥의 높이와 같습니다.

18 원기둥의 전개도에서 옆면은 가로의 길이가 밑면의 둘레와 같고 세로의 길이가 원기둥의 높이와 같은 직사각형입니다.
(옆면의 가로) $= 8 \times 2 \times 3.14 = 50.24$ (cm)
(옆면의 세로) $=$ (높이) $= 18$ cm
(옆면의 넓이) $= 50.24 \times 18 = 904.32$ (cm²)

19 (옆면의 가로) $= 28 \times 3 = 84$ (cm)
(옆면의 넓이) $=$ (옆면의 가로) $\times$ (옆면의 세로)이므로
(옆면의 세로) $= 1260 \div 84 = 15$ (cm)

20 원기둥이 한 바퀴 굴러간 부분의 길이는 원기둥의 밑면의 둘레와 같습니다.
원기둥의 밑면의 지름을 $\square$ cm라 하면
$\square \times 3 = 24$, $\square = 8$입니다.

21 (옆면의 가로) $=$ (밑면의 둘레)
$\qquad = 16 \times 3 = 48$ (cm)
(옆면의 세로) $=$ (원기둥의 높이) $= 12$ cm

22 (옆면의 가로) $=$ (밑면의 둘레)
$\qquad = 5 \times 2 \times 3.1 = 31$ (cm)
(옆면의 세로) $=$ (원기둥의 높이) $= 10$ cm
(옆면의 가로) $-$ (옆면의 세로)
$= 31 - 10 = 21$ (cm)

23 (옆면의 가로) $=$ (밑면의 둘레)
$\qquad = 6 \times 2 \times 3 = 36$ (cm)
(옆면의 세로) $=$ (원기둥의 높이) $= 11$ cm
(옆면의 둘레) $= (36 + 11) \times 2 = 94$ (cm)

24 (밑면의 둘레) $= 14 \times 3 = 42$ (cm)
(원기둥의 높이) $=$ (옆면의 넓이) $\div$ (밑면의 둘레)
$\qquad = 462 \div 42 = 11$ (cm)

25 (밑면의 둘레) $= 10 \times 2 \times 3.1 = 62$ (cm)
(원기둥의 높이) $=$ (옆면의 넓이) $\div$ (밑면의 둘레)
$\qquad = 248 \div 62 = 4$ (cm)

26 (밑면의 둘레) $=$ (옆면의 넓이) $\div$ (원기둥의 높이)
$\qquad = 1350 \div 15 = 90$ (cm)
원기둥의 밑면의 반지름을 $\square$ cm라 하면
$\square \times 2 \times 3 = 90$, $\square = 15$입니다.

교과서 개념 다지기 144~145쪽

01 나

02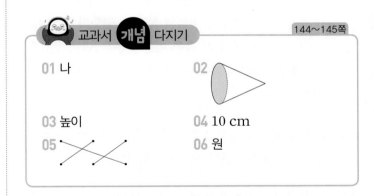

03 높이

04 10 cm

05

06 원

교과서 넘어 보기 146~149쪽

27 ②, ④

28 원뿔

29 (위에서부터) 원뿔의 꼭짓점, 높이, 옆면, 모선, 밑면

30 원 / 1, 1 / 오각형, 원

31 (1) 모선의 길이 (2) 밑면의 지름

32 예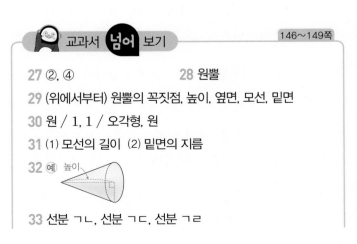

33 선분 ㄱㄴ, 선분 ㄱㄷ, 선분 ㄱㄹ

34 6 cm, 5 cm   **35** ㉡, ㉢

36 ⓔ 밑면이 원기둥은 2개이고, 원뿔은 1개입니다. 원기둥에는 꼭짓점이 없으나 원뿔에는 꼭짓점이 있습니다.

37 ③   **38** 중심, 반지름

39 구   **40** 14 cm, 7 cm

41 10 cm   **42** ㉢

43 10 cm

44 (윗줄부터) ○, ○, ○ / □, △, ○ / □, △, ○

45 구   **46** ㉠, ㉢

교과서 속 응용 문제

47 192 cm²   **48** 111.6 cm²

49 301.44 cm²   **50** 50 cm

51 50 cm   **52** 43.4 cm

---

28 평평한 면이 원이고 옆을 둘러싼 면이 굽은 면인 뿔 모양의 입체도형을 원뿔이라고 합니다.

29 평평한 면은 밑면, 옆을 둘러싼 굽은 면은 옆면, 원뿔에서 뾰족한 부분의 점은 원뿔의 꼭짓점, 원뿔의 꼭짓점과 밑면인 원의 둘레의 한 점을 이은 선분은 모선, 원뿔의 꼭짓점에서 밑면에 수직인 선분의 길이는 높이라고 합니다.

30 왼쪽 도형은 밑면이 오각형인 각뿔이므로 오각뿔이고 오른쪽 도형은 밑면이 원인 원뿔입니다.

31 (1) 원뿔의 꼭짓점과 밑면인 원의 둘레의 한 점을 이은 선분의 길이, 즉 모선의 길이를 재는 것입니다.

    (2) 원뿔의 밑면은 원이므로 밑면의 지름을 재는 것입니다.

32 원뿔의 높이는 원뿔의 꼭짓점에서 밑면에 수직인 선분의 길이입니다.

33 모선은 원뿔의 꼭짓점과 밑면인 원의 둘레의 한 점을 이은 선분이므로 선분 ㄱㄴ, 선분 ㄱㄷ, 선분 ㄱㄹ입니다.

34 한 변을 기준으로 직각삼각형 모양의 종이를 돌려 만든 입체도형은 원뿔입니다.

원뿔의 밑면의 지름은 삼각형의 밑변의 길이의 2배와 같으므로 3×2=6 (cm)입니다.

원뿔의 높이는 삼각형의 높이와 같으므로 5 cm입니다.

35 ㉡ 원뿔의 꼭짓점은 1개입니다.

    ㉢ 하나의 원뿔에서 모선의 길이는 항상 높이보다 깁니다.

37 ③ 볼링공은 구 모양입니다.

38 구에서 가장 안쪽에 있는 점은 구의 중심, 구의 중심에서 구의 겉면의 한 점을 이은 선분은 구의 반지름입니다.

39 반원 모양의 종이를 지름을 기준으로 한 바퀴 돌리면 구가 만들어집니다.

40 (구의 반지름)=(반원의 반지름)=14÷2=7 (cm)

41 구의 반지름이 5 cm이므로 구의 지름은 5×2=10 (cm)입니다.

42 ㉢ 구의 중심에서 구의 겉면의 한 점을 이은 선분을 구의 반지름이라고 합니다.

43 구의 지름은 정육면체의 한 모서리와 길이가 같은 20 cm입니다.

따라서 구의 반지름은 20÷2=10 (cm)입니다.

44

입체도형	위↑옆 앞	위↑옆 앞	위↑옆 앞
위에서 본 모양	○	○	○
앞에서 본 모양	□	△	○
옆에서 본 모양	□	△	○

원기둥을 위에서 본 모양은 원이고, 앞과 옆에서 본 모양은 직사각형입니다.

원뿔을 위에서 본 모양은 원이고, 앞과 옆에서 본 모양은 이등변삼각형입니다.

구를 위, 앞, 옆에서 본 모양은 모두 원입니다.

45 구는 어느 방향에서 보아도 크기가 같은 원으로 보입니다.

46 ㉡ 원기둥의 밑면은 2개이지만 구는 밑면이 없습니다.
㉢ 기둥 모양의 입체도형은 원기둥이고, 구는 공 모양의 입체도형입니다.
㉣ 원기둥을 앞에서 본 모양은 직사각형이고, 구를 앞에서 본 모양은 원입니다.

47 직각삼각형 모양의 종이를 돌려 만든 원뿔에서 밑면의 반지름은 삼각형의 밑변의 길이와 같으므로 8 cm입니다.
(원뿔의 밑면의 넓이)=8×8×3
＝192 (cm²)

48 직각삼각형 모양의 종이를 돌려 만든 원뿔에서 밑면의 반지름은 삼각형의 밑변의 길이와 같으므로 6 cm입니다.
(원뿔의 밑면의 넓이)=6×6×3.1
＝111.6 (cm²)

49 직각삼각형 모양의 종이를 돌려 만든 입체도형에서 밑면은 반지름이 10 cm인 원에서 반지름이 2 cm인 원을 뺀 모양입니다.
(입체도형의 밑면의 넓이)
＝10×10×3.14−2×2×3.14
＝314−12.56=301.44 (cm²)

50 원기둥을 앞에서 본 모양은
가로가 13 cm, 세로가 12 cm인 직사각형입니다.
(앞에서 본 모양의 둘레)=(13+12)×2
＝25×2=50 (cm)

51 원뿔을 앞에서 본 모양은 세 변의 길이가
8×2=16 (cm), 17 cm, 17 cm인 이등변삼각형입니다.
(앞에서 본 모양의 둘레)=16+17+17
＝50 (cm)

52 구를 앞에서 본 모양은 반지름이 7 cm인 원입니다.
(앞에서 본 모양의 둘레)=7×2×3.1
＝43.4 (cm)

응용력 높이기

150~153쪽

대표 응용 **1** 2, 2, 12, 1, 1, 3, 12, 3, 9
1-1 459 cm²　　　　　**1-2** 452.6 cm²
대표 응용 **2** 6, 36, 1, 1
2-1 4 cm　　　　　　**2-2** 12 cm
대표 응용 **3** 원기둥, 4, 5, 직사각형, 4, 5, 2, 18
3-1 16 cm　　　　　　**3-2** 56.52 cm
대표 응용 **4** 2, 3, 42, 14, 2, 6, 34, 42, 34, 152
4-1 122 cm　　　　　**4-2** 3120 cm²

1-1 가로를 기준으로 돌려 만든 원기둥의 밑면은 반지름이 4 cm인 원이므로 한 밑면의 넓이는
4×4×3=48 (cm²)입니다.
세로를 기준으로 돌려 만든 원기둥의 밑면은 반지름이 13 cm인 원이므로 한 밑면의 넓이는
13×13×3=507 (cm²)입니다.
따라서 두 원기둥의 한 밑면의 넓이의 차는
507−48=459 (cm²)입니다.

1-2 가로를 기준으로 돌려 만든 원기둥의 밑면은 반지름이 11 cm인 원이므로 한 밑면의 넓이는
11×11×3.1=375.1 (cm²)입니다.
세로를 기준으로 돌려 만든 원기둥의 밑면은 반지름이 5 cm인 원이므로 한 밑면의 넓이는
5×5×3.1=77.5 (cm²)입니다.
따라서 두 원기둥의 한 밑면의 넓이의 합은
375.1+77.5=452.6 (cm²)입니다.

2-1 원기둥이 굴러간 부분의 넓이는 원기둥의 옆면의 넓이와 같습니다.
원기둥의 밑면의 반지름을 □ cm라 하면
□×2×3×14=336, □×84=336, □=4입니다.

2-2 원기둥을 3바퀴 굴렸을 때 굴러간 부분의 넓이가 2160 cm²이므로
(1바퀴 굴러간 부분의 넓이)=2160÷3
＝720 (cm²)

➡ (원기둥의 옆면의 넓이)=(1바퀴 굴러간 부분의 넓이)
$$=720 \text{ cm}^2$$
(원기둥의 옆면의 가로)=720÷20=36 (cm)
➡ (원기둥의 밑면의 둘레)=(원기둥의 옆면의 가로)
$$=36 \text{ cm}$$
원기둥의 밑면의 지름을 □ cm라 하면
□×3=36, □=12입니다.

3-1 직각삼각형의 높이를 기준으로 한 바퀴 돌리면 원뿔이
만들어지고, 원뿔을 앞에서 본 모양은 세 변의 길이가
3+3=6 (cm), 5 cm, 5 cm인 이등변삼각형입니다.
따라서 앞에서 본 모양의 둘레는
6+5+5=16 (cm)입니다.

3-2 반원의 지름을 기준으로 한 바퀴 돌리면 구가 만들어지
고, 구를 앞에서 본 모양은 반지름이 9 cm인 원입니다.
따라서 앞에서 본 모양의 둘레는
9×2×3.14=56.52 (cm)입니다.

4-1 (종이의 가로)=(원기둥의 밑면의 둘레)
$$=(반지름)×2×(원주율)$$
$$=5×2×3.1=31 \text{ (cm)}$$
(종이의 세로)=(지름)×2+(옆면의 세로)
$$=(지름)×2+(원기둥의 높이)$$
$$=10×2+10=30 \text{ (cm)}$$
➡ (직사각형 모양의 종이의 둘레)
$$=(31+30)×2=122 \text{ (cm)}$$

4-2 (종이의 가로)=(원기둥의 밑면의 둘레)
$$=(반지름)×2×(원주율)$$
$$=10×2×3=60 \text{ (cm)}$$
(종이의 세로)=(지름)×2+(옆면의 세로)
$$=(지름)×2+(원기둥의 높이)$$
$$=20×2+12=52 \text{ (cm)}$$
➡ (직사각형 모양의 종이의 넓이)
$$=60×52=3120 \text{ (cm}^2)$$

참고 종이의 가로를 52 cm, 세로를 60 cm라 구해
도 답은 같습니다.

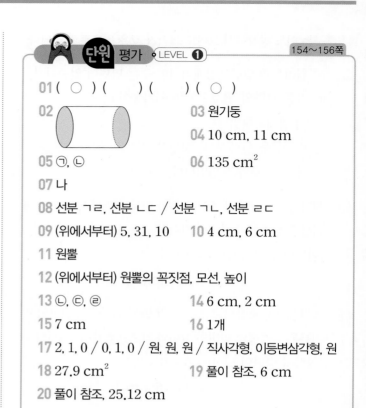

단원 평가 ∘LEVEL ❶   154~156쪽

01 (○) (   ) (   ) (○)
02 [그림]   03 원기둥
                                  04 10 cm, 11 cm
05 ㉠, ㉡   06 135 cm²
07 나
08 선분 ㄱㄹ, 선분 ㄴㄷ / 선분 ㄱㄴ, 선분 ㄹㄷ
09 (위에서부터) 5, 31, 10   10 4 cm, 6 cm
11 원뿔
12 (위에서부터) 원뿔의 꼭짓점, 모선, 높이
13 ㉡, ㉢, ㉣   14 6 cm, 2 cm
15 7 cm   16 1개
17 2, 1, 0 / 0, 1, 0 / 원, 원, 원 / 직사각형, 이등변삼각형, 원
18 27.9 cm²   19 풀이 참조, 6 cm
20 풀이 참조, 25.12 cm

01 위와 아래에 있는 면이 서로 평행하고 합동인 원으로
이루어진 기둥 모양의 입체도형을 모두 찾습니다.

02 원기둥에서 서로 평행하고 합동인 두 면을 원기둥의 밑
면이라고 합니다.

04 원기둥의 밑면의 반지름이 5 cm이므로 밑면의 지름
은 5×2=10 (cm)입니다.
원기둥의 높이는 두 밑면에 수직인 선분의 길이이므로
11 cm입니다.

05 ㉢ 원기둥의 밑면의 모양은 원입니다.
㉣ 원기둥에는 모서리가 없습니다.

06 가로를 기준으로 돌려 만든 원기둥의 밑면은 반지름이
9 cm인 원이므로 한 밑면의 넓이는
9×9×3=243 (cm²)입니다.
세로를 기준으로 돌려 만든 원기둥의 밑면은 반지름이
6 cm인 원이므로 한 밑면의 넓이는
6×6×3=108 (cm²)입니다.
➡ 243-108=135 (cm²)

07 • 가: 두 밑면이 합동이 아닙니다.

　　• 다: 밑면이 1개입니다.

　　• 라: 옆면과 밑면이 겹쳐집니다.

08 원기둥의 밑면의 둘레는 원기둥의 전개도에서 옆면의 가로와 길이가 같습니다.

원기둥의 높이는 원기둥의 전개도에서 옆면의 세로와 길이가 같습니다.

09 (밑면의 반지름)＝5 cm

(옆면의 가로)＝(밑면의 둘레)

　　　　　＝5×2×3.1＝31 (cm)

(옆면의 세로)＝(원기둥의 높이)＝10 cm

10 원기둥의 전개도의 옆면의 가로의 길이는 밑면의 둘레와 같습니다.

밑면의 둘레의 길이는 원주입니다.

밑면의 지름을 □ cm라 하면 □×3＝24, □＝8

지름이 8 cm이므로 반지름은 4 cm이고

높이는 6 cm입니다.

11 평평한 면이 원으로 1개이고 옆을 둘러싼 면이 굽은 면인 뿔 모양의 입체도형을 원뿔이라고 합니다.

12 원뿔에서 뾰족한 부분의 점은 원뿔의 꼭짓점, 원뿔의 꼭짓점과 밑면인 원의 둘레의 한 점을 이은 선분은 모선, 원뿔의 꼭짓점에서 밑면에 수직인 선분의 길이는 높이라고 합니다.

13 ㉠ 원뿔은 밑면이 1개입니다.

각뿔은 밑면이 1개이고 옆면은 밑면의 모양에 따라 수가 달라집니다.

14 직각삼각형 모양의 종이를 돌려 만든 입체도형은 원뿔입니다.

(밑면의 지름)＝(밑변의 길이)×2＝3×2＝6 (cm)

높이는 직각삼각형의 높이와 같은 2 cm입니다.

15 반지름이 7 cm인 반원을 돌려 만든 구의 반지름도 7 cm입니다.

16 구의 중심은 항상 1개입니다.

18 지름이 6 cm인 구를 어느 방향에서 보아도 지름이 6 cm인 원으로 보입니다.

지름이 6 cm인 원의 반지름은 6÷2＝3 (cm)이므로 원의 넓이는 3×3×3.1＝27.9 (cm²)입니다.

19 ⓐ 구의 반지름이 2 cm이므로 구의 지름은 2×2＝4 (cm)입니다. … 30 %

원뿔의 모선의 길이는 5 cm입니다. … 30 %

원기둥의 높이는 3 cm입니다. … 30 %

(구의 지름)＋(원뿔의 모선의 길이)－(원기둥의 높이)

＝4＋5－3＝6 (cm) … 10 %

20 ⓐ (원기둥의 밑면의 지름)＝(구의 지름)

원기둥의 밑면의 지름은 4×2＝8 (cm)입니다.

　　　　　　　　　　　　　　　… 50 %

(옆면의 가로)＝(밑면의 둘레)

　　　　　＝8×3.14＝25.12 (cm) … 50 %

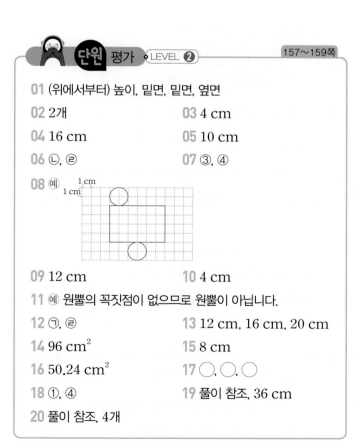

단원 평가 LEVEL **2**　　　　　　157~159쪽

01 (위에서부터) 높이, 밑면, 밑면, 옆면

02 2개　　　　　　　　**03** 4 cm

04 16 cm　　　　　　　**05** 10 cm

06 ㉡, ㉣　　　　　　　**07** ③, ④

08 ⓐ

09 12 cm　　　　　　　**10** 4 cm

11 ⓐ 원뿔의 꼭짓점이 없으므로 원뿔이 아닙니다.

12 ㉠, ㉣　　　　　**13** 12 cm, 16 cm, 20 cm

14 96 cm²　　　　　　　**15** 8 cm

16 50.24 cm²　　　　　**17** ○, ○, ○

18 ①, ④　　　　　　**19** 풀이 참조, 36 cm

20 풀이 참조, 4개

01
- 밑면: 원기둥에서 서로 평행하고 합동인 두 면
- 옆면: 두 밑면과 만나는 면
- 높이: 두 밑면에 수직인 선분의 길이

02 원기둥에서 밑면은 위와 아래에 있는 평행하고 합동인 원으로 2개입니다.

03 (원기둥의 높이)＝(직사각형의 세로)
$$＝4\,cm$$

04 (원기둥의 밑면의 지름)＝(직사각형의 가로)×2
$$＝8×2＝16\,(cm)$$

05 앞에서 본 모양이 정사각형이므로 원기둥의 높이는 밑면의 지름과 같습니다.
➡ (높이)＝(밑면의 지름)
$$＝5×2＝10\,(cm)$$

06 ⓒ 원기둥은 꼭짓점이 없습니다.
② 원기둥의 옆면은 굽은 면이고, 각기둥의 옆면은 평평한 면입니다.

07 ① 옆면이 직사각형이 아닙니다.
② 두 밑면이 합동이 아닙니다.
⑤ 전개도를 접으면 두 밑면이 겹칩니다.

08 원기둥의 전개도에서 옆면의 가로는 $2×3＝6\,(cm)$이고 옆면의 세로는 $4\,cm$입니다.

09 원기둥의 전개도에서 옆면의 둘레가 $94\,cm$이므로
(옆면의 가로)＋(옆면의 세로)＝$94÷2＝47\,(cm)$입니다.
(옆면의 세로)＝$11\,cm$
(옆면의 가로)＝$47－11＝36\,(cm)$
밑면의 지름을 □ cm라 하면 □×3＝36, □＝12입니다.

10 원기둥이 굴러간 부분의 넓이는 원기둥의 옆면의 넓이와 같습니다.
원기둥의 밑면의 반지름을 □ cm라 하면
□×2×3×16＝384, □×96＝384, □＝4입니다.

11 원뿔은 밑면이 1개이고, 꼭짓점이 1개입니다.

12 ⓒ 원뿔의 꼭짓점은 1개입니다.
ⓒ 원뿔에서 모선은 무수히 많이 있습니다.

13
- 밑면의 지름이 $24\,cm$이므로 반지름은 $12\,cm$입니다.
- 원뿔의 높이는 원뿔의 꼭짓점에서 밑면에 수직인 선분의 길이이므로 $16\,cm$입니다.
- 모선은 원뿔의 꼭짓점과 밑면인 원의 둘레의 한 점을 이은 선분이므로 $20\,cm$입니다.

14 돌리기 전의 평면도형은 밑변의 길이가 $12\,cm$, 높이가 $16\,cm$인 직각삼각형입니다.
➡ (넓이)＝$12×16÷2＝96\,(cm^2)$

15 구의 반지름이 $4\,cm$이므로 구의 지름은
$4×2＝8\,(cm)$입니다.

16 구를 반으로 똑같이 잘랐을 때 자른 면은 반지름이 $4\,cm$인 원입니다.
➡ (넓이)＝$4×4×3.14＝50.24\,(cm^2)$

17 구를 위, 앞, 옆에서 본 모양은 모두 원입니다.

위	앞	옆
○	○	○

18 ② 원기둥과 원뿔은 옆면이 있고, 구는 옆면이 없습니다.
③ 구는 밑면이 없습니다.
⑤ 원기둥은 꼭짓점이 없습니다.

19 ⑩ 만든 입체도형은 밑면의 반지름이 $6\,cm$이고, 높이가 $9\,cm$인 원뿔입니다. … 50 %
(밑면의 둘레)＝(반지름)×2×(원주율)
$$＝6×2×3＝36\,(cm)$$ … 50 %

20 ⑩ ㉠ 원기둥의 밑면의 수는 2개입니다. … 30 %
㉡ 원뿔의 꼭짓점의 수는 1개입니다. … 30 %
㉢ 구의 중심의 수는 1개입니다. … 30 %
➡ ㉠＋㉡＋㉢＝2＋1＋1＝4(개) … 10 %

1 단원 분수의 나눗셈

1 단원 🐧 기본 문제 복습

2~3쪽

01 4, 8, 2, 8, 2, 4 **02** 7, 2

03 (1) $\dfrac{5}{6}$ (2) $1\dfrac{4}{9}\left(=\dfrac{13}{9}\right)$

04 $12 \div 10 = \dfrac{12}{10} = \dfrac{6}{5} = 1\dfrac{1}{5}$

05 4, 5, 4, 5, $\dfrac{4}{5}$

06 ( )(○)( ) **07** ㉠

08 $8 \div \dfrac{4}{5} = 10$, 10 kg **09** ✕ — —

10 (1) $\dfrac{4}{7} \times \dfrac{4}{3} = \dfrac{16}{21}$ (2) $\dfrac{9}{11} \times \dfrac{\overset{3}{5}}{\underset{1}{3}} = \dfrac{15}{11} = 1\dfrac{4}{11}$

11 (위에서부터) $8\dfrac{1}{6}$, $4\dfrac{9}{10}$ **12** $2\dfrac{6}{7}\left(=\dfrac{20}{7}\right)$ m

13 $1\dfrac{5}{8}\left(=\dfrac{13}{8}\right)$배

---

02 $\dfrac{7}{8} \div \dfrac{1}{8} = 7 \div 1 = 7$, $\dfrac{4}{7} \div \dfrac{2}{7} = 4 \div 2 = 2$

03 (1) $\dfrac{5}{11} \div \dfrac{6}{11} = 5 \div 6 = \dfrac{5}{6}$

(2) $\dfrac{13}{14} \div \dfrac{9}{14} = 13 \div 9 = \dfrac{13}{9} = 1\dfrac{4}{9}$

06 $\dfrac{3}{4} \div \dfrac{3}{8} = \dfrac{6}{8} \div \dfrac{3}{8} = 6 \div 3 = 2$

$\dfrac{1}{3} \div \dfrac{4}{7} = \dfrac{7}{21} \div \dfrac{12}{21} = 7 \div 12 = \dfrac{7}{12}$

$\dfrac{3}{5} \div \dfrac{7}{15} = \dfrac{9}{15} \div \dfrac{7}{15} = 9 \div 7 = \dfrac{9}{7} = 1\dfrac{2}{7}$

07 ㉠ $14 \div \dfrac{7}{10} = (14 \div 7) \times 10 = 2 \times 10 = 20$

㉡ $9 \div \dfrac{3}{5} = (9 \div 3) \times 5 = 3 \times 5 = 15$

㉢ $15 \div \dfrac{5}{6} = (15 \div 5) \times 6 = 3 \times 6 = 18$

08 $8 \div \dfrac{4}{5} = (8 \div 4) \times 5 = 2 \times 5 = 10$ (kg)

---

11 $\dfrac{7}{5} \div \dfrac{2}{7} = \dfrac{7}{5} \times \dfrac{7}{2} = \dfrac{49}{10} = 4\dfrac{9}{10}$

$2\dfrac{1}{3} \div \dfrac{2}{7} = \dfrac{7}{3} \div \dfrac{2}{7} = \dfrac{7}{3} \times \dfrac{7}{2} = \dfrac{49}{6} = 8\dfrac{1}{6}$

12 $\dfrac{8}{7} \div \dfrac{2}{5} = \dfrac{8}{7} \times \dfrac{5}{\underset{1}{2}}^{4} = \dfrac{20}{7} = 2\dfrac{6}{7}$ (m)

13 $1\dfrac{3}{10} \div \dfrac{4}{5} = \dfrac{13}{10} \div \dfrac{4}{5} = \dfrac{13}{10} \div \dfrac{8}{10}$

$= 13 \div 8 = \dfrac{13}{8} = 1\dfrac{5}{8}$(배)

1 단원 🐧 응용 문제 복습

4~5쪽

01 $\dfrac{3}{6} \div \dfrac{5}{6}$, $\dfrac{3}{7} \div \dfrac{5}{7}$, $\dfrac{3}{8} \div \dfrac{5}{8}$

02 $\dfrac{9}{10} \div \dfrac{7}{10}$, $\dfrac{9}{11} \div \dfrac{7}{11}$ **03** $\dfrac{6}{7} \div \dfrac{3}{7}$

04 1, 2, 3 **05** 7개 **06** 1, 2, 3

07 $7\dfrac{1}{3}\left(=\dfrac{22}{3}\right)$ m **08** 정육각형

09 $6\dfrac{2}{3}\left(=\dfrac{20}{3}\right)$ cm **10** 5

11 $2\dfrac{1}{2}\left(=\dfrac{5}{2}\right)$ **12** $2\dfrac{11}{20}\left(=\dfrac{51}{20}\right)$

---

01 진분수이므로 9보다 작은 수 중 5보다 큰 수인 6, 7, 8
이 분모가 될 수 있습니다.

➡ $\dfrac{3}{6} \div \dfrac{5}{6}$, $\dfrac{3}{7} \div \dfrac{5}{7}$, $\dfrac{3}{8} \div \dfrac{5}{8}$

02 진분수이므로 12보다 작은 수 중 9보다 큰 수인 10,
11이 분모가 될 수 있습니다.

➡ $\dfrac{9}{10} \div \dfrac{7}{10}$, $\dfrac{9}{11} \div \dfrac{7}{11}$

03 진분수이므로 9보다 작은 수 중 6보다 큰 수인 7, 8이
분모가 될 수 있고 그중에서 홀수인 7이 분모입니다.

➡ $\dfrac{6}{7} \div \dfrac{3}{7}$

04 $\frac{6}{7} \div \frac{2}{9} = \frac{6}{7} \times \frac{\overset{3}{9}}{\underset{1}{2}} = \frac{27}{7} = 3\frac{6}{7}$ ➡ $3\frac{6}{7} > \square$

□ 안에 들어갈 수 있는 자연수는 1, 2, 3입니다.

05 $1\frac{4}{5} \div \frac{5}{8} = \frac{9}{5} \div \frac{5}{8} = \frac{9}{5} \times \frac{8}{5} = \frac{72}{25} = 2\frac{22}{25}$

$6 \div \frac{3}{5} = (6 \div 3) \times 5 = 10$

$2\frac{22}{25} < \square < 10$ 에서 □ 안에 들어갈 수 있는 자연수는 3, 4, 5, 6, 7, 8, 9이므로 모두 7개입니다.

06 $6 \div \frac{1}{\square} = 6 \times \square$, $16 \div \frac{2}{3} = (16 \div 2) \times 3 = 24$ 이므로 $6 \times \square < 24$입니다.

따라서 □ 안에 들어갈 수 있는 자연수는 1, 2, 3입니다.

07 (가로)=(직사각형의 넓이)÷(세로)

$= 6 \div \frac{9}{11} = \overset{2}{6} \times \frac{11}{\underset{3}{9}} = \frac{22}{3} = 7\frac{1}{3}$ (m)

08 정다각형은 변의 길이가 모두 같습니다.

(변의 수)$= 1\frac{5}{7} \div \frac{2}{7} = \frac{12}{7} \div \frac{2}{7} = 12 \div 2 = 6$(개)

따라서 변이 6개인 정다각형이므로 정육각형입니다.

09 (삼각형의 넓이)=(밑변의 길이)×(높이)÷2이므로 (높이)=(삼각형의 넓이)×2÷(밑변의 길이)입니다.

(높이)$= 4\frac{1}{6} \times 2 \div 1\frac{1}{4} = \frac{25}{\underset{3}{6}} \times \overset{1}{2} \div \frac{5}{4}$

$= \frac{\overset{5}{25}}{3} \times \frac{4}{\underset{1}{5}} = \frac{20}{3} = 6\frac{2}{3}$ (cm)

10 만들 수 있는 진분수는 $\frac{1}{2}$, $\frac{1}{5}$, $\frac{2}{5}$, $\frac{1}{7}$, $\frac{2}{7}$, $\frac{5}{7}$이고 이 중 가장 큰 진분수는 $\frac{5}{7}$, 가장 작은 진분수는 $\frac{1}{7}$입니다.

➡ $\frac{5}{7} \div \frac{1}{7} = 5 \div 1 = 5$

11 만들 수 있는 진분수는 $\frac{3}{5}$, $\frac{3}{6}$, $\frac{5}{6}$, $\frac{3}{9}$, $\frac{5}{9}$, $\frac{6}{9}$이고 이 중 가장 큰 진분수는 $\frac{5}{6}$, 가장 작은 진분수는 $\frac{3}{9}$입니다.

➡ $\frac{5}{6} \div \frac{3}{9} = \frac{5}{6} \div \frac{1}{3} = \frac{5}{6} \div \frac{2}{6} = 5 \div 2 = \frac{5}{2} = 2\frac{1}{2}$

12 만들 수 있는 가장 큰 대분수는 $6\frac{4}{5}$이고, 가장 작은 대분수는 $2\frac{4}{6}$입니다.

➡ $6\frac{4}{5} \div 2\frac{4}{6} = 6\frac{4}{5} \div 2\frac{2}{3} = \frac{34}{5} \div \frac{8}{3}$

$= \frac{\overset{17}{34}}{5} \times \frac{3}{\underset{4}{8}} = \frac{51}{20} = 2\frac{11}{20}$

① 단원 🐧 서술형 **수행** 평가   6~7쪽

01 풀이 참조　　　**02** 풀이 참조

03 풀이 참조, $1\frac{1}{24}\left(=\frac{25}{24}\right)$배

04 풀이 참조, 5개　　**05** 풀이 참조, 4일

06 풀이 참조, 8　　　**07** 풀이 참조, 민우네 모둠, 6개

08 풀이 참조, 포도주스　　**09** 풀이 참조, 9 km

10 풀이 참조, $\frac{3}{14}$ L

01 ｜이유｜ 예 분모가 다른 분수의 나눗셈은 통분하여 분자끼리 나누어 구합니다. … 50 %

｜바르게 계산｜ $\frac{4}{5} \div \frac{2}{15} = \frac{12}{15} \div \frac{2}{15} = 12 \div 2 = 6$ … 50 %

02 ｜방법 1｜ 예 $2\frac{2}{3} \div \frac{3}{4} = \frac{8}{3} \div \frac{3}{4} = \frac{32}{12} \div \frac{9}{12}$

$= 32 \div 9 = \frac{32}{9} = 3\frac{5}{9}$ … 50 %

｜방법 2｜ 예 $2\frac{2}{3} \div \frac{3}{4} = \frac{8}{3} \div \frac{3}{4} = \frac{8}{3} \times \frac{4}{3}$

$= \frac{32}{9} = 3\frac{5}{9}$ … 50 %

03 예 ㉠ $\frac{4}{3} \div \frac{2}{5} = \frac{\overset{2}{4}}{3} \times \frac{5}{\underset{1}{2}} = \frac{10}{3} = 3\frac{1}{3}$

㉡ $\frac{12}{5} \div \frac{3}{4} = \frac{\overset{4}{12}}{5} \times \frac{4}{\underset{1}{3}} = \frac{16}{5} = 3\frac{1}{5}$ … 70 %

$㉠÷㉡=3\dfrac{1}{3}÷3\dfrac{1}{5}=\dfrac{10}{3}÷\dfrac{16}{5}=\dfrac{\overset{5}{\cancel{10}}}{3}×\dfrac{5}{\underset{8}{\cancel{16}}}$

$=\dfrac{25}{24}=1\dfrac{1}{24}$(배) … $\boxed{30\%}$

04 ⒜ (두 사람이 딴 딸기의 양)$=\dfrac{6}{17}+\dfrac{4}{17}=\dfrac{10}{17}$ (kg)

… $\boxed{30\%}$

(필요한 접시의 수)

$=$(딸기의 양)$÷$(한 접시에 담는 딸기의 양)

$=\dfrac{10}{17}÷\dfrac{2}{17}=10÷2=5$(개) … $\boxed{70\%}$

05 ⒜ (마시고 남은 두유의 양)$=1-\dfrac{1}{13}=\dfrac{12}{13}$ (L)

… $\boxed{40\%}$

따라서 하루에 $\dfrac{3}{13}$ L씩 마신다면

$\dfrac{12}{13}÷\dfrac{3}{13}=12÷3=4$(일) 동안 마실 수 있습니다.

… $\boxed{60\%}$

06 ⒜ 어떤 수를 □라 하면 $1\dfrac{3}{4}×□=14$입니다.

… $\boxed{30\%}$

$□=14÷1\dfrac{3}{4}=14÷\dfrac{7}{4}=(14÷7)×4=8$ … $\boxed{70\%}$

07 ⒜ (승희네 모둠이 만든 리본의 수)

$=10÷\dfrac{5}{9}=(10÷5)×9=18$(개) … $\boxed{40\%}$

(민우네 모둠이 만든 리본의 수)

$=9÷\dfrac{3}{8}=(9÷3)×8=24$(개) … $\boxed{40\%}$

따라서 민우네 모둠이 6개 더 많이 만들었습니다. … $\boxed{20\%}$

08 ⒜ (망고주스 1 L의 가격)

$=4000÷\dfrac{4}{9}=(4000÷4)×9=9000$(원) … $\boxed{40\%}$

(포도주스 1 L의 가격)

$=6000÷\dfrac{5}{7}=(6000÷5)×7=8400$(원) … $\boxed{40\%}$

9000>8400이므로 포도주스가 더 저렴합니다.

… $\boxed{20\%}$

09 ⒜ (휘발유 1 L로 갈 수 있는 거리)

$=3\dfrac{3}{4}÷1\dfrac{2}{3}=\dfrac{15}{4}÷\dfrac{5}{3}=\dfrac{\overset{3}{\cancel{15}}}{4}×\dfrac{3}{\underset{1}{\cancel{5}}}=\dfrac{9}{4}$

$=2\dfrac{1}{4}$ (km) … $\boxed{60\%}$

(휘발유 4 L로 갈 수 있는 거리)

$=2\dfrac{1}{4}×4=\dfrac{9}{\underset{1}{\cancel{4}}}×\overset{1}{\cancel{4}}=9$ (km) … $\boxed{40\%}$

10 ⒜ (벽면의 넓이)$=3\dfrac{1}{3}×1\dfrac{3}{4}=\dfrac{\overset{5}{\cancel{10}}}{3}×\dfrac{7}{\underset{2}{\cancel{4}}}=\dfrac{35}{6}$

$=5\dfrac{5}{6}$ (m²) … $\boxed{40\%}$

(1 m²의 벽면을 칠하는 데 사용한 페인트의 양)

$=1\dfrac{1}{4}÷5\dfrac{5}{6}=\dfrac{5}{4}÷\dfrac{35}{6}=\dfrac{\overset{1}{\cancel{5}}}{\underset{2}{\cancel{4}}}×\dfrac{\overset{3}{\cancel{6}}}{\underset{7}{\cancel{35}}}=\dfrac{3}{14}$ (L)

… $\boxed{60\%}$

1단원 **단원평가** 8~10쪽

01 >

02 8

03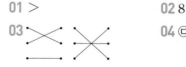

04 ㉢

05 ⒜ 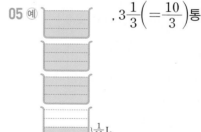 , $3\dfrac{1}{3}\left(=\dfrac{10}{3}\right)$통

06 $\dfrac{13}{14}÷\dfrac{4}{14}$, $\dfrac{13}{15}÷\dfrac{4}{15}$

07 106

08 3

09 ㉠, ㉢, ㉡

10 풀이 참조, 3

11 ㉡

12 25

13 $4÷\dfrac{1}{8}=32$, 32조각

14 $\dfrac{24}{42}÷\dfrac{35}{42}=24÷35=\dfrac{24}{35}$ / $\dfrac{4}{7}×\dfrac{6}{5}=\dfrac{24}{35}$

15 $1\dfrac{31}{32}\left(=\dfrac{63}{32}\right)$배

16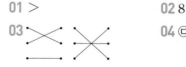

$17\ 2\dfrac{1}{3}\left(=\dfrac{7}{3}\right)$　　　$18\ 1\dfrac{2}{3}\left(=\dfrac{5}{3}\right)$ m

$19\ 4$개　　　20 풀이 참조, 4개

---

01 $\dfrac{12}{13} \div \dfrac{2}{13} = 12 \div 2 = 6$, $\dfrac{14}{17} \div \dfrac{7}{17} = 14 \div 7 = 2$

02 $\dfrac{24}{29} \div \dfrac{\square}{29} = 24 \div \square$

$24 \div 8 = 3$이므로 $\square = 8$입니다.

03 분모가 같은 분수의 나눗셈은 분자끼리 나눈 것과 같습니다.

04 ㉠ $\dfrac{17}{18} \div \dfrac{5}{18} = 17 \div 5 = \dfrac{17}{5} = 3\dfrac{2}{5}$

ㄴ $\dfrac{7}{13} \div \dfrac{3}{13} = 7 \div 3 = \dfrac{7}{3} = 2\dfrac{1}{3}$

ㄷ $\dfrac{11}{19} \div \dfrac{18}{19} = 11 \div 18 = \dfrac{11}{18}$

05 $\dfrac{10}{11} \div \dfrac{3}{11} = 10 \div 3 = \dfrac{10}{3} = 3\dfrac{1}{3}$ (통)

06 진분수이므로 16보다 작은 수 중 13보다 큰 수인 14, 15가 분모가 될 수 있습니다.

➡ $\dfrac{13}{14} \div \dfrac{4}{14}$, $\dfrac{13}{15} \div \dfrac{4}{15}$

07 $\dfrac{5}{16} \div \dfrac{7}{10} = \dfrac{25}{80} \div \dfrac{56}{80} = 25 \div 56 = \dfrac{25}{56}$

㉠ $=25$, ㄴ $=56$, ㄷ $=25$이므로

㉠ $+$ ㄴ $+$ ㄷ $= 25 + 56 + 25 = 106$입니다.

08 $\dfrac{5}{6} \div \dfrac{5}{18} = \dfrac{15}{18} \div \dfrac{5}{18} = 15 \div 5 = 3$

09 ㉠ $\dfrac{3}{5} \div \dfrac{3}{20} = \dfrac{12}{20} \div \dfrac{3}{20} = 12 \div 3 = 4$

ㄴ $\dfrac{1}{4} \div \dfrac{1}{3} = \dfrac{3}{12} \div \dfrac{4}{12} = 3 \div 4 = \dfrac{3}{4}$

ㄷ $\dfrac{5}{8} \div \dfrac{1}{4} = \dfrac{5}{8} \div \dfrac{2}{8} = 5 \div 2 = \dfrac{5}{2} = 2\dfrac{1}{2}$

➡ $4 > 2\dfrac{1}{2} > \dfrac{3}{4}$

10 ⑩ 어떤 수를 $\square$라 하면 $\square \times \dfrac{7}{15} = \dfrac{2}{5}$입니다.

$\square = \dfrac{2}{5} \div \dfrac{7}{15} = \dfrac{6}{15} \div \dfrac{7}{15} = 6 \div 7 = \dfrac{6}{7}$ … $\boxed{50\ \%}$

$\dfrac{6}{7}$ 을 $\dfrac{2}{7}$ 로 나눈 몫은 $\dfrac{6}{7} \div \dfrac{2}{7} = 6 \div 2 = 3$입니다.

… $\boxed{50\ \%}$

11 ㉠ $14 \div \dfrac{7}{12} = (14 \div 7) \times 12 = 2 \times 12 = 24$

ㄴ $6 \div \dfrac{3}{11} = (6 \div 3) \times 11 = 2 \times 11 = 22$

ㄷ $18 \div \dfrac{3}{4} = (18 \div 3) \times 4 = 6 \times 4 = 24$

12 $15 \div \dfrac{3}{5} = (15 \div 3) \times 5 = 5 \times 5 = 25$

13 한 조각이 케이크 한 개의 $\dfrac{1}{8}$ 이 되도록 케이크 4개를 잘랐으므로 케이크 조각은 모두

$4 \div \dfrac{1}{8} = (4 \div 1) \times 8 = 32$(조각)이 됩니다.

15 (집에서 도서관까지의 거리) $\div$ (집에서 학교까지의 거리)

$= \dfrac{7}{8} \div \dfrac{4}{9} = \dfrac{7}{8} \times \dfrac{9}{4} = \dfrac{63}{32} = 1\dfrac{31}{32}$(배)

17 $\square \times \dfrac{6}{7} = 2$

$\square = 2 \div \dfrac{6}{7} = \overset{1}{2} \times \dfrac{7}{\underset{3}{6}} = \dfrac{7}{3} = 2\dfrac{1}{3}$

18 (높이) $= \dfrac{4}{3} \div \dfrac{4}{5} = \dfrac{\overset{1}{4}}{3} \times \dfrac{5}{\underset{1}{4}} = \dfrac{5}{3} = 1\dfrac{2}{3}$ (m)

19 $6\dfrac{1}{4} \div 1\dfrac{7}{8} = \dfrac{25}{4} \div \dfrac{15}{8} = \dfrac{\overset{5}{25}}{\underset{1}{4}} \times \dfrac{\overset{2}{8}}{\underset{3}{15}} = \dfrac{10}{3} = 3\dfrac{1}{3}$

$3\dfrac{1}{3} < \square < 8$이므로 $\square$ 안에 들어갈 수 있는 자연수는

4, 5, 6, 7로 모두 4개입니다.

20 ⑩ (남은 물의 양) $=$ (전체 물의 양) $-$ (통에 덜어 낸 물의 양)

$= 12 - 2 = 10$ (L) … $\boxed{20\ \%}$

(필요한 병의 수)

$=$ (남은 물의 양) $\div$ (병 한 개에 담는 물의 양)

$= 10 \div 2\dfrac{1}{2} = 10 \div \dfrac{5}{2} = (10 \div 5) \times 2 = 4$(개) … $\boxed{80\ \%}$

② 기본 문제 복습 11~12쪽

---

01 135, 9, 135, 9 / 135, 135, 15, 15

02 (위에서부터) 100, 294, 7, 42 / 42

03 $\dfrac{357}{100} \div \dfrac{21}{100} = 357 \div 21 = 17$

04 9　　　　　　　　**05** 2.4

06 ㉡　　　　　　　　**07** (1) 5　(2) 600

08 (1) 2.5, 25, 250　(2) 38, 380, 3800

09 $5400 \div 1.8 = 3000$, 3000원

10 4.68

11 (1) 3　(2) 2.7　(3) 2.71

12 8, 0.3　　　　　　**13** 4봉지, 6.1 kg

---

01 1 cm는 10 mm입니다.

13.5와 0.9를 10배씩 하면 135와 9입니다.

$135 \div 9 = 15 \Rightarrow 13.5 \div 0.9 = 15$

02 나누어지는 수와 나누는 수를 똑같이 100배 하여도 몫은 같습니다.

03 분수의 나눗셈으로 계산합니다.

04
$$
0.8 \overline{)\,7.2\,} \\
\quad\ \ 9 \\
\quad 7\,2 \\
\quad\ \ \ 0
$$

05 $5.52 > 4.98 > 2.73 > 2.3$

가장 큰 수는 5.52, 가장 작은 수는 2.3입니다.

$\Rightarrow 5.52 \div 2.3 = 2.4$

06 ㉠ $19.22 \div 6.2 = 192.2 \div 62 = 3.1$

　 ㉡ $5.33 \div 4.1 = 53.3 \div 41 = 1.3$

　 ㉢ $6.51 \div 2.1 = 65.1 \div 21 = 3.1$

따라서 계산 결과가 다른 하나는 ㉡입니다.

07 (1) $26 \div 5.2 = \dfrac{260}{10} \div \dfrac{52}{10} = 260 \div 52 = 5$

---

(2)
$$
0.12 \overline{)\,72.00\,} \\
\quad\quad 600 \\
\quad\ \ \ 72 \\
\quad\quad\ \ \ 0
$$

08 (1) 나누는 수가 $\dfrac{1}{10}$배, $\dfrac{1}{100}$배가 되면 몫은 10배, 100배가 됩니다.

　 (2) 나누어지는 수가 10배, 100배가 되면 몫도 10배, 100배가 됩니다.

09 (젤리 1 kg의 가격)

$=$ (젤리의 가격) $\div$ (젤리의 무게)

$= 5400 \div 1.8$

$= 3000$(원)

10
$$
1.2 \overline{)\,5.6200\,} \Rightarrow 4.68 \\
\quad\quad 4.683 \\
\quad\quad 4\,8 \\
\quad\quad\ \ 8\,2 \\
\quad\quad\ \ 7\,2 \\
\quad\quad\ 1\,0\,0 \\
\quad\quad\ \ \ 9\,6 \\
\quad\quad\quad\ 4\,0 \\
\quad\quad\quad\ 3\,6 \\
\quad\quad\quad\quad 4
$$

11 $19 \div 7 = 2.714\cdots$

(1) $19 \div 7 = 2.7\cdots \Rightarrow 3$

(2) $19 \div 7 = 2.71\cdots \Rightarrow 2.7$

(3) $19 \div 7 = 2.714\cdots \Rightarrow 2.71$

12
$$
2 \overline{)\,16.3\,} \\
\quad\ \ 8 \leftarrow \text{몫} \\
\quad 1\,6 \\
\quad 0.3 \leftarrow \text{남는 수}
$$

13 $34.1 - 7 - 7 - 7 - 7 = 6.1$

34.1에서 7씩 4번 빼고 6.1이 남습니다.

따라서 4봉지에 담고 6.1 kg이 남습니다.

다른 풀이
$$
7 \overline{)\,34.1\,} \\
\quad\ \ 4 \leftarrow \text{담을 수 있는 봉지 수} \\
\quad 2\,8 \\
\quad 6.1 \leftarrow \text{남는 밀가루의 양}
$$

01 38	02 3.6
03 8	04 14번
05 4번	06 5번
07 13 cm	08 4 cm
09 3.8 cm	10 6
11 3	12 2

01 □=26.6÷0.7=38

02 5.04÷□=1.4이므로 □=5.04÷1.4=3.6입니다.

03 어떤 수를 □라 하면 잘못 계산한 식은
□×1.8=25.2이므로
□=25.2÷1.8=14입니다.
바르게 계산한 몫은 14÷1.8=7.7⋯이므로 반올림하여 일의 자리까지 나타내면 8입니다.

04 (자르려는 도막의 수)=63÷4.2=15(도막)
따라서 모두 15-1=14(번) 잘라야 합니다.

05 (자르려는 도막의 수)=36÷7.2=5(도막)
따라서 모두 5-1=4(번) 잘라야 합니다.

06 사용한 노끈의 길이를 빼면
11.52-0.72=10.8 (m)입니다.
(자르려는 도막의 수)=10.8÷1.8=6(도막)
따라서 모두 6-1=5(번) 잘라야 합니다.

07 (높이)=213.85÷16.45=13 (cm)

08 (삼각형의 넓이)=(밑변의 길이)×(높이)÷2이므로
(높이)=(삼각형의 넓이)×2÷(밑변의 길이)입니다.
➡ (높이)=43×2÷21.5=4 (cm)

09 사다리꼴의 아랫변의 길이를 □ cm라 하면
(4.8+□)×5.4÷2=23.22,
(4.8+□)×5.4=23.22×2,
4.8+□=46.44÷5.4,
4.8+□=8.6, □=8.6-4.8=3.8입니다.

10 8÷3=2.6666⋯으로 몫의 소수 첫째 자리부터 6이 반복됩니다.
따라서 몫의 소수 17째 자리 숫자는 6입니다.

11 5.7÷9=0.6333⋯으로 몫의 소수 둘째 자리부터 3이 반복됩니다.
따라서 몫의 소수 25째 자리 숫자는 3입니다.

12 3.5÷1.1=3.1818⋯로 몫의 소수점 아래 자릿수가 홀수이면 1이고 소수점 아래 자릿수가 짝수이면 8인 규칙이 있습니다.
따라서 몫의 소수 13째 자리 숫자와 21째 자리 숫자는 각각 1입니다.
➡ 1+1=2

01 풀이 참조, 204	02 풀이 참조, 16도막
03 풀이 참조	04 풀이 참조, 진혁, 1개
05 풀이 참조, 0.03	06 풀이 참조, ⓒ
07 풀이 참조, 4 cm	08 풀이 참조, 21
09 풀이 참조, 2	10 풀이 참조, ④

01 예 나눗셈에서 나누어지는 수와 나누는 수에 같은 수를 곱하여도 몫은 변하지 않습니다. ⋯ 50 %
612÷3의 몫이 204이므로 6.12÷0.03의 몫도 204입니다. ⋯ 50 %

02 예 (파란색 테이프를 자른 도막 수)
=16.8÷2.4=7(도막) ⋯ 40 %
(빨간색 테이프를 자른 도막 수)
=17.1÷1.9=9(도막) ⋯ 40 %
(전체 도막 수)=7+9=16(도막) ⋯ 20 %

03 이유 예 나누어지는 수와 나누는 수에 같은 수를 곱하지 않았습니다. ⋯ 50 %
바르게 계산 예 6.25÷2.5=62.5÷25=2.5 ⋯ 50 %

04 예 (지영이가 포장한 선물 수)$=22.4 \div 0.8 = 28$(개)

··· 40 %

(진혁이가 포장한 선물 수)$=26.1 \div 0.9 = 29$(개)

··· 40 %

따라서 진혁이가 선물을 $29 - 28 = 1$(개) 더 많이 포장할 수 있습니다. ··· 20 %

05 예 $5.1 \div 7 = 0.728\cdots$ ··· 40 %

몫을 반올림하여 소수 첫째 자리까지 나타내면 0.7이고, 몫을 반올림하여 소수 둘째 자리까지 나타내면 0.73입니다. ··· 40 %

따라서 차는 $0.73 - 0.7 = 0.03$입니다. ··· 20 %

06 예 ㉠$=11.27 \div 2.3 = 4.9$ ··· 40 %

㉡$=10.8 \div 0.9 = 12$ ··· 40 %

$4.9 < 12$이므로 ㉡이 더 큽니다. ··· 20 %

07 예 (삼각형의 넓이)$=$(밑변의 길이)$\times$(높이)$\div 2$

➡ (밑변의 길이)$=$(삼각형의 넓이)$\times 2 \div$(높이)

··· 30 %

$$=13 \times 2 \div 6.5$$
$$=26 \div 6.5 = 4 \text{ (cm)} \cdots \boxed{70\%}$$

08 예 $9 \div 1.2 = 7.5$, $82.88 \div 5.92 = 14$ ··· 70 %

7.5보다 크고 14보다 작은 자연수는 8, 9, 10, 11, 12, 13입니다. ··· 20 %

이 중에서 가장 큰 수와 가장 작은 수의 합은 $13 + 8 = 21$입니다. ··· 10 %

09 예 어떤 수를 □라 하면 잘못 계산한 식은

$\square \times 2.4 = 8.88$입니다.

$\square = 8.88 \div 2.4 = 3.7$

어떤 수는 3.7입니다. ··· 50 %

바르게 계산하면 $3.7 \div 2.4 = 1.5\cdots$이므로

몫을 반올림하여 일의 자리까지 나타내면 2입니다.

··· 50 %

10 예 ㉮ 아이스크림 1 kg의 가격)

$=3000 \div 0.3 = 10000$(원) ··· 40 %

(㉯ 아이스크림 1 kg의 가격)

$=4500 \div 0.5 = 9000$(원) ··· 40 %

$10000 > 9000$이므로 같은 양의 아이스크림을 살 경우 ㉯가 더 저렴합니다. ··· 20 %

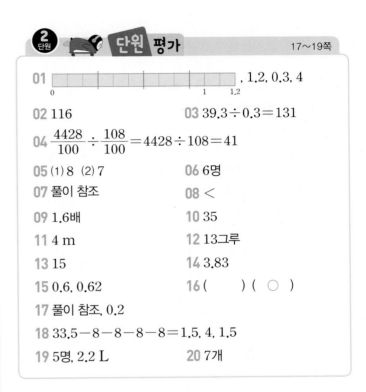

2단원 단원 평가 17~19쪽

01 [ ][ ][ ][ ][ ][ ][ ][ ][ ][ ][ ][ ], 1.2, 0.3, 4
0   1   1.2

02 116　　　　　　**03** $39.3 \div 0.3 = 131$

04 $\dfrac{4428}{100} \div \dfrac{108}{100} = 4428 \div 108 = 41$

05 (1) 8　(2) 7　　　　**06** 6명

07 풀이 참조　　　　　**08** $<$

09 1.6배　　　　　　**10** 35

11 4 m　　　　　　　**12** 13그루

13 15　　　　　　　　**14** 3.83

15 0.6, 0.62　　　　　**16** (　) (○)

17 풀이 참조, 0.2

18 $33.5 - 8 - 8 - 8 - 8 = 1.5$, 4, 1.5

19 5명, 2.2 L　　　　**20** 7개

01 1.2에서 0.3씩 4번 덜어 낼 수 있습니다.

➡ $1.2 \div 0.3 = 4$

02 나눗셈의 나누어지는 수와 나누는 수를 똑같이 100배 하여도 몫은 같습니다.

03 393과 3을 각각 $\dfrac{1}{10}$배 하면 39.3과 0.3이 됩니다.

$393 \div 3 = 131$

➡ $39.3 \div 0.3 = 131$

05 (1) $19.2 \div 2.4 = \dfrac{192}{10} \div \dfrac{24}{10} = 192 \div 24 = 8$

(2) $1.12 \div 0.16 = \dfrac{112}{100} \div \dfrac{16}{100} = 112 \div 16 = 7$

06 (색 테이프 전체의 길이)

$\div$(한 사람에게 주는 색 테이프의 길이)

$=64.8\div10.8=6$(명)

07

$$\begin{array}{r} 4.3 \\ 6.4\overline{)27.5.2} \\ \underline{2\ 5\ 6} \\ 1\ 9\ 2 \\ \underline{1\ 9\ 2} \\ 0 \end{array} \quad \cdots \boxed{50\ \%}$$

이유 예 나누어지는 수와 나누는 수의 소수점을 같은 자리만큼 이동해야 합니다. … $\boxed{50\ \%}$

08 $21.25\div8.5=212.5\div85=2.5$

$9.99\div3.7=99.9\div37=2.7$

$\Rightarrow 2.5<2.7$

09 (학교에서 도서관까지의 거리)

$\div$(학교에서 공원까지의 거리)

$=21.28\div13.3=1.6$(배)

10 $42\div1.2=\dfrac{420}{10}\div\dfrac{12}{10}=420\div12=35$

11 (직사각형의 넓이)$=$(가로)$\times$(세로)

$\Rightarrow$ (세로)$=$(직사각형의 넓이)$\div$(가로)

$=30\div7.5=4\ (m)$

12 (가로수 사이의 간격의 수)$=42\div3.5=12$(군데)

(가로수의 수)$=12+1=13$(그루)

13 어떤 수를 □라 하면 잘못 계산한 식은

□$\times1.4=29.4$입니다.

□$=29.4\div1.4=21$

따라서 바르게 계산하면 $21\div1.4=15$입니다.

14 $2.3\div0.6=3.833\cdots$이므로 몫을 반올림하여 소수 둘째 자리까지 나타내면 3.83입니다.

15 $8\div13=0.615\cdots$

몫을 반올림하여 소수 첫째 자리까지 나타내면 0.6입니다.

몫을 반올림하여 소수 둘째 자리까지 나타내면 0.62입니다.

16 $35.7\div9=3.96\cdots$이므로 몫을 반올림하여 소수 첫째 자리까지 나타내면 $4.0=4$입니다.

$3.96\cdots<4$이므로 $35.7\div9$의 몫을 반올림하여 소수 첫째 자리까지 나타낸 수가 $35.7\div9$의 몫보다 큽니다.

17 예 몫을 반올림하여 일의 자리까지 나타내면

$20.3\div3=6.7\cdots$ $\Rightarrow$ 7입니다. … $\boxed{40\ \%}$

몫을 반올림하여 소수 첫째 자리까지 나타내면

$20.3\div3=6.76\cdots$ $\Rightarrow$ 6.8입니다. … $\boxed{40\ \%}$

따라서 두 수의 차는 $7-6.8=0.2$입니다. … $\boxed{20\ \%}$

18 33.5에서 8을 4번까지 뺄 수 있고, 1.5가 남습니다.

19

$$\begin{array}{r} 5 \\ 4\overline{)22.2} \\ \underline{2\ 0} \\ 2.2 \end{array}$$

$22.2\div4$의 몫을 자연수까지 구하면 5이고 2.2가 남습니다.

따라서 5명에게 나누어 줄 수 있고 남는 음료수는 $2.2\ L$입니다.

20 (콩 3상자의 무게)$=10.6\times3=31.8\ (kg)$

$$\begin{array}{r} 6 \\ 5\overline{)31.8} \\ \underline{3\ 0} \\ 1.8 \end{array}$$

콩을 $5\ kg$씩 6개의 봉지에 담고 남는 콩 $1.8\ kg$을 한 봉지에 담아야 하므로 봉지는 최소 $6+1=7$(개) 필요합니다.

3 단원 공간과 입체

20~21쪽

3 단원 기본 문제 복습

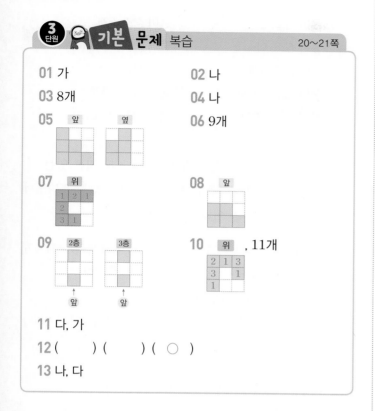

01 가
02 나
03 8개
04 나
05 앞 / 옆
06 9개
07 위
08 앞
09 2층 / 3층
10 위 , 11개
11 다, 가
12 ( ) ( ) (○)
13 나, 다

나무가 1층만 있습니다. 따라서 똑같은 모양으로 쌓는 데 필요한 쌓기나무는 11개입니다.

11 2층으로 가능한 모양은 가, 나, 다입니다.
2층에 가를 놓으면 3층에 나, 다를 놓을 수 없습니다.
2층에 나를 놓으면 3층에 가, 다를 놓을 수 없습니다.
2층에 다를 놓으면 3층에 가를 놓을 수 있습니다.

13

3 단원 응용 문제 복습

22~23쪽

01 7개
02 가
03 11개
04 7개
05 6개
06 3개, 2개
07 8 cm³ → 8 cm^3
08 9 cm³ → 9 cm^3
09 64 cm³ → 64 cm^3
10 ㉢
11 ㉣
12 ㉡, ㉥

---

01 핸들과 앞 바퀴 부분이 보이므로 가 방향에서 찍은 사진입니다.

02 패달 부분이 보이므로 나 방향에서 찍은 사진입니다.

03 1층에 5개, 2층에 3개이므로 주어진 모양과 똑같이 쌓는 데 필요한 쌓기나무는 $5+3=8$(개)입니다.

06 앞과 옆에서 보면 ◇에 쌓인 쌓기나무는 2개, △에 쌓인 쌓기나무는 3개이고 나머지는 1개씩입니다.
따라서 필요한 쌓기나무는
$1+1+2+3+1+1=9$(개)입니다.

07 위에서 본 모양을 보면 뒤에 숨은 쌓기나무가 1개 있습니다.

08 앞에서 보면 왼쪽부터 2층, 2층, 1층으로 보입니다.

10 쌓기나무를 층별로 나타낸 모양에서 1층 모양의 ○ 부분은 쌓기나무가 3층까지, ☆ 부분은 쌓기나무가 2층까지, 나머지 부분은 쌓기

---

01 처음 쌓기나무는 1층에 6개, 2층에 3개, 3층에 1개이므로 $6+3+1=10$(개)입니다.
(남는 쌓기나무의 개수)
$=$(처음 쌓기나무의 개수)$-$(빨간색 쌓기나무의 개수)
$=10-3=7$(개)

02 (남은 쌓기나무의 개수)$=9-3=6$(개)
전체 쌓기나무가 9개이고 그림으로 알 수 있는 쌓기나무는 8개이므로 뒤쪽의 보이지 않는 부분에 쌓기나무가 1개 있습니다. 나는 남은 쌓기나무가 6개가 아니므로 초록색 쌓기나무를 빼냈을 때 남는 모양은 가입니다.

03 처음 쌓기나무는 $3 \times 3 \times 3=27$(개)입니다.
남은 쌓기나무의 개수는 1층에 9개, 2층에 4개, 3층에 3개이므로 $9+4+3=16$(개)입니다.
(빼낸 쌓기나무의 개수)
$=$(처음 쌓기나무의 개수)$-$(남은 쌓기나무의 개수)
$=27-16=11$(개)

04 얼룩이 묻은 부분에 쌓인 쌓기나무는
$11-(1+2+1+3+1)=3$(개)입니다.
앞에서 보면 왼쪽부터 3층, 1층, 3층으로 보이므로 쌓기나무 $3+1+3=7$(개)로 보입니다.

05 얼룩이 묻은 부분에 쌓인 쌓기나무는
$10-(1+2+2+2+1)=2$(개)입니다.
앞에서 보면 왼쪽부터 2층, 2층, 2층으로 보이므로 쌓기나무 $2+2+2=6$(개)로 보입니다.

06 빨간색과 파란색 얼룩이 묻은 부분에 쌓인 쌓기나무는
$12-(2+1+1+3)=5$(개)입니다.
앞과 옆에서 본 모양이 서로 같으므로 빨간색 얼룩에 놓인 쌓기나무는 3개이고, 파란색 얼룩에 놓인 쌓기나무는 $5-3=2$(개)입니다.

07 쌓기나무의 개수는 8개이고, 쌓기나무 1개의 부피는
$1\times1\times1=1$ (cm^3)입니다.
(쌓기나무로 쌓은 모양의 부피)$=1\times8=8$ (cm^3)

08 쌓기나무의 개수는 9개이고, 쌓기나무 1개의 부피는
$1\times1\times1=1$ (cm^3)입니다.
(쌓기나무로 쌓은 모양의 부피)$=1\times9=9$ (cm^3)

09 쌓기나무의 개수는 8개이고, 쌓기나무 1개의 부피는
$2\times2\times2=8$ (cm^3)입니다.
(쌓기나무로 쌓은 모양의 부피)$=8\times8=64$ (cm^3)

10 ㉠, ㉢, ㉤을 빼내면 앞에서 본 모양이 변하고, ㉠, ㉣을 빼내면 옆에서 본 모양이 변합니다.

11 ㉠, ㉢, ㉻을 빼내면 앞에서 본 모양이 변하고, ㉠, ㉡, ㉣을 빼내면 옆에서 본 모양이 변합니다.

12 ㉠을 빼내면 앞과 옆에서 본 모양, ㉢을 빼내면 앞에서 본 모양, ㉣을 빼내면 옆에서 본 모양, ㉤을 빼내면 옆에서 본 모양이 변합니다.
그러나 ㉡, ㉻을 빼내면 앞과 옆에서 본 모양이 변하지 않습니다.

 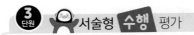

01 풀이 참조, ㉡	**02** 풀이 참조, 6개
03 풀이 참조, 나	**04** 풀이 참조, 12개, 13개
05 풀이 참조, 6개	**06** 풀이 참조, 8개
07 풀이 참조, 7가지	**08** 풀이 참조, 15개
09 풀이 참조, 19개	**10** 풀이 참조, 30 cm^2

01 예 ㉮ 방향에서 사진을 찍으면 왼쪽부터 지붕 있는 집, 나무, 직육면체 모양 건물 순서로 있으므로 ㉮ 방향에서 찍은 사진은 ㉡입니다. … 100 %

02 예 처음 쌓기나무는 1층에 4개, 2층에 4개, 3층에 1개이므로 $4+4+1=9$(개)입니다. … 70 %
(남는 쌓기나무의 개수)
$=$(처음 쌓기나무의 개수)$-$(빨간색 쌓기나무의 개수)
$=9-3=6$(개) … 30 %

03 예 가와 다는 앞에서 본 모양이 ▨ 입니다.
나는 앞에서 본 모양이 ▨ 입니다. … 80 %
따라서 앞에서 본 모양이 다른 하나는 나입니다.
… 20 %

04 예 보이는 쌓기나무는 11개입니다. … 40 %
보이지 않는 부분에 숨겨진 쌓기나무는 1개 또는 2개입니다. … 40 %
따라서 똑같은 모양으로 쌓은 데 필요한 쌓기나무는 12개 또는 13개입니다. … 20 %

05 예 1층에 5개, 2층에 4개, 3층에 1개이므로 주어진 모양과 똑같이 쌓는 데 쌓기나무가 $5+4+1=10$(개) 필요합니다. … 70 %
따라서 남는 쌓기나무는 $16-10=6$(개)입니다.
… 30 %

06 예

앞에서 본 모양을 보면 쌓기나무가 △ 부분은 3개 이하, ☆ 부분은 1개씩입니다.

옆에서 본 모양을 보면 △ 부분 중 ○ 부분은 2개, □ 부분은 3개, 나머지는 1개입니다. … 70%

똑같은 모양으로 쌓는 데 필요한 쌓기나무는

$1+3+1+2+1=8$(개)입니다. … 30%

07 ⑩ 모양에 쌓기나무 1개를 더 붙여서 만들 수 있는 모양은

 입니다.

따라서 주어진 모양에 쌓기나무 1개를 더 붙여서 만들 수 있는 모양은 모두 7가지입니다. … 100%

08 ⑩ 만들 수 있는 가장 작은 정육면체는 가로, 세로, 높이가 각각 쌓기나무 3개인 모양이므로

$3 \times 3 \times 3 = 27$(개)입니다. … 50%

사용한 쌓기나무가 12개이므로 더 필요한 쌓기나무는

$27-12=15$(개)입니다. … 50%

09 ⑩ 윤하와 재민이가 쌓은 모양을 위에서 본 모양에 수를 쓰면 다음과 같습니다.

쌓기나무의 개수는

(윤하)$=3+2+1+1+2=9$(개) … 40%

(재민)$=2+1+3+1+3=10$(개) … 40%

따라서 두 사람이 사용한 쌓기나무는 모두

$9+10=19$(개)입니다. … 20%

10 ⑩ 각 방향에서 보이는 면의 수는

위: 6개, 앞: 4개, 옆: 5개입니다. … 30%

(각 방향에서 보이는 전체 면의 수)

$=(6+4+5) \times 2=30$(개) … 40%

쌓기나무 한 면의 넓이가 1 cm^2이므로 쌓은 모양의 겉넓이는 30 cm^2입니다. … 30%

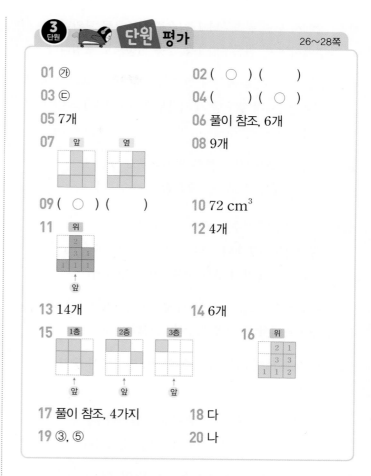

01 왼쪽 건물만 보이므로 ㉮ 방향에서 사진을 찍은 것입니다.

02 ㉰ 방향에서 사진을 찍은 것은 오른쪽 건물이 보이는 것입니다.

03 ㉠은 ㉰ 방향에서, ㉡은 ㉮ 방향에서, ㉢은 ㉭ 방향에서 사진을 찍은 것입니다.

04 쌓기나무 6개로 쌓은 모양이므로 뒤에 숨겨져서 보이지 않는 쌓기나무는 없습니다.

05 (남는 쌓기나무의 개수)
= (처음 쌓기나무의 개수) − (빼낸 쌓기나무의 개수)
$=10-3=7$(개)

06 ⑩ 1층에 5개, 2층에 4개, 3층에 1개이므로 주어진 모양과 똑같이 쌓는 데 쌓기나무가 $5+4+1=10$(개) 필요합니다. … 70%

따라서 남는 쌓기나무는 $16-10=6$(개)입니다.
… 30%

07 앞에서 보면 왼쪽부터 1층, 3층, 2층으로 보입니다.
옆에서 보면 왼쪽부터 1층, 2층, 3층으로 보입니다.

08 1층에 5개, 2층에 3개, 3층에 1개이므로 똑같은 모양으로 쌓는 데 필요한 쌓기나무는 5+3+1=9(개)입니다.

09 주어진 모양에서 오른쪽 쌓기나무로 쌓은 모양을 옆에서 본 모양은 오른쪽과 같습니다.

10 (쌓기나무의 개수)=6+3=9(개)
(쌓기나무의 1개의 부피)=2×2×2=8 (cm³)
(쌓기나무 모양의 부피)=8×9=72 (cm³)

11 위에서 본 모양의 각 자리에 쌓인 쌓기나무의 개수를 세어 위에서 본 모양에 수를 씁니다.

12 각 칸에 쓰여 있는 수가 2 이상이면 2층에 쌓기나무가 쌓인 것입니다.

13 똑같은 모양으로 쌓는 데 필요한 쌓기나무는 1+1+4+2+1+2+3=14(개)입니다.

14 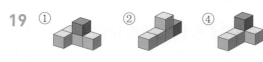 쌓기나무로 쌓은 모양을 앞에서 보았을 때 보이는 면은 6개입니다.

15 쌓기나무가 3층에 1개, 2층에 3개이므로 1층에 놓인 쌓기나무는 10-(1+3)=6(개)입니다.

16 위에서 본 모양과 1층의 모양은 서로 같습니다.

17 예 쌓기나무 7개로 4층까지 쌓아야 하고, 위에서 본 모양이 직사각형이므로 위에서 본 모양으로 가능한 모양은 ▨▨ 또는 ▨▨▨입니다. … 50 %
조건에 맞게 쌓을 수 있는 방법은 4 3 , 4 1 2 , 4 2 1 , 1 4 2 로 모두 4가지입니다. … 50 %

19 ① ② ④

20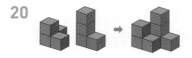

---

4 단원 비례식과 비례배분

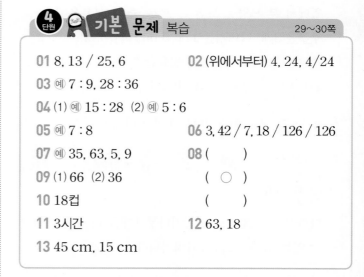

4 단원 **기본 문제** 복습 29~30쪽

01 8, 13 / 25, 6
02 (위에서부터) 4, 24, 4/24
03 예 7 : 9, 28 : 36
04 (1) 예 15 : 28 (2) 예 5 : 6
05 예 7 : 8
06 3, 42 / 7, 18 / 126 / 126
07 예 35, 63, 5, 9
08 ( )
  (○)
09 (1) 66 (2) 36
  ( )
10 18컵
11 3시간
12 63, 18
13 45 cm, 15 cm

01 전항은 기호 ':' 앞에 있는 항이고, 후항은 기호 ':' 뒤에 있는 항입니다.
비 8 : 13에서 전항은 8이고, 후항은 13입니다.
비 25 : 6에서 전항은 25이고, 후항은 6입니다.

02 비의 전항과 후항에 0이 아닌 같은 수를 곱하거나 0이 아닌 같은 수로 나누어도 비율은 같습니다.
5 : 6의 전항에 4를 곱하여 20 : □가 되었으므로
5 : 6의 후항인 6에도 4를 곱하면 □=24입니다.

03 비의 전항과 후항에 0이 아닌 같은 수를 곱하거나 0이 아닌 같은 수로 나누어도 비율은 같습니다.
14 : 18의 전항과 후항을 각각 2로 나누어 7 : 9, 전항과 후항에 각각 2를 곱하여 28 : 36을 만들 수 있습니다. 이외에도 42 : 54, 56 : 72, 70 : 90,...을 만들 수 있습니다.

04 (1) $1\frac{1}{6}$을 가분수로 나타내면 $\frac{7}{6}$입니다. $\frac{5}{8} : \frac{7}{6}$의 전항과 후항에 각각 24를 곱하면 15 : 28입니다.
(2) 12.5 : 15의 전항과 후항에 각각 10을 곱하면 125 : 150이고, 125 : 150의 전항과 후항을 각각 25로 나누면 5 : 6입니다.

05 지훈이와 동생이 먹은 피자의 양을 비로 나타내면 $\frac{1}{4} : \frac{2}{7}$입니다.

$\frac{1}{4} : \frac{2}{7}$의 전항과 후항에 각각 28을 곱하면 7 : 8입니다.

06 외항은 비례식의 바깥쪽에 있는 수로 3, 42이고, 외항의 곱은 $3 \times 42 = 126$입니다.

내항은 비례식의 안쪽에 있는 수로 7, 18이고 내항의 곱은 $7 \times 18 = 126$입니다.

07 $35 : 63 \Rightarrow \frac{35}{63} = \frac{5}{9}$, $20 : 45 \Rightarrow \frac{20}{45} = \frac{4}{9}$,

$5 : 9 \Rightarrow \frac{5}{9}$, $72 : 40 \Rightarrow \frac{72}{40} = \frac{9}{5}$

비율이 같은 두 비는 35 : 63과 5 : 9입니다.

따라서 비례식으로 나타내면

$35 : 63 = 5 : 9$ 또는 $5 : 9 = 35 : 63$입니다.

08 외항의 곱과 내항의 곱이 같은지 확인하여 옳은 비례식을 찾습니다.

- 외항의 곱: $7 \times 24 = 168$

  내항의 곱: $12 \times 21 = 252$ ($\times$)

- 외항의 곱: $1.8 \times 7 = 12.6$

  내항의 곱: $4.2 \times 3 = 12.6$ ($\bigcirc$)

- 외항의 곱: $\frac{1}{9} \times 11 = \frac{11}{9}$

  내항의 곱: $\frac{1}{11} \times 9 = \frac{9}{11}$ ($\times$)

09 비례식에서 외항의 곱과 내항의 곱은 같습니다.

(1) $\square \times 10 = 30 \times 22$, $10 \times \square = 660$, $\square = 66$

(2) $14 \times 18 = \square \times 7$, $\square \times 7 = 252$, $\square = 36$

10 딸기 900 g으로 만들 수 있는 딸기우유를 $\square$컵이라 하고 비례식을 세우면 $400 : 8 = 900 : \square$입니다.

$\Rightarrow 400 \times \square = 8 \times 900$, $400 \times \square = 7200$, $\square = 18$

11 270 km를 가는 데 걸리는 시간을 $\square$시간이라 하고 비례식을 세우면 $5 : 450 = \square : 270$입니다.

$\Rightarrow 5 \times 270 = 450 \times \square$, $450 \times \square = 1350$, $\square = 3$

12 $81 \times \frac{7}{7+2} = 81 \times \frac{7}{9} = 63$

$81 \times \frac{2}{7+2} = 81 \times \frac{2}{9} = 18$

13 9 : 3을 간단한 자연수의 비로 나타내면 3 : 1입니다.

$60 \times \frac{3}{3+1} = 60 \times \frac{3}{4} = 45$ (cm)

$60 \times \frac{1}{3+1} = 60 \times \frac{1}{4} = 15$ (cm)

4단원 응용 문제 복습　31~32쪽

01 18　　　　　　　**02** 2.5

03 3　　　　　　　**04** 3, 7, 28

05 4, 3, 18

06 $36 : 60 = 6 : 10$ 또는 $6 : 10 = 36 : 60$

07 11시간　　　　　**08** 9시간

09 10시간 30분　　　**10** 오후 2시 3분

11 오후 1시 5분　　　**12** 오전 9시 55분

01 14 : 36의 전항 14를 2로 나누면 7이므로

$14 : 36 \quad \rightarrow \quad 7 : 18$입니다. ($\div 2$)

따라서 14 : 36과 비율이 같고 전항이 7인 비의 후항은 18입니다.

다른 풀이 14 : 36과 7 : $\square$는 비율이 같으므로

$14 : 36 = 7 : \square$와 같이 비례식을 세울 수 있습니다.

비례식에서 외항의 곱과 내항의 곱이 같으므로

$14 \times \square = 36 \times 7$, $14 \times \square = 252$,

$\square = 252 \div 14 = 18$입니다.

02 0.5 : $\square$의 전항 0.5에 2를 곱하면 1이므로

$0.5 : \square \quad \rightarrow \quad 1 : 5$입니다. ($\times 2$)

$\square \times 2 = 5$이므로 $\square = 5 \div 2 = 2.5$입니다.

다른 풀이 0.5 : $\square$와 1 : 5는 비율이 같으므로

$0.5 : \square = 1 : 5$와 같이 비례식을 세울 수 있습니다.

비례식에서 외항의 곱과 내항의 곱이 같으므로

$0.5 \times 5 = \square \times 1$, $\square \times 1 = 2.5$, $\square = 2.5$입니다.

03 $\dfrac{\square}{5} : 0.8$의 후항 0.8에 5를 곱하면 4이므로

$$\dfrac{\square}{5} : 0.8 \quad\xrightarrow{\ \times 5\ }\quad 3 : 4 입니다.$$

$\dfrac{\square}{5} \times 5 = 3$이므로 $\square = 3$입니다.

다른 풀이 $\dfrac{\square}{5} : 0.8$과 $3 : 4$는 비율이 같으므로

$\dfrac{\square}{5} : 0.8 = 3 : 4$와 같이 비례식을 세울 수 있습니다.

비례식에서 외항의 곱과 내항의 곱이 같으므로

$\dfrac{\square}{5} \times 4 = 0.8 \times 3$, $\dfrac{\square}{5} \times 4 = 2.4$,

$\dfrac{\square}{5} = 2.4 \div 4 = 0.6$입니다.

$0.6 = \dfrac{3}{5}$이므로 $\square = 3$입니다.

04 ㉠ : ㉡ = 12 : ㉢이라 하면

12 : ㉢의 비율 $\Rightarrow \dfrac{12}{㉢} = \dfrac{3}{7} = \dfrac{3 \times 4}{7 \times 4} = \dfrac{12}{28}$, ㉢ = 28

(내항의 곱) = ㉡ × 12 = 84, ㉡ = 84 ÷ 12 = 7

㉠ : 7의 비율 $\Rightarrow \dfrac{㉠}{7} = \dfrac{3}{7}$이므로 ㉠ = 3입니다.

05 ㉠ : ㉡ = 24 : ㉢이라 하면

24 : ㉢의 비율 $\Rightarrow \dfrac{24}{㉢} = \dfrac{4}{3} = \dfrac{4 \times 6}{3 \times 6} = \dfrac{24}{18}$, ㉢ = 18

(내항의 곱) = ㉡ × 24 = 72, ㉡ = 72 ÷ 24 = 3

㉠ : 3의 비율 $\Rightarrow \dfrac{㉠}{3} = \dfrac{4}{3}$이므로 ㉠ = 4입니다.

06 ㉠ : ㉡ = ㉢ : ㉣에서 전항이 36, 6이므로

36 : ㉡ = 6 : ㉣입니다.

외항의 곱이 360이므로 36 × ㉣ = 360, ㉣ = 10입니다.

외항의 곱과 내항의 곱이 같으므로 ㉡ × 6 = 360,

㉡ = 60입니다.

따라서 36 : 60 = 6 : 10 또는 6 : 10 = 36 : 60입니다.

07 낮과 밤의 길이의 비 5.5 : 6.5를 간단한 자연수의 비로 나타내면 11 : 13입니다.

하루는 24시간이므로 24시간을 11 : 13으로 나누면

낮은 $24 \times \dfrac{11}{11+13} = 24 \times \dfrac{11}{24} = 11$(시간)입니다.

08 낮과 밤의 길이의 비 7.5 : 4.5를 간단한 자연수의 비로 나타내면 5 : 3입니다.

하루는 24시간이므로 24시간을 5 : 3으로 나누면

밤은 $24 \times \dfrac{3}{5+3} = 24 \times \dfrac{3}{8} = 9$(시간)입니다.

09 낮과 밤의 길이의 비 2.1 : 2.7을 간단한 자연수의 비로 나타내면 7 : 9입니다.

하루는 24시간이므로 24시간을 7 : 9로 나누면 낮은

$24 \times \dfrac{7}{7+9} = 24 \times \dfrac{7}{16} = \dfrac{21}{2} = 10\dfrac{1}{2}$

$= 10\dfrac{30}{60}$(시간)입니다.

따라서 낮은 10시간 30분입니다.

10 오후 8시부터 다음 날 오후 2시까지 18시간입니다.

18시간 동안 시계가 빨라지는 시간을 $\square$분이라 하고 비례식을 세우면 24 : 4 = 18 : $\square$입니다.

$24 \times \square = 4 \times 18$, $24 \times \square = 72$, $\square = 3$

3분이 빨라지므로 다음 날 오후 2시에 이 시계가 가리키는 시각은 오후 2시 3분입니다.

11 오후 5시부터 다음 날 오후 1시까지는 20시간입니다.

20시간 동안 시계가 빨라지는 시간을 $\square$분이라 하고 비례식을 세우면 24 : 6 = 20 : $\square$입니다.

$24 \times \square = 6 \times 20$, $24 \times \square = 120$, $\square = 5$

5분이 빨라지므로 다음 날 오후 1시에 이 시계가 가리키는 시각은 오후 1시 5분입니다.

12 오후 7시부터 다음 날 오전 10시까지는 15시간입니다. 15시간 동안 시계가 느려지는 시간을 $\square$분이라 하고 비례식을 세우면 24 : 8 = 15 : $\square$입니다.

$24 \times \square = 8 \times 15$, $24 \times \square = 120$, $\square = 5$

5분이 느려지므로 다음 날 오전 10시에 이 시계가 가리키는 시각은 오전 9시 55분입니다.

01 풀이 참조	**02** 풀이 참조, 성호
03 풀이 참조, 24, 30	**04** 풀이 참조, $4\frac{1}{2}$
05 풀이 참조, 18 m	**06** 풀이 참조, 8000원
07 풀이 참조, 12 cm	**08** 풀이 참조, 예 5 : 8
09 풀이 참조, 45바퀴	**10** 풀이 참조, 130개

01 **방법1** 예 전항을 분수로 바꾸면 $1\frac{1}{2} : 2\frac{1}{4}$ 이고 가분수

로 나타내면 $\frac{3}{2} : \frac{9}{4}$ 입니다. … ⌐10 %⌐

전항과 후항에 각각 4를 곱하면 6 : 9입니다. … ⌐20 %⌐

전항과 후항을 각각 3으로 나누면 2 : 3입니다. … ⌐20 %⌐

방법2 예 후항을 소수로 바꾸면 1.5 : 2.25입니다.

… ⌐10 %⌐

전항과 후항에 각각 100을 곱하면 150 : 225입니다.

… ⌐20 %⌐

전항과 후항을 각각 75로 나누면 2 : 3입니다. … ⌐20 %⌐

02 예 외항의 곱과 내항의 곱이 같은지 확인합니다.

민주: $0.3 \times 8 = 2.4$, $0.5 \times 5 = 2.5$

성호: $\frac{1}{2} \times 10 = 5$, $\frac{1}{5} \times 25 = 5$ … ⌐70 %⌐

따라서 비례식을 바르게 세운 사람은 성호입니다.

… ⌐30 %⌐

03 예 내항의 곱이 120이므로 ㉠$\times 5 = 120$입니다.

㉠$= 120 \div 5 = 24$ … ⌐50 %⌐

외항의 곱과 내항의 곱이 같으므로 $4 \times$ ㉡$= 120$입니다.

㉡$= 120 \div 4 = 30$ … ⌐50 %⌐

04 예 비례식에서 외항의 곱과 내항의 곱은 같습니다.

$0.9 \times 7 = 2.1 \times$ ㉠, $2.1 \times$ ㉠$= 6.3$, ㉠$= 3$ … ⌐40 %⌐

$\frac{5}{6} \times \frac{9}{10} =$ ㉡$\times \frac{1}{2}$, ㉡$\times \frac{1}{2} = \frac{3}{4}$,

㉡$= \frac{3}{4} \div \frac{1}{2} = \frac{3}{4} \times 2 = \frac{3}{2}$ … ⌐40 %⌐

➡ ㉠$\times$ ㉡$= 3 \times \frac{3}{2} = \frac{9}{2} = 4\frac{1}{2}$ … ⌐20 %⌐

05 예 높이가 45 m인 건물의 그림자 길이를 □m라 하고

비례식을 세우면 9 : 3.6 = 45 : □입니다. … ⌐40 %⌐

➡ $9 \times$ □$= 3.6 \times 45$, $9 \times$ □$= 162$, □$= 18$

따라서 건물의 그림자 길이는 18 m입니다. … ⌐60 %⌐

06 예 두 사람이 내야 할 돈을 각각 구하면

(세훈이가 내야 할 돈)$= 32000 \times \frac{3}{8} = 12000$(원)

… ⌐40 %⌐

(시윤이가 내야 할 돈)$= 32000 \times \frac{5}{8} = 20000$(원)

… ⌐40 %⌐

따라서 두 사람이 내야 할 돈의 금액의 차는

$20000 - 12000 = 8000$(원)입니다. … ⌐20 %⌐

07 예 가로와 세로의 비 3 : 2에서 전항과 후항에 각각 6

을 곱하면 18 : 12입니다. … ⌐70 %⌐

따라서 세로는 12 cm로 그려야 합니다. … ⌐30 %⌐

08 예 (삼각형 가의 넓이)$= 3\frac{1}{2} \times 2 \times \frac{1}{2} = \frac{7}{2} \times 2 \times \frac{1}{2}$

$= \frac{7}{2}$ (cm²) … ⌐30 %⌐

(삼각형 나의 넓이)$= 2.8 \times 4 \div 2 = 5.6$ (cm²)

… ⌐30 %⌐

삼각형 가와 나의 넓이의 비는 $\frac{7}{2} : 5.6$입니다.

비의 전항과 후항에 각각 10을 곱하면 35 : 56이고, 전

항과 후항을 각각 7로 나누면 5 : 8입니다. … ⌐40 %⌐

09 예 톱니바퀴 ㉮와 ㉯의 톱니 수의 비가

63 : 28 ➡ 9 : 4이므로 회전수의 비는 4 : 9입니다.

… ⌐30 %⌐

톱니바퀴 ㉯가 □바퀴 돈다고 하고 비례식을 세우면

4 : 9 = 20 : □입니다. … ⌐30 %⌐

$4 \times$ □$= 9 \times 20$, $4 \times$ □$= 180$, □$= 45$

따라서 톱니바퀴 ㉯는 45바퀴 돕니다. … ⌐40 %⌐

10 예 지훈이가 산 사탕을 모두 □개라 하면 딸기 사탕은

91개이므로

$\square \times \dfrac{7}{3+7}=91$, $\square \times \dfrac{7}{10}=91$입니다. … $\boxed{50\,\%}$

$\square=91 \div \dfrac{7}{10}=91 \times \dfrac{10}{7}=130$

따라서 지훈이가 산 사탕은 모두 130개입니다. … $\boxed{50\,\%}$

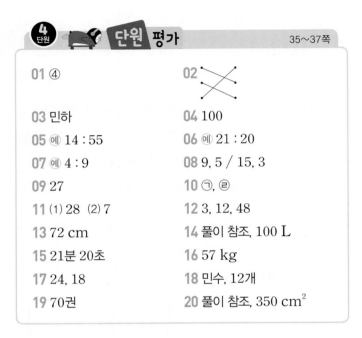

4 단원 단원 평가 *35~37쪽*

01 ④	02 (도형)
03 민하	04 100
05 예 14 : 55	06 예 21 : 20
07 예 4 : 9	08 9, 5 / 15, 3
09 27	10 ㉠, ㉣
11 (1) 28 (2) 7	12 3, 12, 48
13 72 cm	14 풀이 참조, 100 L
15 21분 20초	16 57 kg
17 24, 18	18 민수, 12개
19 70권	20 풀이 참조, 350 cm²

01 전항은 기호 ':' 앞에 있는 항이고, 후항은 기호 ':' 뒤에 있는 항입니다.
후항을 알아보면 ① 3, ② 14, ③ 2, ④ 1, ⑤ 9입니다.

02 6 : 7의 전항과 후항에 각각 8을 곱하면 48 : 56입니다.
3 : 8의 전항과 후항에 각각 7을 곱하면 21 : 56입니다.
12 : 5의 전항과 후항에 각각 5를 곱하면 60 : 25입니다.

03 비의 전항과 후항에 0이 아닌 같은 수를 곱하거나 0이 아닌 같은 수로 나누어도 비율은 같습니다.

04 전항과 후항이 모두 소수 두 자리 수이므로 전항과 후항에 각각 100을 곱하면 간단한 자연수의 비로 나타낼 수 있습니다.

05 $\dfrac{2}{5} : 1\dfrac{4}{7}$의 후항을 가분수로 나타내면 $\dfrac{2}{5} : \dfrac{11}{7}$입니다. 전항과 후항에 각각 35를 곱하면 14 : 55입니다.

06 다미가 읽은 책의 양에 대한 연우가 읽은 책의 양의 비는 $0.7 : \dfrac{2}{3}$입니다. 전항을 분수로 나타내면 $\dfrac{7}{10} : \dfrac{2}{3}$입니다.
비의 전항과 후항에 각각 30을 곱하면 21 : 20입니다.

07 6 : 9의 전항과 후항을 각각 3으로 나누면 2 : 3입니다. 두 정사각형의 한 변의 길이를 각각 2 cm, 3 cm라 하면
(가의 넓이)$=2 \times 2=4$ (cm²)
(나의 넓이)$=3 \times 3=9$ (cm²)
(가의 넓이) : (나의 넓이) ➡ 4 : 9

08 비례식에서 바깥쪽에 있는 두 수는 외항이고 안쪽에 있는 두 수는 내항입니다.

09 비례식에서 내항은 27과 7이고, 후항은 27과 9입니다. 따라서 내항이면서 후항인 수는 27입니다.

10 비례식에서 외항의 곱과 내항의 곱은 같습니다.
㉠ $4 \times 27=108$, $9 \times 12=108$ ➡ 비례식입니다.
㉡ $13 \times 3=39$, $26 \times 1=26$ ➡ 비례식이 아닙니다.
㉢ $5 \times 28=140$, $14 \times 15=210$ ➡ 비례식이 아닙니다.
㉣ $10 \times 2.7=27$, $3 \times 9=27$ ➡ 비례식입니다.

11 비례식에서 외항의 곱과 내항의 곱은 같습니다.
(1) $8 \times \square=14 \times 16$, $8 \times \square=224$, $\square=28$
(2) $4.2 \times 4=2.4 \times \square$, $2.4 \times \square=16.8$, $\square=7$

12 ㉠ : ㉡$=12$: ㉢이라 하면 비율이 $\dfrac{1}{4}$이므로
$\dfrac{12}{㉢}=\dfrac{1}{4}=\dfrac{1 \times 12}{4 \times 12}=\dfrac{12}{48}$, ㉢$=48$입니다.
외항의 곱이 144이므로
㉠$\times 48=144$, ㉠$=144 \div 48=3$입니다.
$\dfrac{3}{㉡}=\dfrac{1}{4}=\dfrac{1 \times 3}{4 \times 3}=\dfrac{3}{12}$, ㉡$=12$

13 액자의 가로를 $\square$ cm라 하고 비례식을 세우면
18 : 25$=\square$: 100입니다.
$18 \times 100=25 \times \square$, $25 \times \square=1800$, $\square=72$

14 예 소금 5 kg을 얻기 위해 필요한 바닷물의 양을 □ L라 하고 비례식을 세우면 8 : 160=5 : □입니다. … 40 %

$8 \times \square = 160 \times 5$, $8 \times \square = 800$, $\square = 100$

따라서 바닷물 100 L가 필요합니다. … 60 %

15 현아가 집에서 도서관까지 가는 데 걸리는 시간을 □분이라 하고 비례식을 세우면 $150 : 10 = 320 : \square$입니다. $150 \times \square = 10 \times 320$, $150 \times \square = 3200$,

$\square = 3200 \div 150 = \dfrac{3200}{150} = \dfrac{64}{3} = 21\dfrac{1}{3}$

따라서 $21\dfrac{1}{3}$분$= 21\dfrac{20}{60}$분$= 21$분 20초가 걸립니다.

16 (현규의 몸무게)$= 95 \times \dfrac{3}{3+2} = 95 \times \dfrac{3}{5} = 57$ (kg)

17 20 : 15를 간단한 자연수의 비로 나타내면 4 : 3입니다.

$42 \times \dfrac{4}{4+3} = 42 \times \dfrac{4}{7} = 24$

$42 \times \dfrac{3}{4+3} = 42 \times \dfrac{3}{7} = 18$

18 서현: $52 \times \dfrac{5}{5+8} = 52 \times \dfrac{5}{13} = 20$(개)

민수: $52 \times \dfrac{8}{5+8} = 52 \times \dfrac{8}{13} = 32$(개)

민수가 귤을 $32 - 20 = 12$(개) 더 많이 가졌습니다.

19 전체 공책의 수를 □권이라 하면 동준이가 가진 공책이 25권이므로 $\square \times \dfrac{5}{9+5} = \square \times \dfrac{5}{14} = 25$입니다.

$\square = 25 \div \dfrac{5}{14} = 25 \times \dfrac{14}{5} = 70$

20 예 둘레가 90 cm인 직사각형이므로
(가로)+(세로)$= 90 \div 2 = 45$ (cm)입니다. … 20 %

(가로)$= 45 \times \dfrac{7}{7+2} = 45 \times \dfrac{7}{9} = 35$ (cm) … 30 %

(세로)$= 45 \times \dfrac{2}{7+2} = 45 \times \dfrac{2}{9} = 10$ (cm) … 30 %

따라서 직사각형의 넓이는 $35 \times 10 = 350$ (cm²)입니다. … 20 %

5 단원 원의 넓이

5 단원 기본 문제 복습

01 ④	02 (1) 반지름, 3 (2) <
03 3.14	04 25.12 cm
05 62 cm	06 16 cm
07 24대	08 50, 100
09 314 cm²	10 60 cm²
11 3 cm	12 72.9 cm²
13 72 cm²	

01 ④ 지름이 길어지면 원주도 길어집니다.

02 (1) 정육각형의 둘레는 원의 반지름의 6배입니다.
따라서 원의 지름의 3배입니다.
(2) 정육각형이 원 안에 있으므로 정육각형의 둘레는 원주보다 작습니다.

03 (원주)÷(지름)$= 22 \div 7 = 3.142\cdots$
반올림하여 소수 둘째 자리까지 나타내면 3.14입니다.

04 (원주)=(지름)×(원주율)$= 8 \times 3.14 = 25.12$ (cm)

05 (원주)=(반지름)×2×(원주율)
$= 10 \times 2 \times 3.1 = 62$ (cm)

06 노끈의 길이가 원의 원주입니다.
(지름)=(원주)÷(원주율)$= 48 \div 3 = 16$ (cm)

07 (대관람차의 둘레)$= 40 \times 3 = 120$ (m)
모두 $120 \div 5 = 24$(대)의 관람차가 매달려 있습니다.

08 • 원 안의 정사각형은 두 대각선의 길이가 각각 10 cm인 마름모와 같습니다.
➡ $10 \times 10 \div 2 = 50$ (cm²)
• 원 밖의 정사각형은 한 변의 길이가 10 cm입니다.
➡ $10 \times 10 = 100$ (cm²)
• 원의 넓이는 원 안의 정사각형의 넓이 50 cm²보다 넓고, 원 밖의 정사각형의 넓이 100 cm²보다 좁습니다.

09 (원의 넓이)=(반지름)×(반지름)×(원주율)
$= 10 \times 10 \times 3.14 = 314$ (cm²)

10 (왼쪽 원의 넓이)$=4 \times 4 \times 3=48$ (cm^2)

(오른쪽 원의 넓이)$=6 \times 6 \times 3=108$ (cm^2)

➡ (두 원의 넓이의 차)$=108-48=60$ (cm^2)

11 (원의 넓이)$=$(반지름)$\times$(반지름)$\times$(원주율)이므로

(반지름)$\times$(반지름)$=27 \div 3=9$입니다.

$3 \times 3=9$이므로 원의 반지름은 3 cm입니다.

12 (색칠한 부분의 넓이)

$=$(정사각형의 넓이)$-$(원의 넓이)

$=18 \times 18-9 \times 9 \times 3.1$

$=324-251.1=72.9$ (cm^2)

13 (10점인 부분의 반지름)$=6 \div 2=3$ (cm)

(9점 이상인 부분의 반지름)$=3+2=5$ (cm)

(8점 이상인 부분의 반지름)$=5+2=7$ (cm)

➡ (8점인 부분의 넓이)$=7 \times 7 \times 3-5 \times 5 \times 3$

$=147-75=72$ (cm^2)

⑤단원 응용문제 복습   40~41쪽

01 3바퀴	**02** 7바퀴
03 4바퀴	**04** 99.2 cm
05 72 cm	**06** 62.96 cm
07 12.56 cm^2	**08** 153.86 cm^2
09 111.6 m^2	**10** 42 cm
11 48 cm	**12** 251.1 cm^2

01 굴렁쇠를 한 바퀴 굴렸을 때 굴러간 거리는 굴렁쇠의 원주와 같으므로 $40 \times 3=120$ (cm)입니다.

(굴렁쇠가 굴러간 횟수)$=360 \div 120=3$(바퀴)

02 굴렁쇠를 한 바퀴 굴렸을 때 굴러간 거리는 굴렁쇠의 원주와 같으므로 $70 \times 3=210$ (cm)입니다.

(굴렁쇠가 굴러간 횟수)$=1470 \div 210=7$(바퀴)

03 굴렁쇠를 한 바퀴 굴렸을 때 굴러간 거리는 굴렁쇠의 원주와 같으므로 $30 \times 2 \times 3.14=188.4$ (cm)입니다.

(굴렁쇠가 굴러간 횟수)$=753.6 \div 188.4=4$(바퀴)

04 큰 원의 반지름은 $20 \div 2=10$ (cm)이고 작은 원의

반지름은 $16-10=6$ (cm), 지름은 $6 \times 2=12$ (cm)입니다.

(큰 원의 원주)$=20 \times 3.1=62$ (cm)

(작은 원의 원주)$=12 \times 3.1=37.2$ (cm)

➡ $62+37.2=99.2$ (cm)

05 (큰 원의 원주)$=16 \times 3=48$ (cm)

(작은 원의 원주)$=8 \times 3=24$ (cm)

(색칠한 부분의 둘레)$=48+24=72$ (cm)

06 삼각형 ㄱㄴㄷ에서 변 ㄱㄴ과 변 ㄱㄷ은 원의 반지름이므로 삼각형 ㄱㄴㄷ은 이등변삼각형입니다.

(원의 반지름)$=$(변 ㄱㄴ)$=$(변 ㄱㄷ)

$=(19-5) \div 2=7$ (cm)

(색칠한 부분의 둘레)$=$(원의 원주)$+$(삼각형의 둘레)

$=7 \times 2 \times 3.14+19$

$=43.96+19=62.96$ (cm)

07 (원의 반지름)$=2$ cm

(원의 넓이)$=2 \times 2 \times 3.14=12.56$ (cm^2)

08 (원의 반지름)$=7$ cm

(원의 넓이)$=7 \times 7 \times 3.14=153.86$ (cm^2)

09 (원의 반지름)$=6$ m

(원의 넓이)$=6 \times 6 \times 3.1=111.6$ (m^2)

10 원의 반지름을 □ cm라 하면

$□ \times □ \times 3=147$입니다.

$□ \times □=147 \div 3$, $□ \times □=49$, $7 \times 7=49$이므로 반지름은 7 cm입니다.

따라서 원주는 $7 \times 2 \times 3=42$ (cm)입니다.

11 원의 반지름을 □ cm라 하면

$□ \times □ \times 3=192$입니다.

$□ \times □=192 \div 3$, $□ \times □=64$, $8 \times 8=64$이므로 반지름은 8 cm입니다.

따라서 원주는 $8 \times 2 \times 3=48$ (cm)입니다.

12 원의 반지름을 □ cm라 하면

$□ \times 2 \times 3.1=55.8$입니다.

$□=55.8 \div 3.1 \div 2$, $□=9$

원의 반지름이 9 cm이므로 원의 넓이는
$9 \times 9 \times 3.1 = 251.1$ (cm^2)입니다.

⑤단원 서술형 수행 평가 <small>42~43쪽</small>

01 풀이 참조	**02** 풀이 참조
03 풀이 참조, 43.4 cm	**04** 풀이 참조, 4배
05 풀이 참조, 150.72 cm	**06** 풀이 참조, 200.96 cm^2
07 풀이 참조, 18 cm	**08** 풀이 참조, 42 cm
09 풀이 참조, 200.96 cm^2	
10 풀이 참조, 310 cm^2, 930 cm^2, 1550 cm^2	

01 ⑩ $31.4 \div 10 = 3.14$, $47.1 \div 15 = 3.14$,
$62.8 \div 20 = 3.14$ … 50 %
원의 크기가 달라도 원주율은 모두 같습니다. … 50 %

02 ㉢ … 50 %
⑩ 원주율은 원의 지름에 대한 원주의 비율입니다.
… 50 %

03 ⑩ 반지름이 7 cm인 원의 지름은 $7 \times 2 = 14$ (cm)입
니다. … 30 %
(원주) $= 14 \times 3.1 = 43.4$ (cm) … 70 %

04 ⑩ (㉠ 원의 넓이) $= 2 \times 2 \times 3 = 12$ (cm^2) … 40 %
(㉡ 원의 반지름) $= 2 \div 2 = 1$ (cm)
(㉡ 원의 넓이) $= 1 \times 1 \times 3 = 3$ (cm^2) … 40 %
따라서 ㉠ 원의 넓이는 ㉡ 원의 넓이의 $12 \div 3 = 4$(배)
입니다. … 20 %
다른 풀이 ⑩ ㉠ 원의 반지름은 ㉡ 원의 반지름의
$2 \div 1 = 2$(배)입니다. … 30 %
따라서 ㉠ 원의 넓이는 ㉡ 원의 넓이의 $2 \times 2 = 4$(배)
입니다. … 70 %

05 ⑩ 색칠한 부분의 둘레는 지름이 8 cm인 원의 원주,
지름이 16 cm인 원의 원주, 지름이 24 cm인 원의
원주의 합입니다. … 30 %
(색칠한 부분의 둘레)
$= 8 \times 3.14 + 16 \times 3.14 + 24 \times 3.14$
$= 25.12 + 50.24 + 75.36 = 150.72$ (cm) … 70 %

06 ⑩ 색칠한 부분의 넓이는 지름이 24 cm인 원의 넓이
에서 지름이 8 cm인 원의 넓이와 지름이 16 cm인
원의 넓이를 뺍니다. … 30 %
(색칠한 부분의 넓이)
$= 12 \times 12 \times 3.14 - 4 \times 4 \times 3.14 - 8 \times 8 \times 3.14$
$= 452.16 - 50.24 - 200.96 = 200.96$ (cm^2)
… 70 %

07 ⑩ (원의 넓이) $=$ (반지름) $\times$ (반지름) $\times$ (원주율)이므로
(반지름) $\times$ (반지름) $= 251.1 \div 3.1 = 81$입니다.
… 30 %
$9 \times 9 = 81$이므로 원의 반지름은 9 cm입니다. … 40 %
따라서 호두파이의 지름을 $9 \times 2 = 18$ (cm)로 해야
합니다. … 30 %

08 ⑩ 음료수 캔을 묶은 끈의 직선 부분의 길이의 합은 지
름의 4배이고, 곡선 부분의 길이의 합은 음료수 캔 1개
의 원 모양인 면의 원주와 같습니다. … 40 %
따라서 사용한 끈의 길이는
$6 \times 4 + 6 \times 3 = 24 + 18 = 42$ (cm)입니다. … 60 %

09 ⑩ 작은 원의 반지름은
$25.12 \div 3.14 \div 2 = 4$ (cm)입니다. … 30 %
큰 원의 원주가 작은 원의 원주의 2배이므로 큰 원의
반지름은 작은 원의 반지름의 2배인 $4 \times 2 = 8$ (cm)
입니다. … 30 %
따라서 큰 원의 넓이는
$8 \times 8 \times 3.14 = 200.96$ (cm^2)입니다. … 40 %

10 ⑩ (노란색 부분의 넓이)
$=$ (반지름이 10 cm인 원의 넓이)
$= 10 \times 10 \times 3.1 = 310$ (cm^2) … 20 %
(빨간색 부분의 넓이)
$=$ (반지름이 20 cm인 원의 넓이)
$\quad -$ (노란색 부분의 넓이)
$= 20 \times 20 \times 3.1 - 310$
$= 1240 - 310 = 930$ (cm^2) … 40 %

(초록색 부분의 넓이)

= (반지름이 30 cm인 원의 넓이)

　　− (빨간색과 노란색 부분의 넓이)

= 30 × 30 × 3.1 − 1240

= 2790 − 1240 = 1550 (cm²) … 40 %

5단원 단원 평가

44~46쪽

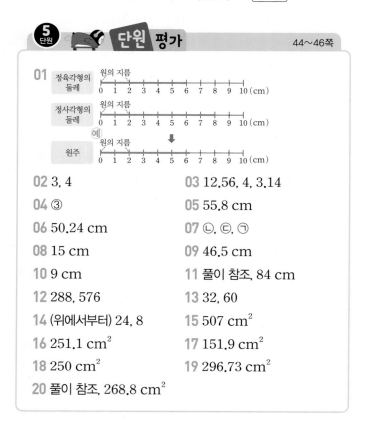

01 예 (그림)

02 3, 4

03 12.56, 4, 3.14

04 ③

05 55.8 cm

06 50.24 cm

07 ⓒ, ⓔ, ⑤

08 15 cm

09 46.5 cm

10 9 cm

11 풀이 참조, 84 cm

12 288, 576

13 32, 60

14 (위에서부터) 24, 8

15 507 cm²

16 251.1 cm²

17 151.9 cm²

18 250 cm²

19 296.73 cm²

20 풀이 참조, 268.8 cm²

01 정육각형의 한 변의 길이가 원의 반지름과 같으므로 정육각형의 둘레는 원의 반지름의 6배, 즉 원의 지름의 3배입니다. 정사각형의 한 변의 길이가 원의 지름과 같으므로 정사각형의 둘레는 원의 지름의 4배입니다.

➡ (정육각형의 둘레) < (원주)

　　　　　(원주) < (정사각형의 둘레)

02 정육각형의 둘레는 6 cm로 원의 지름 2 cm의 3배이고, 정사각형의 둘레는 8 cm로 원의 지름 2 cm의 4배입니다.

➡ (원의 지름) × 3 < (원주), (원주) < (원의 지름) × 4

04 ③ (지름) = (원주) ÷ (원주율)

05 (원주) = (반지름) × 2 × (원주율)

　　　　 = 9 × 2 × 3.1 = 55.8 (cm)

06 (고리의 원주) = 8 × 3.14 = 25.12 (cm)

고리를 2바퀴 굴렸을 때 굴러간 거리는

25.12 × 2 = 50.24 (cm)입니다.

07 원의 크기를 지름으로 비교합니다.

ⓐ (지름) = 13 × 2 = 26 (cm)

ⓔ (지름) = 81 ÷ 3 = 27 (cm)

29 > 27 > 26이므로 큰 원부터 차례로 기호를 쓰면

ⓒ, ⓔ, ⓐ입니다.

08 원주가 94.2 cm이므로

(지름) = 94.2 ÷ 3.14 = 30 (cm)

(반지름) = 30 ÷ 2 = 15 (cm)

09 (큰 원의 원주) = 5 × 2 × 3.1 = 31 (cm)

(작은 원의 원주) = 5 × 3.1 = 15.5 (cm)

(색칠한 부분의 둘레) = 31 + 15.5 = 46.5 (cm)

10 (원주가 48 cm인 원의 지름) = 48 ÷ 3 = 16 (cm)

(원주가 21 cm인 원의 지름) = 21 ÷ 3 = 7 (cm)

(두 원의 지름의 차) = 16 − 7 = 9 (cm)

11 예 파란색으로 색칠한 부분의 둘레는 반지름이 14 cm인 원의 원주의 반과 지름이 14 cm인 원의 원주의 합과 같습니다. … 30 %

(파란색으로 색칠한 부분의 둘레)

= 14 × 2 × 3 ÷ 2 + 14 × 3

= 42 + 42 = 84 (cm) … 70 %

12 • 원 안의 정사각형은 두 대각선의 길이가 각각 24 cm인 마름모와 같습니다. ➡ 24 × 24 ÷ 2 = 288 (cm²)

• 원 밖의 정사각형은 한 변의 길이가 24 cm입니다.

➡ 24 × 24 = 576 (cm²)

• 원의 넓이는 원 안의 정사각형의 넓이 288 cm²보다 넓고, 원 밖의 정사각형의 넓이 576 cm²보다 좁습니다.

➡ 288 cm² < (원의 넓이), (원의 넓이) < 576 cm²

13 원 안의 초록색 모눈은 8 × 4 = 32(칸)이고, 원 밖의 빨간색 선 안쪽 모눈은 15 × 4 = 60(칸)입니다.

모눈 1칸의 넓이는 1 cm²이므로 원의 넓이는 32 cm²보다 넓고 60 cm²보다 좁습니다.

14 직사각형의 가로는 원주의 $\dfrac{1}{2}$이고, 직사각형의 세로는 원의 반지름입니다.

(직사각형의 가로)$=16\times3\times\dfrac{1}{2}=24$ (cm)

(직사각형의 세로)$=16\div2=8$ (cm)

15 원의 지름이 26 cm이므로 반지름은 $26\div2=13$ (cm)입니다.

(원의 넓이)$=$(반지름)$\times$(반지름)$\times$(원주율)
$\qquad\qquad=13\times13\times3=507$ (cm^2)

16 직사각형 모양 종이의 가로와 세로 중 더 짧은 변이 18 cm이므로 잘라 만들 수 있는 가장 큰 원의 지름은 18 cm, 반지름은 $18\div2=9$ (cm)입니다.
➡ (원의 넓이)$=9\times9\times3.1=251.1$ (cm^2)

17 원주가 43.4 cm이므로 지름은 $43.4\div3.1=14$ (cm)이고, 반지름은 7 cm입니다.
따라서 원의 넓이는 $7\times7\times3.1=151.9$ (cm^2)입니다.

18 (색칠한 부분의 넓이)
$=$(정사각형의 넓이)$-$(반원의 넓이)
$=20\times20-10\times10\times3\div2$
$=400-150=250$ (cm^2)

19 (색칠한 부분의 넓이)
$=$(큰 반원의 넓이)$-$(작은 반원의 넓이)
$=15\times15\times3.14\div2-6\times6\times3.14\div2$
$=353.25-56.52=296.73$ (cm^2)

20 ⑩ 색칠한 일부분을 옮기면 색칠한 부분의 넓이는 반지름이 16 cm인 반원의 넓이에서 밑변의 길이와 높이가 각각 16 cm인 삼각형의 넓이를 뺀 것과 같습니다.
$\qquad\qquad\qquad\qquad\qquad\qquad\cdots$ |30 %|

(색칠한 부분의 넓이)
$=16\times16\times3.1\div2-16\times16\div2$
$=396.8-128=268.8$ (cm^2) $\cdots$ |70 %|

참고

16 cm

---

6 단원 원기둥, 원뿔, 구

47~48쪽

6 단원 ☺ 기본 문제 복습

01 (왼쪽에서부터) 밑면, 옆면, 밑면

02 (1) 원기둥 (2) 원뿔 (3) 구

03 9 cm **04** 14 cm, 4 cm

05 높이 **06** ( ) (○) ( )

07 (위에서부터) 3, 18.6, 6 **08** ⑤

09 선분 ㄱㅁ **10** 8 cm

11 ③ **12** 2 cm

13 ㉠, ㉣

01 원기둥에서 서로 평행하고 합동인 두 면을 밑면, 두 밑면과 만나는 면을 옆면이라고 합니다.

02 (1) 직사각형 모양의 종이를 한 변을 기준으로 돌리면 원기둥이 만들어집니다.
(2) 직각삼각형 모양의 종이를 한 변을 기준으로 돌리면 원뿔이 만들어집니다.
(3) 반원 모양의 종이를 지름을 기준으로 돌리면 구가 만들어집니다.

03 원기둥의 높이는 두 밑면에 수직인 선분의 길이이므로 9 cm입니다.

04 원기둥의 밑면의 지름은 (직사각형의 가로)$\times2$이므로 $7\times2=14$ (cm)입니다.
원기둥의 높이는 직사각형의 세로와 같으므로 4 cm입니다.

05 원기둥의 높이는 원기둥의 전개도에서 옆면의 세로인 선분 ㄱㄴ, 선분 ㄹㄷ과 길이가 같습니다.

06 첫 번째 전개도는 전개도를 접었을 때 두 밑면이 겹칩니다.
세 번째 전개도는 전개도를 접었을 때 밑면과 옆면이 겹칩니다.

07 (밑면의 반지름)$=3$ cm

(옆면의 가로)＝(밑면의 둘레)

$$＝3\times2\times3.1＝18.6\ (\text{cm})$$

(옆면의 세로)＝(원기둥의 높이)＝6 cm

08 원뿔은 밑면이 원이고 뿔 모양의 입체도형이므로 ⑤입니다.

09 원뿔의 꼭짓점에서 밑면에 수직으로 그은 선분은 선분 ㄱㅁ입니다.

10 원뿔에서 모선의 길이는 모두 같습니다.

(모선의 길이)＝(선분 ㄱㄴ)＝(선분 ㄱㄷ)＝8 cm

11 ③ 원기둥의 밑면은 2개이고, 원뿔의 밑면은 1개입니다.

12 구의 중심에서 구의 겉면의 한 점을 이은 선분이 구의 반지름입니다. 따라서 구의 반지름을 2 cm입니다.

13 ㉡ 구에서 지름은 반지름의 2배입니다.
㉢ 구를 앞에서 본 모양은 원입니다.

6단원 응용 문제 복습 49~50쪽

01 20 cm	**02** 12 cm
03 31 cm	**04** 330 cm²
05 226.08 cm²	**06** 216 cm²
07 42 cm²	**08** 120 cm²
09 147 cm²	**10** 34 cm
11 24 cm	**12** 40 cm

01 직사각형을 돌려 만든 원기둥에서 밑면의 반지름은 직사각형의 가로와 길이가 같은 10 cm입니다.
따라서 원기둥의 밑면의 지름은 $10\times2＝20\ (\text{cm})$입니다.

02 직사각형을 돌려 만든 원기둥에서 밑면의 반지름은 직사각형의 가로와 길이가 같은 6 cm입니다.
따라서 원기둥의 밑면의 지름은 $6\times2＝12\ (\text{cm})$입니다.

03 직사각형을 돌려 만든 원기둥에서 밑면의 반지름은 직사각형의 세로와 길이가 같은 5 cm입니다.
따라서 원기둥의 밑면의 둘레는
$5\times2\times3.1＝31\ (\text{cm})$입니다.

04 옆면의 가로는 밑면의 둘레와 같으므로 옆면의 가로는 30 cm입니다.

(옆면의 넓이)＝(직사각형의 넓이)

$$＝(\text{가로})\times(\text{세로})$$
$$＝30\times11＝330\ (\text{cm}^2)$$

05 (옆면의 가로)＝(밑면의 둘레)＝28.26 cm
(옆면의 넓이)＝(옆면의 가로)×(옆면의 세로)

$$＝28.26\times8＝226.08\ (\text{cm}^2)$$

06 (옆면의 가로)＝(밑면의 둘레)

$$＝4\times2\times3＝24\ (\text{cm})$$

(옆면의 세로)＝(원기둥의 높이)＝9 cm
(옆면의 넓이)＝$24\times9＝216\ (\text{cm}^2)$

07 원기둥을 앞에서 본 모양은 가로가 7 cm, 세로가 6 cm인 직사각형이므로 넓이는
$7\times6＝42\ (\text{cm}^2)$입니다.

08 원뿔을 앞에서 본 모양은 밑변의 길이가 16 cm이고, 높이가 15 cm인 삼각형이므로 넓이는
$16\times15\div2＝120\ (\text{cm}^2)$입니다.

09 구를 앞에서 본 모양은 반지름이 $14\div2＝7\ (\text{cm})$인 원이므로 넓이는 $7\times7\times3＝147\ (\text{cm}^2)$입니다.

10 원기둥을 만들려면 직사각형을 돌려야 합니다.
직사각형의 가로는 5 cm, 세로는 12 cm입니다.
따라서 돌리기 전의 평면도형의 둘레는
$(5+12)\times2＝34\ (\text{cm})$입니다.

11 원뿔을 만들려면 직각삼각형을 돌려야 합니다.
직각삼각형의 밑변의 길이는 6 cm, 높이는 8 cm이고 나머지 한 변은 원뿔의 모선의 길이인 10 cm입니다.
따라서 돌리기 전의 평면도형의 둘레는
$10+6+8＝24\ (\text{cm})$입니다.

12 반지름이 8 cm인 구를 만들려면 반지름이 8 cm인 반원을 돌려야 합니다.
따라서 돌리기 전의 평면도형의 둘레는
$8\times2\times3\div2+8\times2＝40\ (\text{cm})$입니다.

01 풀이 참조   **02** 풀이 참조
03 풀이 참조, 12 cm   **04** 풀이 참조, 147 cm²
05 풀이 참조, 42 cm, 12 cm
06 풀이 참조   **07** 풀이 참조, 14 cm
08 풀이 참조, 30 cm²   **09** 풀이 참조, 113.04 cm²
10 풀이 참조, 20 cm

01 예 위와 아래에 있는 면이 서로 평행하지만 합동이 아니므로 원기둥이 아닙니다. … 100 %

02 예 전개도를 접었을 때 두 밑면이 겹칩니다. … 50 %
옆면이 직사각형이 아닙니다. … 50 %

03 예 원뿔의 높이는 18 cm이고, 모선의 길이는 30 cm입니다. … 70 %
따라서 원뿔의 높이와 모선의 길이의 차는
$30-18=12$ (cm)입니다. … 30 %

04 예 직사각형 모양의 종이를 돌려 만든 원기둥의 밑면의 반지름은 7 cm입니다. … 50 %
따라서 한 밑면의 넓이는 $7 \times 7 \times 3 = 147$ (cm²)입니다.
… 50 %

05 예 전개도에서 옆면의 가로는 밑면의 둘레와 길이가 같으므로 $7 \times 2 \times 3 = 42$ (cm)입니다. … 50 %
전개도에서 옆면의 세로는 원기둥의 높이와 길이가 같으므로 12 cm입니다. … 50 %
참고 가로와 세로의 길이를 바꾸어 답해도 정답입니다.

06 공통점 예 밑면의 모양이 원입니다. 옆면이 굽은 면입니다. … 50 %
차이점 예 원기둥은 밑면이 2개, 원뿔은 밑면이 1개입니다. 원기둥은 꼭짓점이 없고 원뿔은 꼭짓점이 1개 있습니다. … 50 %

07 예 앞에서 본 모양이 정사각형이므로 원기둥의 높이는 밑면의 지름과 같습니다. … 50 %
➡ (높이)=(밑면의 지름)=$7 \times 2 = 14$ (cm) … 50 %

08 예 돌리기 전 평면도형은 밑변의 길이가
$24 \div 2 = 12$ (cm),
높이가 5 cm인 직각삼각형입니다. … 50 %
따라서 돌리기 전 평면도형의 넓이는
$12 \times 5 \div 2 = 30$ (cm²)입니다. … 50 %

09 예 구를 똑같이 반으로 잘랐을 때 나오는 한 면은 지름이 12 cm, 반지름이 $12 \div 2 = 6$ (cm)인 원입니다.
… 50 %
따라서 구를 똑같이 반으로 잘랐을 때 나오는 한 면의 넓이는 $6 \times 6 \times 3.14 = 113.04$ (cm²)입니다.
… 50 %

10 예 원기둥의 옆면의 넓이가 930 cm²이므로
(옆면의 가로)=$930 \div 15 = 62$ (cm)이고 원기둥의 밑면의 둘레도 62 cm입니다. … 50 %
원기둥의 밑면의 지름을 □ cm라 하면
□$\times 3.1 = 62$, □$=20$입니다.
따라서 원기둥의 밑면의 지름은 20 cm입니다.
… 50 %

01 ④
02 (왼쪽에서부터) 높이 / 밑면, 옆면
03 25 cm   **04** 243 cm²
05 ㉠, ㉡, ㉢   **06** 원, 삼각형 / 2, 2
07 ⑤   **08** 풀이 참조, 134 cm
09 11 cm   **10** 원뿔
11 ②, ③   **12** ㉠, ㉢
13 4 cm   **14** ㉠
15 5 cm   **16** 27.9 cm²
17 ㉡   **18** ㉣, ㉡, ㉠, ㉢
19 구   **20** 풀이 참조, 26 cm

01 위와 아래에 있는 면이 서로 평행하고 합동인 원으로 이루어진 기둥 모양의 입체도형은 ④입니다.

02 원기둥에서 서로 평행하고 합동인 두 면을 밑면이라 하고, 두 밑면과 만나는 면을 옆면이라고 합니다.
두 밑면에 수직인 선분의 길이를 높이라고 합니다.

03 원기둥의 높이는 두 밑면에 수직인 선분의 길이이므로 25 cm입니다.

04 원기둥의 밑면은 반지름이 9 cm인 원이므로 넓이는 $9 \times 9 \times 3 = 243 \ (cm^2)$입니다.

05 ㉣ 원기둥의 두 밑면은 서로 평행합니다.

06 가는 원기둥이고, 나는 삼각기둥입니다.
원기둥의 밑면의 모양은 원이고, 삼각기둥의 밑면의 모양은 삼각형입니다.
원기둥과 삼각기둥은 모두 밑면이 2개입니다.

07 원기둥의 전개도의 옆면은 직사각형이고, 두 밑면은 모양과 크기가 같은 원입니다. 원기둥의 두 밑면은 전개도를 접었을 때 겹치지 않아야 합니다.

08 ⓔ (옆면의 가로)＝(밑면의 둘레)
$$= 5 \times 2 \times 3 = 30 \ (cm) \cdots \boxed{30 \%}$$
(옆면의 둘레)＝$(30+7) \times 2 = 74 \ (cm) \cdots \boxed{30 \%}$
(전개도의 둘레)＝(밑면의 둘레)×2＋(옆면의 둘레)
$$= 30 \times 2 + 74$$
$$= 134 \ (cm) \cdots \boxed{40 \%}$$

09 원기둥의 높이를 □ cm라 하면 밑면의 지름도 □ cm입니다.
밑면의 둘레가 □×3 (cm)이고 밑면의 둘레와 높이의 합이 88÷2＝44 (cm)이므로
□×3＋□＝44, □×4＝44, □＝11입니다.

10 밑면이 원이고 옆면이 굽은 면인 뿔 모양의 입체도형이므로 원뿔입니다.

11 ② 원뿔의 꼭짓점에서 밑면에 수직인 선분의 길이는 높이입니다.
③ 원뿔의 꼭짓점과 밑면인 원의 둘레의 한 점을 이은 선분은 모선입니다.

12 ㉡ 원뿔의 옆면은 굽은 면이고, 팔각뿔의 옆면은 삼각형으로 8개입니다.
㉣ 원뿔은 밑면이 원이고, 팔각뿔은 밑면이 팔각형입니다.

13 원뿔의 높이는 12 cm이고, 원기둥의 높이는 8 cm입니다. ➡ 12－8＝4 (cm)

14 ㉠ 원뿔에서 모선의 수는 무수히 많습니다.

15 밑면의 반지름이 3 cm, 높이가 4 cm, 모선의 길이가 5 cm인 원뿔이 만들어집니다.

16 원뿔을 위에서 보면 반지름이 3 cm인 원입니다.
(넓이)＝$3 \times 3 \times 3.1 = 27.9 \ (cm^2)$

17 ⚽, ⬤, ⚾ 등과 같은 입체도형을 구라고 합니다.

18 ㉠ 구의 중심의 수: 1개
㉡ 원기둥의 밑면의 수: 2개
㉢ 구의 꼭짓점의 수: 0개
㉣ 원뿔의 모선의 수: 무수히 많습니다.

19 구를 어느 방향에서 보아도 크기와 모양이 같은 원으로 보입니다.

20 ⓔ 원기둥을 앞에서 본 모양은 가로가 25 cm, 세로가 12 cm인 직사각형입니다.
(둘레)＝$(25+12) \times 2 = 37 \times 2 = 74 \ (cm) \cdots \boxed{40 \%}$
원뿔을 앞에서 본 모양은 세 변의 길이가 18 cm, 15 cm, 15 cm인 이등변삼각형입니다.
(둘레)＝$18+15+15 = 48 \ (cm) \cdots \boxed{40 \%}$
따라서 두 입체도형을 앞에서 본 모양의 둘레의 차는 74－48＝26 (cm)입니다. $\cdots \boxed{20 \%}$

Book 1 본책

1단원 분수의 나눗셈

교과서 **개념** 다지기   8~10쪽

01 (1) 5 (2) 5   **02** 6, 2, 6, 2, 3

03 (1) 2, $2\frac{1}{2}$ (2) 5, 2, 2 (3) 5, 2, $\frac{5}{2}$, $2\frac{1}{2}$

04 (1) 3, 7, $\frac{3}{7}$ (2) 5, 3, $\frac{5}{3}$, $1\frac{2}{3}$ (3) 11, 4, $\frac{11}{4}$, $2\frac{3}{4}$

05 (1) 6 (2) 6, 6 (3) 6, 6, 6

06 8, 9, 8, 9, $\frac{8}{9}$

교과서 **넘어** 보기   11~14쪽

01 (1) 6 (2) 6   **02** (1) 3 (2) 5 (3) 7

03 8명   **04** 4, 2, 2

05 ㉡, ㉢, ㉠   **06** $\frac{20}{21} \div \frac{5}{21} = 4$, 4상자

07 $2\frac{1}{2}\left(=\frac{5}{2}\right)$ **08** 9, 4, $\frac{9}{4}$, $2\frac{1}{4}$

09 (1) $\frac{3}{7}$ (2) $2\frac{4}{5}\left(=\frac{14}{5}\right)$ **10**

11 $\frac{6}{7} \div \frac{5}{7} = 1\frac{1}{5}$, $1\frac{1}{5}\left(=\frac{6}{5}\right)$배

12 ㉢   **13** 예 , $2\frac{1}{3}\left(=\frac{7}{3}\right)$컵

14 8

15 $\frac{32}{36} \div \frac{27}{36} = 32 \div 27 = \frac{32}{27} = 1\frac{5}{27}$

16 $2\frac{1}{10}\left(=\frac{21}{10}\right)$, $\frac{10}{21}$ **17** $1\frac{2}{25}\left(=\frac{27}{25}\right)$배

18 10 km   **19** ㉡

20 $\frac{3}{8} \div \frac{1}{5} = 1\frac{7}{8}$, $1\frac{7}{8}\left(=\frac{15}{8}\right)$배

교과서 속 응응응 문제

21 $\frac{8}{9}, \frac{2}{9}$, 4   **22** $\frac{6}{7}, \frac{2}{7}$, 3

23 $\frac{6}{11}, \frac{3}{11}$, 2   **24** $\frac{7}{8} \div \frac{3}{8}, \frac{7}{9} \div \frac{3}{9}$

25 $\frac{11}{12} \div \frac{7}{12}, \frac{11}{13} \div \frac{7}{13}, \frac{11}{14} \div \frac{7}{14}$

26 $\frac{5}{8} \div \frac{3}{8}$

교과서 **개념** 다지기   15~17쪽

01 (1) 8, $\frac{2}{3}$ (2) 2, 3, 12 (3) 12 kg

02 (1) 5, 7, 20, $1\frac{1}{20}$ (2) $\frac{9}{7}, \frac{45}{56}$

03 (1) $\frac{2}{5} \times \frac{7}{\overset{3}{6}} = \frac{7}{15}$

(2) $\frac{\overset{3}{9}}{11} \times \frac{4}{\underset{1}{3}} = \frac{12}{11} = 1\frac{1}{11}$

04 (1) 10, 54, 10, 54, 27, $5\frac{2}{5}$ (2) $\frac{9}{2}$, 27, $5\frac{2}{5}$

05 (1) $\overset{2}{4} \times \frac{11}{\underset{3}{6}} = \frac{22}{3} = 7\frac{1}{3}$ (2) $\frac{\overset{3}{9}}{4} \times \frac{7}{\underset{1}{3}} = \frac{21}{4} = 5\frac{1}{4}$

(3) $\frac{5}{2} \div \frac{3}{5} = \frac{5}{2} \times \frac{5}{3} = \frac{25}{6} = 4\frac{1}{6}$

교과서 **넘어** 보기   18~21쪽

27 $(10 \div 2) \times 7 = 35$ **28**

29 16   **30** (1) 18 (2) 60

31 ㉡, ㉢, ㉠   **32** $6 \div \frac{3}{4} = 8$, 8명

33 20 kg

34 2, $\frac{2}{5}$, 2 / $\frac{2}{5}$, $1\frac{1}{5}\left(=\frac{6}{5}\right)$, 6, $1\frac{1}{5}$

35 2, 3, $\frac{3}{2}$, 6, $1\frac{1}{5}$ **36** ㉢

37 (위에서부터) $1\frac{1}{9}\left(=\frac{10}{9}\right)$, $\frac{5}{9}$

38 $1\frac{3}{11}\left(=\frac{14}{11}\right)$배

39 $\frac{9}{20}$ L

40 (1) 10, 10, 3, $\frac{10}{3}$, $3\frac{1}{3}$ (2) $\frac{8}{3}$, 10, $3\frac{1}{3}$

41 방법 1 $1\frac{2}{9} \div \frac{4}{5} = \frac{11}{9} \div \frac{4}{5} = \frac{55}{45} \div \frac{36}{45}$
$= 55 \div 36 = \frac{55}{36} = 1\frac{19}{36}$

방법 2 $1\frac{2}{9} \div \frac{4}{5} = \frac{11}{9} \div \frac{4}{5} = \frac{11}{9} \times \frac{5}{4} = \frac{55}{36} = 1\frac{19}{36}$

42 12

43 $4\frac{1}{5}$

44 $2\frac{1}{4} \div \frac{5}{8} = \frac{9}{4} \div \frac{5}{8} = \frac{9}{\overset{}{4}_{1}} \times \frac{\overset{2}{8}}{5} = \frac{18}{5} = 3\frac{3}{5}$

45 12인분

46 7번

교과서 속 응용 문제

47 7000원

48 6000원

49 20000원

50 4 km

51 가 전기자전거

52 18 km

 응용력 높이기   22~25쪽

대표 응용 1 $\frac{1}{3}$, $\frac{1}{3}$, 3, $\frac{4}{12}$, 3, 4, $\frac{3}{4}$

1-1 $\frac{11}{12}$ **1-2** $\frac{5}{6}$

대표 응용 2   5, 7, 21, 10, 13, 26, 21, 26, 22, 23, 24, 25

2-1 10, 11, 12   **2-2** 3

대표 응용 3   가로, 20, 35, 20, $\frac{6}{35}$, $\frac{8}{7}$, $1\frac{1}{7}$

3-1 $\frac{7}{10}$ m   **3-2** $1\frac{13}{22}\left(=\frac{35}{22}\right)$ cm

대표 응용 4   큰에 ○표, 작은에 ○표, 6, 3, 6, 3, 6, 3, 14

4-1 8, 2 / 20   **4-2** $3\frac{19}{32}\left(=\frac{115}{32}\right)$

 단원 평가   LEVEL ❶   26~28쪽

01 (1) 4 (2) 4   **02** 5

03 ⓒ, ㉠, ⓒ   **04** $8 \div 7 = \frac{8}{7} = 1\frac{1}{7}$

05 (그림: 선 연결)

06 $1\frac{1}{5}\left(=\frac{6}{5}\right)$배

07 16, 15, 16, 15, $\frac{16}{15}$, $1\frac{1}{15}$

08 (1) $\frac{6}{22} \div \frac{7}{22} = 6 \div 7 = \frac{6}{7}$

(2) $\frac{21}{36} \div \frac{20}{36} = 21 \div 20 = \frac{21}{20} = 1\frac{1}{20}$

09 >   **10** 38

11 66   **12** 6 kg

13 $\frac{5}{\overset{}{8}_{2}} \times \frac{\overset{1}{4}}{3} = \frac{5}{6}$ **14** ㉠

15 (1) $5\frac{1}{3}\left(=\frac{16}{3}\right)$ (2) $1\frac{1}{2}\left(=\frac{3}{2}\right)$ (3) $8\frac{3}{4}\left(=\frac{35}{4}\right)$

16 $7\frac{1}{2}\left(=\frac{15}{2}\right)$, 9   **17** $3\frac{5}{6}\left(=\frac{23}{6}\right)$ m

18 $5\frac{5}{9}\left(=\frac{50}{9}\right)$시간

19 $2\frac{2}{5} \div \frac{2}{3} = \frac{12}{5} \div \frac{2}{3} = \frac{\overset{6}{12}}{5} \times \frac{3}{\overset{}{2}_{1}} = \frac{18}{5} = 3\frac{3}{5}$

20 21배

단원 평가   LEVEL ❷   29~31쪽

01 6, 2, 6, 2, 3   **02** ⓒ

03 9   **04** $3\frac{3}{4}\left(=\frac{15}{4}\right)$, $\frac{8}{13}$

05 $4\frac{2}{3}\left(=\frac{14}{3}\right)$ **06** $\frac{10}{11} \div \frac{8}{11}$, $\frac{10}{12} \div \frac{8}{12}$

07 1, 2, 3

08 $\frac{16}{20} \div \frac{15}{20} = 16 \div 15 = \frac{16}{15} = 1\frac{1}{15}$

09 $2\frac{2}{15}\left(=\frac{32}{15}\right)$ **10** $1\frac{1}{4}\left(=\frac{5}{4}\right)$배

11 (그림: 선 연결)   **12** (1) 10 (2) 36

13 ⓒ   **14** 5개

15 $2\frac{1}{12}\left(=\frac{25}{12}\right)$ **16** $8\frac{1}{4}\left(=\frac{33}{4}\right)$ km

17 10개   **18** $1\frac{1}{2}\left(=\frac{3}{2}\right)$배

19 8 cm   **20** 3

2단원 소수의 나눗셈

34~36쪽

교과서 개념 다지기

01 245, 7 / 245, 245, 35, 35
02 (1) 10, 96, 16, 6 / 6 (2) 100, 384, 8, 48 / 48
03 (1) 54, 9, 54, 9, 6 (2) 6, 54
04 (1) 184, 23, 184, 23, 8 (2) 8, 184
05 (위에서부터) 100, 250, 2.5, 100
06 (위에서부터) 10, 6, 6.7, 10

교과서 넘어 보기

37~40쪽

01 예  7번

02 312, 4, 312, 4 / 312, 312, 78, 78
03 372, 4, 372, 4 / 372, 372, 93, 93
04 (위에서부터) 100, 8, 8, 100
05 17, 방법 예 나누어지는 수와 나누는 수를 똑같이 10배 하여 자연수의 나눗셈으로 계산합니다.
06 ㉡, ㉢
07 (1) 36, 4, 9 (2) 612, 51, 12
08 (1) $\frac{49}{10} \div \frac{7}{10} = 49 \div 7 = 7$
    (2) $\frac{117}{100} \div \frac{13}{100} = 117 \div 13 = 9$
09 (1) 6 (2) 8   **10** 28
11 4   **12** 5컵
13 34분
14 100, 552, 240, 2.3 또는 10, 55.2, 24, 2.3
15 (1) 1.7 (2) 3.2

16

	6.7		또는		6.7
4.3)	2 8.8 1			4.30)	2 8.8 1 0
	2 5 8				2 5 8 0
	3 0 1				3 0 1 0
	3 0 1				3 0 1 0
	0				0

이유 예 소수점을 옮겨서 계산한 경우 몫의 소수점은 옮긴 위치에 찍어야 합니다.

17 2.8, 4   **18** <
19 ㉠, ㉢   **20** 2.8배

교과서 속 응용 문제

21 93.6÷0.3=312   **22** 1.82÷0.07=26
23 1.26÷0.14=9   **24** 2
25 2.8   **26** 8.9배

교과서 개념 다지기

41~43쪽

01 (1) 270, 6, 270, 6, 45 (2) 45, 24, 30, 30, 0
02 (1) 3.6 (2) 3.62   **03** (1) 4.66 (2) 5 (3) 4.7
04 (1) 2, 0.3 (2) 2, 4, 0.3
05 (1) 4, 12, 1.5 (2) 4명, 1.5 L

교과서 넘어 보기

44~47쪽

27 (위에서부터) 10, 6, 6, 10
28 (1) $\frac{320}{10} \div \frac{8}{10} = 320 \div 8 = 40$
    (2) $\frac{1200}{100} \div \frac{16}{100} = 1200 \div 16 = 75$
29 ㉠   **30** 25
31

	3 5
1.4)	4 9.0
	4 2
	7 0
	7 0
	0

이유 예 소수점을 옮겨 계산한 경우 몫의 소수점은 옮긴 위치에 찍어야 합니다.

32 (1) 12, 120, 1200 (2) 34, 340, 3400

33 12개   **34** 2.285

35 (1) 2 (2) 2.3 (3) 2.29   **36** 2.1

37 4.17   **38** 3.09배

39 >   **40** 4, 4, 3.3

41 3, 3.3   **42** 9, 18, 0.1 / 9, 18, 0.1

43 4상자, 2.5 kg

44
$$\begin{array}{r} 6 \\ 1\,2\,\overline{)7\,6.8} \\ 7\,2 \\ \hline 4.8 \end{array}$$ / 6, 4.8

45 방법 1 예) 31.2−6−6−6−6−6=1.2

방법 2 예)
$$\begin{array}{r} 5 \\ 6\,\overline{)3\,1.2} \\ 3\,0 \\ \hline 1.2 \end{array}$$ / 5상자, 1.2 kg

교과서 속 응용 문제

46 0.4   **47** 0.04

48 0.03   **49** 9개

50 11개   **51** 6통

 응용력 높이기   48~51쪽

대표 응용 1   4.8, 4.8, 1, 2, 3, 4

1-1   1, 2, 3   **1-2**   5, 6, 7, 8

대표 응용 2   넓이, 가로, 49.8, 8.3, 6

2-1   4 cm   **2-2**   3.8 cm

대표 응용 3   42, 3.5, 12, 12, 11

3-1   14번   **3-2**   4번

대표 응용 4   예) 272727, 2, 7, 짝수에 ○표, 7

4-1   3   **4-2**   9

 단원 평가 ◦LEVEL ❶   52~54쪽

01 예) , 4개   **02** 3.64÷0.07=52

03 $\dfrac{966}{100} \div \dfrac{21}{100} = 966 \div 21 = 46$

04 (1) 4 (2) 15   **05** 4배

06 ㉢, ㉡, ㉠

07 100 / (위에서부터) 100, 2.6, 2.6, 100

08 3.9   **09** 3.2배

10 (1) 15 (2) 25   **11** >

12 1750원   **13** 1.5

14 0.55   **15** 3

16 3, 0.4   **17** 7명, 1.5 kg

18 12개   **19** 0.03

20 7, 7.2

 단원 평가 ◦LEVEL ❷   55~57쪽

01

0   1   1.8   , 1.8, 0.6, 3

02 238, 7, 238, 7 / 238, 238, 34, 34

03 ㉡, ㉢   **04** <

05 ㉣, ㉡, ㉢, ㉠   **06** (위에서부터) 1, 4, 4, 114

07 2.8   **08** ㉢

09 1.8배   **10**
$$\begin{array}{r} 1\,2 \\ 3.5\,\overline{)4\,2.0} \\ 3\,5 \\ \hline 7\,0 \\ 7\,0 \\ \hline 0 \end{array}$$

11 22.4, 224, 2240

12 19개

13 (1) 12 (2) 12.3

14 ㉠

15 8571원

16 7, 7, 7, 7, 3.5 / 4명, 3.5 kg

17 5상자, 2.3 m   **18** 9번

19 1.2   **20** 3.6 cm

3단원 공간과 입체

01 (○) (　　)　　02 ㉣, ㉢

03 4, 6　　04 1, 2 / 9, 10

05 없습니다에 ○표, 4에 ○표

06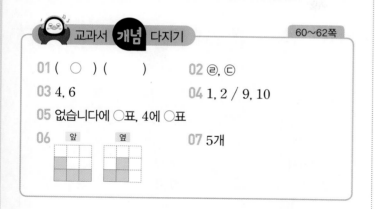

07 5개

01 (1) 1, 2, 1 (2) 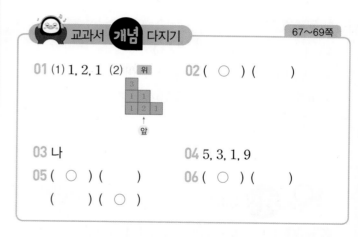　　02 (○) (　　)

03 나　　04 5, 3, 1, 9

05 (○) (　　)
　　(　　) (○)

06 (○) (　　)

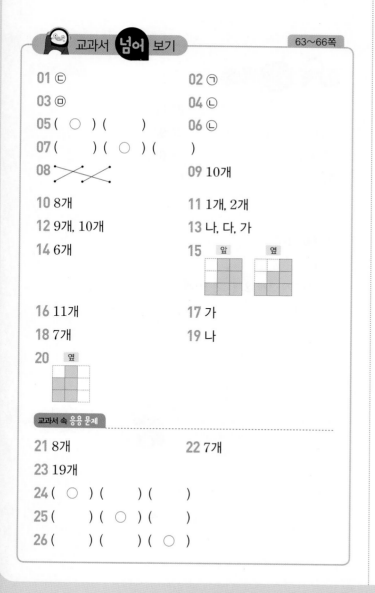

01 ㉢　　02 ㉠

03 ㉤　　04 ㉡

05 (○) (　　)　　06 ㉡

07 (　　) (○) (　　)

08 (교차선)　　09 10개

10 8개　　11 1개, 2개

12 9개, 10개　　13 나, 다, 가

14 6개　　15 (앞, 옆 모눈)

16 11개　　17 가

18 7개　　19 나

20 (옆 모눈)

교과서 속 응용 문제

21 8개　　22 7개

23 19개

24 (○) (　　) (　　)

25 (　　) (○) (　　)

26 (　　) (　　) (○)

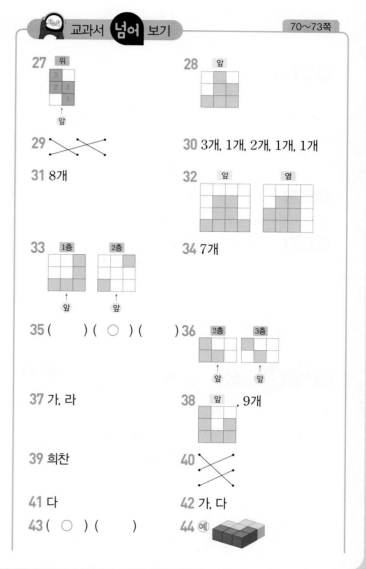

27 (위 모눈)

28 (앞 모눈)

29 (교차선)　　30 3개, 1개, 2개, 1개, 1개

31 8개

32 (앞, 옆 모눈)

33 (1층, 2층 모눈)　　34 7개

35 (　　) (○) (　　)　　36 (2층, 3층 모눈)

37 가, 라　　38 (앞 모눈), 9개

39 희찬　　40 (교차선)

41 다　　42 가, 다

43 (○) (　　)　　44 예) (입체 그림)

교과서 속 응용 문제

45 가

46 나

47 가, 11 cm²

48 4개

49 6개

50 5개

응용력 높이기 74~77쪽

대표 응용 1 3, 1, 2, 1, 1, 1, 3, 1, 3, 3, 1, 1, 3, 3 /

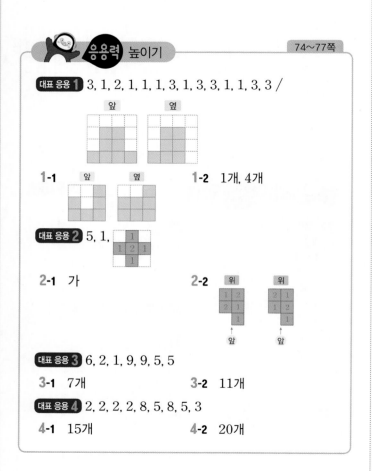

1-1

1-2 1개, 4개

대표 응용 2 5, 1,

2-1 가

2-2

대표 응용 3 6, 2, 1, 9, 9, 5, 5

3-1 7개

3-2 11개

대표 응용 4 2, 2, 2, 2, 8, 5, 8, 5, 3

4-1 15개

4-2 20개

단원 평가 LEVEL ① 78~80쪽

01 ㄹ

02 ㄴ

03 ㄷ

04 8개에 ○표

05 지선

06 9개

07
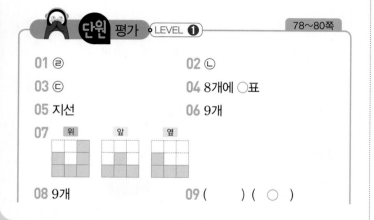

08 9개

09 ( ) (○)

10
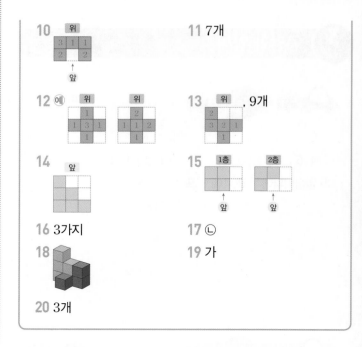

11 7개

12 예

13 , 9개

14

15

16 3가지

17 ㄴ

18

19 가

20 3개

단원 평가 LEVEL ② 81~83쪽

01 ㄴ

02 다

03 (○) ( )

04 9개

05 3개

06 6개

07
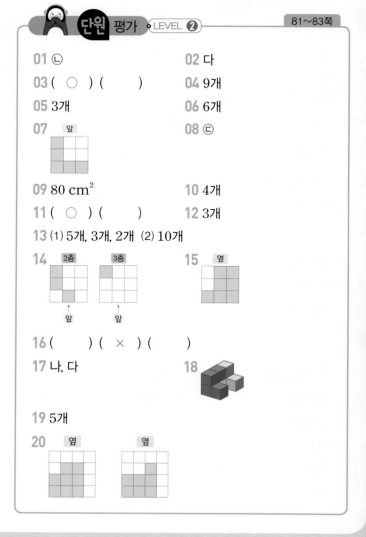

08 ㄷ

09 80 cm²

10 4개

11 (○) ( )

12 3개

13 (1) 5개, 3개, 2개 (2) 10개

14

15

16 ( ) (×) ( )

17 나, 다

18

19 5개

20

4단원 비례식과 비례배분

01 7, 5　　　02 (3), (4)에 ○표

03 (위에서부터) 5, 30　　04 (위에서부터) 8, 7

05 (위에서부터) 32, 10 / 32, 4, 3, 8

06 (위에서부터) 15, 2, 12　　07 11, 8

01 ⑩ : ⑦, ⑧ : 15, 21 : 36, ⑨ : ⑫

02 14, 31　　03 (위에서부터) 35, 5 / 35

04 (위에서부터) 4, 9 / 9　　05 예 60 : 140, 3 : 7

06 ㉡, ㉢　　07 85

08 나

09 잘못 말한 사람 민혁　바르게 고치기 예 가 정사각형과 나 정사각형의 한 변의 길이의 비는 3 : 2야.

10 가, 라　　11 (위에서부터) 100, 73, 100

12 (1) 예 19 : 16　(2) 예 45 : 8

13

14 예 21 : 16

15 예 후항 $1\frac{3}{5}$을 소수로 바꾸면 1.6이고 1.5 : 1.6의 전항과 후항에 각각 10을 곱하면 15 : 16입니다. / 예 전항 1.5를 분수로 바꾸면 $\frac{15}{10}$이고, $\frac{15}{10} : 1\frac{3}{5}$ ➡ $\frac{15}{10} : \frac{8}{5}$의 전항과 후항에 각각 10을 곱하면 15 : 16입니다.

16 ④　　17 예 21 : 2

18 예 61 : 52　　19 예 5 : 8

20 예 7, 3 / 7, 3　비교 예 두 비의 비율이 같으므로 두 레몬차의 진하기는 같습니다.

교과서 속 응용 문제

21 15 : 25　　22 20

23 22　　24 예 4 : 5

25 예 5 : 3　　26 예 10 : 7

01 8, 4　　02 (위에서부터) 21, 27, 3

03 (위에서부터) 11, 6, 2　　04 45, 30

05 4, 10, 40 / 5, 8, 40 / 같습니다

06 (1) ○　(2) ×

07 (1) 24 / 24, 72, 9　(2) 60 / 60, 420, 12

08 (1) 8　(2) 8, 504, 168　(3) 168

09 (1) 16　(2) 8, 8, 24　(3) 24

10 2, 7, 7, 7 / 2, 7, 9, 10 / 2, 7, $\frac{7}{9}$, 35

11 $\frac{5}{8}$, 5000 / $\frac{3}{8}$, 3000

27 비례식, 비율, =　　28 ⑦ : 10 = 21 : 30

29 예 $\frac{1}{2}$, $\frac{5}{8}$, 4, 5　　30 ㉡, ㉣

31 예 2 : 9 = 10 : 45　　32 예 $\frac{1}{6} : \frac{1}{9} = 3 : 2$

33 예 옳습니다. / 예 틀립니다. 내항은 3, 15이고 외항은 5, 9입니다.

34 예 2 : 4 = 15 : 30　　35 (1) 20　(2) 28

36 예 5 : 20 = 9 : 36　　37 $26\frac{2}{3}\left(=\frac{80}{3}\right)$큰술

38 7, 12, 60 / 35초　　39 6750원

40 (1) 예 4 : 3　(2) 27 m　　41 3분

42

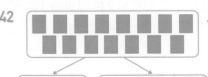

, 6, 9

43 5, 2, $\frac{5}{7}$, 60 / 2, 2, $\frac{2}{7}$, 24

44 $\frac{4}{5}$, 4000 / $\frac{1}{5}$, 1000　　45 10시간

46 780 cm²

교과서 속 응용 문제

47 $\frac{1}{20}$　　48 ㉠

49 36

50 40개, 24개

51 510 m²

52 주한, 6 kg

응용력 높이기 100~103쪽

대표 응용 1 $\frac{1}{5}$, $\frac{1}{5}$, 예 5 : 3

1-1 예 2 : 7 **1-2** 예 4 : 3

대표 응용 2 336, 8, 336, 14, 8, 14, 22

2-1 30 **2-2** 8, 10

대표 응용 3 13, 7, 7, 13, 7, 7, 364, 52, 52

3-1 20바퀴 **3-2** 48바퀴

대표 응용 4 $\frac{3}{3+7}$, $\frac{3}{10}$, $\frac{3}{10}$, $\frac{10}{3}$, 80, 80

4-1 275 **4-2** 160만 원

단원 평가 ○LEVEL ❶ 104~106쪽

01 (1) 7 (2) 9 **02** 9, 32, 54

03 ②, ⑤ **04** (위에서부터) 10, 5, 10

05 예 9 : 2 **06** 예 14 : 11

07 5, 100 / 20, 25 **08** 예 240 : 180 = 12 : 9

09 ㉠, ㉣ **10** (1) 9 (2) 75

11 5 **12** 42, 12

13 16분 **14** 350 g

15

16 8, 7, $\frac{8}{15}$, 480 / $\frac{7}{8+7}$, $\frac{7}{15}$, 420

17 2100 mL, 900 mL **18** 49

19 4860 cm² **20** 30명

단원 평가 ○LEVEL ❷ 107~109쪽

01 (○)( ) **02** ㉢
   (○)( ) **03** 0

04 8

05 (1) 예 64 : 21 (2) 예 5 : 9

06 예 2 : 3 **07** ㉢

08 (위에서부터) (1) 10, 7, 11 (2) 4, 24, 4

09 예 $5 : 4 = \frac{1}{4} : \frac{1}{5}$ **10** 1

11 20, 4 **12** 9600원

13 81 cm² **14** 오후 4시 39분

15

, 10, 4

16 (1) 25, 35 (2) 33, 27 **17** 250 cm²

18 119000원 **19** 54바퀴

20 가로: 55 cm, 세로: 35 cm

5 단원 **원의 넓이**

교과서 개념 다지기  112~114쪽

01 (위에서부터) 원주, 원의 지름

02 3, 4에 ○표 **03** 원주율

04 6.28, 2, 3.14 **05** (1) 3 (2) 3.1 (3) 3.14

06 지름, 7, 21.7 **07** 2, 5, 2, 31

08 33, 3, 11 **09** 2, 3, 4

교과서 넘어 보기 115~118쪽

01 원주

02 (예)

원주

지름

03 (1) ○ (2) × (3) ×

04 3, 4, 3, 4

05 ( )
( )
(○)

06 3.14, 3.14

07 준영

08 (예)
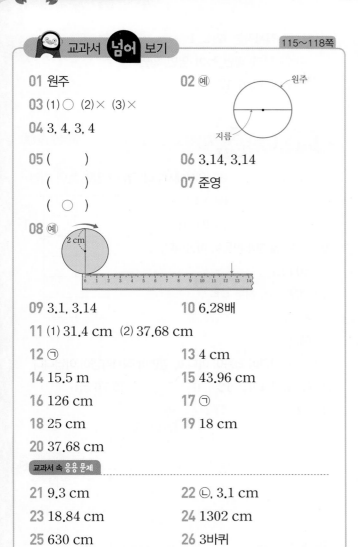

09 3.1, 3.14

10 6.28배

11 (1) 31.4 cm (2) 37.68 cm

12 ㉠

13 4 cm

14 15.5 m

15 43.96 cm

16 126 cm

17 ㉠

18 25 cm

19 18 cm

20 37.68 cm

교과서 속 응용 문제

21 9.3 cm

22 ㉡, 3.1 cm

23 18.84 cm

24 1302 cm

25 630 cm

26 3바퀴

교과서 개념 다지기 119~121쪽

01 (1) 10, 10, 50 (2) 10, 10, 100 (3) 50, 100

02 (1) 21, 45 (2) 21, 45

03 (왼쪽에서부터) 반지름, (원주) × $\frac{1}{2}$

04 원주, 반지름 / 반지름, 반지름, 원주율

05 3, 3, 28.26

06 4 × 4 × 3, 48 / 8 × 8 × 3, 192

07 (1) 4배에 ○표 (2) 9배에 ○표

08 10, 10, 5, 5, 300, 75, 225

교과서 넘어 보기 122~125쪽

27 (1) 12, 12, 72 (2) 12, 12, 144 (3) 72, 144

28 (1) 32칸 (2) 60칸 (3) (예) 46 cm²

29 126, 168

30 27.9 cm

31 9 cm

32 251.1 cm²

33 200.96 cm²

34 113.04 cm²

35 2, 12 / 5, 77.5 / 10, 314

36 379.94 cm²

37 ㉡, ㉠, ㉢

38 507 cm²

39 362.7 cm²

40 307.72 cm²

41 25 cm²

42 81 cm²

43 930 cm²

44 45.9 cm²

45 (1) 27, 108, 243 (2) 4, 9

46 62.8 cm²

교과서 속 응용 문제

47 6 cm

48 12 cm

49 18 cm, 56.52 cm

50 99 cm²

51 나, 97.34 cm²

52 120.9 cm²

응용력 높이기 126~129쪽

대표 응용 1 2, 4, 4, 192

1-1 6358.5 cm² **1-2** 225 cm²

대표 응용 2 5, 4, 5, 2, 3, 10, 4, 30, 40, 70

2-1 126 cm **2-2** 59.12 cm

대표 응용 3 20, 60, 10, 2, 10, 60, =

3-1 = **3-2** 5

대표 응용 4 49.6, 3.1, 16, 16, 8, 8, 8, 198.4

4-1 310 cm² **4-2** 706.5 cm²

단원 평가 LEVEL ❶ 130~132쪽

01 =, <, <

02 ( )
( )
(○)

03 원주율　　　　04 3.1, 3.1, 3.1

05 (1) 원주에 ○표　(2) 길어집니다에 ○표

　　(3) 항상 일정합니다에 ○표

06 27.9 cm　　　　07 62.8 cm

08 4 cm　　　　　09 15700 cm

10 346 m　　　　11 54, 72

12 6.2, 2, 12.4　　13 147 cm²

14 28.26 cm²　　　15 1240 m²

16 198.4 cm²　　　17 40.5 cm²

18 76.93 cm²　　　19 12.56 cm

20 540 cm²

단원 평가 ○ LEVEL ❷
133~135쪽

01 6, 3 / <　　　　02 6배

03 ⓒ　　　　　　04 =

05 68.2 cm　　　　06 43.96 cm

07 3 cm　　　　　08 ⓒ

09 21대　　　　　10 46.5 cm

11 (1) 8, 8, 32　(2) 8, 8, 64　(3) 32, 64

12 예 74 cm²　　　13 28 cm², 예 28 cm²

14 12 cm　　　　15 254.34 cm²

16 ⓒ, ⓔ, ⓛ, ⓖ　　17 39.6 cm²

18 151.9 cm²　　　19 50.24 cm²

20 576 cm²

6단원 원기둥, 원뿔, 구

교과서 개념 다지기
138~139쪽

01 다

02

03 2개　　　　04 (1) 5 cm　(2) 11 cm

---

05 (1) 원, 직사각형　(2) 2, 1

06 (위에서부터) 밑면, 높이, 옆면, 밑면

07 (위에서부터) 6, 15

교과서 넘어 보기
140~143쪽

01 가, 바　　　02 (왼쪽에서부터) 옆면 / 밑면, 높이, 밑면

03 원, 2　　　　04 12 cm

06 ④　　　　　07 9 cm

08 예 두 밑면이 합동이 아닙니다.

09 50 cm²

10 선분 ㄱㄹ, 선분 ㄴㄷ

11 8 cm

12 예리

13 예 두 밑면이 합동이 아니고, 옆면이 직사각형이 아닙니다.

14 (위에서부터) 2, 12.4, 6　　　15 76 cm

16 12　　　17 예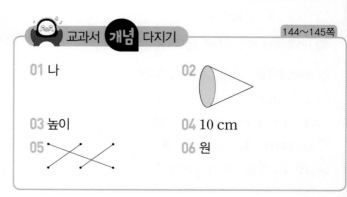

18 904.32 cm²　　　19 84 cm, 15 cm

20 8 cm

교과서 속 응용 문제

21 48 cm, 12 cm　　　22 21 cm

23 94 cm　　　　24 11 cm

25 4 cm　　　　26 15 cm

교과서 개념 다지기
144~145쪽

01 나　　　　02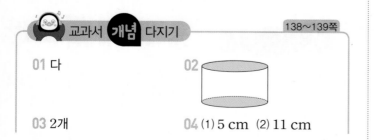

03 높이　　　　04 10 cm

05 　　　06 원

 교과서 **넘어** 보기　　　146~149쪽

27 ②, ④　　　　　　28 원뿔

29 (위에서부터) 원뿔의 꼭짓점, 높이, 옆면, 모선, 밑면

30 원 / 1, 1 / 오각형, 원

31 (1) 모선의 길이　(2) 밑면의 지름

32 예

33 선분 ㄱㄴ, 선분 ㄱㄷ, 선분 ㄱㄹ

34 6 cm, 5 cm　　　　　35 ㉡, ㉣

36 예 밑면이 원기둥은 2개이고, 원뿔은 1개입니다.
　　원기둥에는 꼭짓점이 없으나 원뿔에는 꼭짓점이 있습니
　　다.

37 ③　　　　　　　　38 중심, 반지름

39 구　　　　　　　　40 14 cm, 7 cm

41 10 cm　　　　　　42 ㉢

43 10 cm

44 (윗줄부터) ○, ○, ○ / □, △, ○ / □, △, ○

45 구　　　　　　　　46 ㉠, ㉢

교과서 속 응용 문제

47 192 cm²　　　　　48 111.6 cm²

49 301.44 cm²　　　　50 50 cm

51 50 cm　　　　　　52 43.4 cm

 응용력 높이기　　　150~153쪽

대표 응용 **1** 2, 2, 12, 1, 1, 3, 12, 3, 9

1-1 459 cm²　　　　**1-2** 452.6 cm²

대표 응용 **2** 6, 36, 1, 1

2-1 4 cm　　　　　**2-2** 12 cm

대표 응용 **3** 원기둥, 4, 5, 직사각형, 4, 5, 2, 18

3-1 16 cm　　　　　**3-2** 56.52 cm

대표 응용 **4** 2, 3, 42, 14, 2, 6, 34, 42, 34, 152

4-1 122 cm　　　　**4-2** 3120 cm²

 **단원** 평가 • LEVEL **1**　　　154~156쪽

01 (○) (○) (　) (○)

02

　　　　　　　　　　03 원기둥

　　　　　　　　　　04 10 cm, 11 cm

05 ㉠, ㉡　　　　　　06 135 cm²

07 나

08 선분 ㄱㄹ, 선분 ㄴㄷ / 선분 ㄱㄴ, 선분 ㄹㄷ

09 (위에서부터) 5, 31, 10　　10 4 cm, 6 cm

11 원뿔

12 (위에서부터) 원뿔의 꼭짓점, 모선, 높이

13 ㉡, ㉢, ㉣　　　　　14 6 cm, 2 cm

15 7 cm　　　　　　16 1개

17 2, 1, 0 / 0, 1, 0 / 원, 원, 원 / 직사각형, 이등변삼각형, 원

18 27.9 cm²　　　　19 6 cm

20 25.12 cm

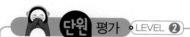 **단원** 평가 • LEVEL **2**　　　157~159쪽

01 (위에서부터) 높이, 밑면, 밑면, 옆면

02 2개　　　　　　　03 4 cm

04 16 cm　　　　　　05 10 cm

06 ㉡, ㉣　　　　　　07 ③, ④

08 예
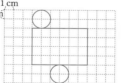

09 12 cm　　　　　　10 4 cm

11 예 원뿔의 꼭짓점이 없으므로 원뿔이 아닙니다.

12 ㉠, ㉣　　　　　　13 12 cm, 16 cm, 20 cm

14 96 cm²　　　　　15 8 cm

16 50.24 cm²　　　　17 ○, ○, ○

18 ①, ④　　　　　　19 36 cm

20 4개

Book **2** 복습책

1단원 분수의 나눗셈

1단원 **기본** 문제 복습 2~3쪽

01 4, 8, 2, 8, 2, 4 **02** 7, 2

03 (1) $\dfrac{5}{6}$ (2) $1\dfrac{4}{9}\left(=\dfrac{13}{9}\right)$

04 $12 \div 10 = \dfrac{12}{10} = \dfrac{6}{5} = 1\dfrac{1}{5}$

05 4, 5, 4, 5, $\dfrac{4}{5}$

06 ( )(○)( ) **07** ㉠

08 $8 \div \dfrac{4}{5} = 10$, 10 kg **09**

10 (1) $\dfrac{4}{7} \times \dfrac{4}{3} = \dfrac{16}{21}$ (2) $\overset{3}{\dfrac{9}{11}} \times \dfrac{5}{\underset{1}{3}} = \dfrac{15}{11} = 1\dfrac{4}{11}$

11 (위에서부터) $8\dfrac{1}{6}$, $4\dfrac{9}{10}$ **12** $2\dfrac{6}{7}\left(=\dfrac{20}{7}\right)$ m

13 $1\dfrac{5}{8}\left(=\dfrac{13}{8}\right)$배

1단원 **응용** 문제 복습 4~5쪽

01 $\dfrac{3}{6} \div \dfrac{5}{6}$, $\dfrac{3}{7} \div \dfrac{5}{7}$, $\dfrac{3}{8} \div \dfrac{5}{8}$

02 $\dfrac{9}{10} \div \dfrac{7}{10}$, $\dfrac{9}{11} \div \dfrac{7}{11}$ **03** $\dfrac{6}{7} \div \dfrac{3}{7}$

04 1, 2, 3 **05** 7개 **06** 1, 2, 3

07 $7\dfrac{1}{3}\left(=\dfrac{22}{3}\right)$ m **08** 정육각형

09 $6\dfrac{2}{3}\left(=\dfrac{20}{3}\right)$ cm **10** 5

11 $2\dfrac{1}{2}\left(=\dfrac{5}{2}\right)$ **12** $2\dfrac{11}{20}\left(=\dfrac{51}{20}\right)$

1단원 서술형 **수행** 평가 6~7쪽

01 $\dfrac{4}{5} \div \dfrac{2}{15} = \dfrac{12}{15} \div \dfrac{2}{15} = 12 \div 2 = 6$

02 방법 1 예 $2\dfrac{2}{3} \div \dfrac{3}{4} = \dfrac{8}{3} \div \dfrac{3}{4} = \dfrac{32}{12} \div \dfrac{9}{12} = 32 \div 9$
$= \dfrac{32}{9} = 3\dfrac{5}{9}$

방법 2 예 $2\dfrac{2}{3} \div \dfrac{3}{4} = \dfrac{8}{3} \div \dfrac{3}{4} = \dfrac{8}{3} \times \dfrac{4}{3} = \dfrac{32}{9} = 3\dfrac{5}{9}$

03 $1\dfrac{1}{24}\left(=\dfrac{25}{24}\right)$배 **04** 5개

05 4일 **06** 8

07 민우네 모둠, 6개 **08** 포도주스

09 9 km **10** $\dfrac{3}{14}$ L

1단원 **단원** 평가 8~10쪽

01 > **02** 8

03 (선 연결) **04** ㉢

05 예 (그림), $3\dfrac{1}{3}\left(=\dfrac{10}{3}\right)$통 $\dfrac{1}{11}$ L

06 $\dfrac{13}{14} \div \dfrac{4}{14}$, $\dfrac{13}{15} \div \dfrac{4}{15}$ **07** 106

08 3 **09** ㉠, ㉢, ㉡

10 3 **11** ㉡

12 25 **13** $4 \div \dfrac{1}{8} = 32$, 32조각

14 $\dfrac{24}{42} \div \dfrac{35}{42} = 24 \div 35 = \dfrac{24}{35}$ / $\dfrac{4}{7} \times \dfrac{6}{5} = \dfrac{24}{35}$

15 $1\dfrac{31}{32}\left(=\dfrac{63}{32}\right)$배 **16** (선 연결)

17 $2\dfrac{1}{3}\left(=\dfrac{7}{3}\right)$ **18** $1\dfrac{2}{3}\left(=\dfrac{5}{3}\right)$ m

19 4개 **20** 4개

2 단원 소수의 나눗셈

2 단원 기본 문제 복습
11~12쪽

01 135, 9, 135, 9 / 135, 135, 15, 15
02 (위에서부터) 100, 294, 7, 42 / 42
03 $\frac{357}{100} \div \frac{21}{100} = 357 \div 21 = 17$
04 9
05 2.4
06 ㉡
07 (1) 5 (2) 600
08 (1) 2.5, 25, 250 (2) 38, 380, 3800
09 5400 ÷ 1.8 = 3000, 3000원
10 4.68
11 (1) 3 (2) 2.7 (3) 2.71
12 8, 0.3
13 4봉지, 6.1 kg

2 단원 응용 문제 복습
13~14쪽

01 38
02 3.6
03 8
04 14번
05 4번
06 5번
07 13 cm
08 4 cm
09 3.8 cm
10 6
11 3
12 2

2 단원 서술형 수행 평가
15~16쪽

01 204
02 16도막
03 예 6.25 ÷ 2.5 = 62.5 ÷ 25 = 2.5
04 진혁, 1개
05 0.03
06 ㉡
07 4 cm
08 21
09 2
10 ㉣

2 단원 단원 평가
17~19쪽

01 _____ , 1.2, 0.3, 4
   0   1 1.2
02 116
03 39.3 ÷ 0.3 = 131
04 $\frac{4428}{100} \div \frac{108}{100} = 4428 \div 108 = 41$
05 (1) 8 (2) 7
06 6명
07
```
        4.3
6.4)2 7.5 2
    2 5 6
    1 9 2
    1 9 2
          0
```
08 <
09 1.6배
10 35
11 4 m
12 13그루
13 15
14 3.83
15 0.6, 0.62
16 (   ) (○)
17 0.2
18 33.5 − 8 − 8 − 8 − 8 = 1.5, 4, 1.5
19 5명, 2.2 L
20 7개

3 단원 공간과 입체

3 단원 기본 문제 복습
20~21쪽

01 가
02 나
03 8개
04 나
05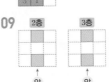
06 9개
07
08 앞
09 2층 3층 앞 앞
10 위 , 11개
11 다, 가
12 (   ) (   ) (○)
13 나, 다

③단원 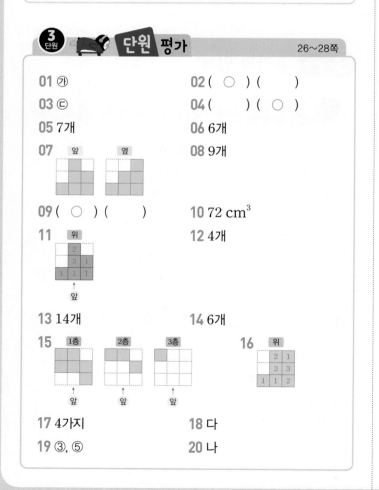 응용 문제 복습   22~23쪽

01 7개	02 가
03 11개	04 7개
05 6개	06 3개, 2개
07 8 cm³	08 9 cm³
09 64 cm³	10 ⓒ
11 ⓜ	12 ⓒ, ⓗ

③단원 서술형 수행 평가   24~25쪽

01 ⓒ	02 6개
03 나	04 12개, 13개
05 6개	06 8개
07 7가지	08 15개
09 19개	10 30 cm²

③단원 단원 평가   26~28쪽

01 ㉮	02 (○) ( )
03 ⓒ	04 ( ) (○)
05 7개	06 6개
07 (앞/옆 입체도형)	08 9개
09 (○) ( )	10 72 cm³
11 (위 입체도형)	12 4개
13 14개	14 6개
15 (1층/2층/3층 입체도형)	16 (위 입체도형)
17 4가지	18 다
19 ③, ⑤	20 나

④단원 비례식과 비례배분

④단원 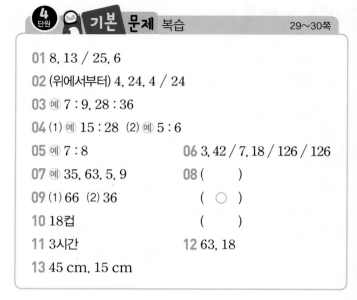 기본 문제 복습   29~30쪽

01 8, 13 / 25, 6	
02 (위에서부터) 4, 24, 4 / 24	
03 예 7 : 9, 28 : 36	
04 (1) 예 15 : 28 (2) 예 5 : 6	
05 예 7 : 8	06 3, 42 / 7, 18 / 126 / 126
07 예 35, 63, 5, 9	08 ( )
09 (1) 66 (2) 36	(○)
10 18컵	( )
11 3시간	12 63, 18
13 45 cm, 15 cm	

④단원 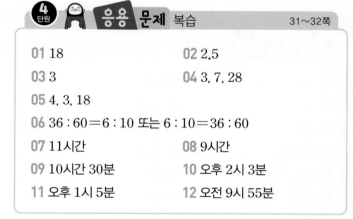 응용 문제 복습   31~32쪽

01 18	02 2.5
03 3	04 3, 7, 28
05 4, 3, 18	
06 36 : 60 = 6 : 10 또는 6 : 10 = 36 : 60	
07 11시간	08 9시간
09 10시간 30분	10 오후 2시 3분
11 오후 1시 5분	12 오전 9시 55분

④단원 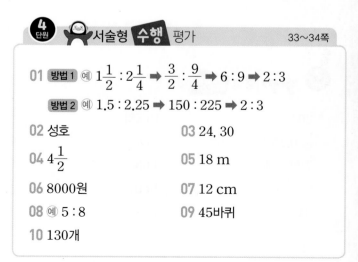 서술형 수행 평가   33~34쪽

01 방법1 예 $1\frac{1}{2} : 2\frac{1}{4} \Rightarrow \frac{3}{2} : \frac{9}{4} \Rightarrow 6 : 9 \Rightarrow 2 : 3$

    방법2 예 $1.5 : 2.25 \Rightarrow 150 : 225 \Rightarrow 2 : 3$

02 성호	03 24, 30
04 $4\frac{1}{2}$	05 18 m
06 8000원	07 12 cm
08 예 5 : 8	09 45바퀴
10 130개	

4단원 단원 평가 35~37쪽

01 ④

02 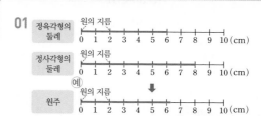 (교차 모양)

03 민하

04 100

05 예 14 : 55

06 예 21 : 20

07 예 4 : 9

08 9, 5 / 15, 3

09 27

10 ㉠, ㉣

11 (1) 28 (2) 7

12 3, 12, 48

13 72 cm

14 100 L

15 21분 20초

16 57 kg

17 24, 18

18 민수, 12개

19 70권

20 350 cm²

5단원 원의 넓이

5단원 기본 문제 복습 38~39쪽

01 ④

02 (1) 반지름, 3 (2) <

03 3.14

04 25.12 cm

05 62 cm

06 16 cm

07 24대

08 50, 100

09 314 cm²

10 60 cm²

11 3 cm

12 72.9 cm²

13 72 cm²

5단원 응용 문제 복습 40~41쪽

01 3바퀴

02 7바퀴

03 4바퀴

04 99.2 cm

05 72 cm

06 62.96 cm

07 12.56 cm²

08 153.86 cm²

09 111.6 m²

10 42 cm

11 48 cm

12 251.1 cm²

5단원 서술형 수행 평가 42~43쪽

01 예 원의 크기가 달라도 원주율은 모두 같습니다.

02 ㉢

03 43.4 cm

04 4배

05 150.72 cm

06 200.96 cm²

07 18 cm

08 42 cm

09 200.96 cm²

10 310 cm², 930 cm², 1550 cm²

5단원 단원 평가 44~46쪽

01

정육각형의 둘레	원의 지름 0 1 2 3 4 5 6 7 8 9 10 (cm)
정사각형의 둘레	원의 지름 0 1 2 3 4 5 6 7 8 9 10 (cm)
원주	예 원의 지름 ↓ 0 1 2 3 4 5 6 7 8 9 10 (cm)

02 3, 4

03 12.56, 4, 3.14

04 ③

05 55.8 cm

06 50.24 cm

07 ㉡, ㉢, ㉠

08 15 cm

09 46.5 cm

10 9 cm

11 84 cm

12 288, 576

13 32, 60

14 (위에서부터) 24, 8

15 507 cm²

16 251.1 cm²

17 151.9 cm²

18 250 cm²

19 296.73 cm²

20 268.8 cm²

6 단원 원기둥, 원뿔, 구

6 단원 기본 문제 복습
47~48쪽

01 (왼쪽에서부터) 밑면, 옆면, 밑면
02 (1) 원기둥 (2) 원뿔 (3) 구
03 9 cm
04 14 cm, 4 cm
05 높이
06 ( ) (○) ( )
07 (위에서부터) 3, 18.6, 6
08 ⑤
09 선분 ㄱㅁ
10 8 cm
11 ③
12 2 cm
13 ㉠, ㉣

6 단원 응용 문제 복습
49~50쪽

01 20 cm
02 12 cm
03 31 cm
04 330 cm^2
05 226.08 cm^2
06 216 cm^2
07 42 cm^2
08 120 cm^2
09 147 cm^2
10 34 cm
11 24 cm
12 40 cm

6 단원 서술형 수행 평가
51~52쪽

01 예 위와 아래에 있는 면이 합동이 아닙니다.
02 예 전개도를 접었을 때 두 밑면이 겹치고 옆면이 직사각형이 아닙니다.
03 12 cm
04 147 cm^2
05 42 cm, 12 cm
06 공통점 예 밑면의 모양이 원입니다.
   차이점 예 원기둥은 밑면이 2개, 원뿔은 밑면이 1개입니다.
07 14 cm
08 30 cm^2
09 113.04 cm^2
10 20 cm

6 단원 단원 평가
53~55쪽

01 ④
02 (왼쪽에서부터) 높이 / 밑면, 옆면
03 25 cm
04 243 cm^2
05 ㉠, ㉡, ㉢
06 원, 삼각형 / 2, 2
07 ⑤
08 134 cm
09 11 cm
10 원뿔
11 ②, ③
12 ㉠, ㉢
13 4 cm
14 ㉠
15 5 cm
16 27.9 cm^2
17 ㉡
18 ㉣, ㉡, ㉠, ㉢
19 구
20 26 cm